住房城乡建设部土建类学科专业
"十三五"规划教材

建设工程监理概论

（第三版）

主　编　杨峰俊　郭宏伟
副主编　赵维普　成春燕
主　审　王　辉　杨宗谦

人民交通出版社股份有限公司
北京

内 容 提 要

本书为住房城乡建设部土建类学科专业"十三五"规划教材。

本教材内容共分七章，分别为：建设工程监理与相关法规制度；监理工程师和工程监理企业；建设工程监理组织；建设工程监理规划；建设工程监理目标控制；建设工程施工合同管理；建设工程文件档案资料管理。本书涵盖了建设工程监理、监理工程师、监理单位、监理规划等基本概念，我国建设工程监理制度的基本内容，监理规划的内容和基本构成，建立项目监理组织的基本原理，工程项目目标控制的基本理论和建设项目投资控制、进度控制、质量控制、安全控制以及合同管理、信息与档案管理的要求与方法等内容。

本教材的主要适用对象为高职院校建筑工程类相关专业的学生，也可供普通高等教育、继续教育层次的高校师生及相关工程技术人员参考。

图书在版编目（CIP）数据

建设工程监理概论/杨峰俊，郭宏伟主编. —3 版
. —北京：人民交通出版社股份有限公司，2016.6
ISBN 978-7-114-12920-9

Ⅰ.①建… Ⅱ.①杨…②郭… Ⅲ.①建筑工程—监理工作—概论 Ⅳ.①TU712

中国版本图书馆 CIP 数据核字（2016）第 068790 号

书　　名：	建设工程监理概论（第三版）
著 作 者：	杨峰俊　郭宏伟
责任编辑：	李　坤
责任校对：	孙国靖
责任印制：	刘高彤
出版发行：	人民交通出版社股份有限公司
地　　址：	（100011）北京市朝阳区安定门外外馆斜街 3 号
网　　址：	http://www.ccpcl.com.cn
销售电话：	（010）59757973
总 经 销：	人民交通出版社股份有限公司发行部
经　　销：	各地新华书店
印　　刷：	北京虎彩文化传播有限公司
开　　本：	787×1092　1/16
印　　张：	16.5
字　　数：	370 千
版　　次：	2007 年 1 月　第 1 版 2011 年 8 月　第 2 版 2016 年 6 月　第 3 版
印　　次：	2024 年 7 月　第 3 版　第 6 次印刷　累计第 19 次印刷
书　　号：	ISBN 978-7-114-12920-9
定　　价：	35.00 元

（有印刷、装订质量问题的图书，由本公司负责调换）

高职高专土建类专业系列教材编审委员会

主任委员

吴　泽(四川建筑职业技术学院)

副主任委员

赵　研(黑龙江建筑职业技术学院)　　危道军(湖北城市建设职业技术学院)　　袁建新(四川建筑职业技术学院)
王世新(山西建筑职业技术学院)　　　申培轩(济南工程职业技术学院)　　　　王　强(北京工业职业技术学院)
许　元(浙江广厦建设职业技术学院)　韩　敏(人民交通出版社股份有限公司)

土建施工类分专业委员会主任委员

赵　研(黑龙江建筑职业技术学院)

工程管理类分专业委员会主任委员

袁建新(四川建筑职业技术学院)

委员 (以姓氏笔画为序)

丁春静(辽宁建筑职业学院)　　　　　马守才(兰州工业学院)　　　　　　　　毛燕红(九州职业技术学院)
王　安(山东水利职业学院)　　　　　王延该(湖北城市建设职业技术学院)　　王社欣(江西工业工程职业技术学院)
邓宗国(湖南城建职业技术学院)　　　田恒久(山西建筑职业技术学院)　　　　边亚东(中原工学院)
刘志宏(江西城市学院)　　　　　　　刘良军(石家庄铁道职业技术学院)　　　刘晓敏(黄冈职业技术学院)
吕宏德(广州城市职业学院)　　　　　朱玉春(河北建材职业技术学院)　　　　张学钢(陕西铁路工程职业技术学院)
李中秋(河北交通职业技术学院)　　　李春亭(北京农业职业学院)　　　　　　杨太生(山西建筑职业技术学院)
肖伦斌(绵阳职业技术学院)　　　　　邹德奎(哈尔滨铁道职业技术学院)　　　陈年和(江苏建筑职业技术学院)
侯洪涛(济南工程职业技术学院)　　　钟汉华(湖北水利水电职业技术学院)　　涂群岚(江西建设职业技术学院)
郭　宁(深圳建设集团)　　　　　　　郭起剑(江苏建筑职业技术学院)　　　　郭朝英(甘肃工业职业技术学院)
温风军(济南工程职业技术学院)　　　蒋晓燕(浙江广厦建设职业技术学院)　　韩家宝(哈尔滨职业技术学院)
蔡　东(广东建设职业技术学院)　　　谭　平(北京京北职业技术学院)

顾问

杨嗣信(北京双圆工程咨询监理有限公司)　　尹敏达(中国建筑金属结构协会)
杨军霞(北京城建集团)　　　　　　　　　　王全杰(北京广联达软件股份有限公司)
李　志(湖北城建职业技术学院)

秘书处

邵　江(人民交通出版社股份有限公司)　　李　坤(人民交通出版社股份有限公司)

高职高专土建类专业系列教材出版说明

　　近年来我国职业教育蓬勃发展,教育教学改革不断深化,国家对职业教育的重视达到前所未有的高度。为了贯彻落实《国务院关于大力发展职业教育的决定》的精神,提高我国建设工程领域的职业教育水平,培训出适应新时期职业要求的高素质人才,人民交通出版社股份有限公司深入调研,周密组织,在全国高职高专教育土建类专业教学指导委员会的热情鼓励和悉心指导下,发起并组织了全国四十余所院校一大批骨干教师,编写出版本系列教材。

　　本系列教材以《高等职业教育土建类专业教育标准和培养方案》为纲,结合专业建设、课程建设和教育教学改革成果,在广泛调查和研讨的基础上进行规划和展开编写工作,重点突出企业参与和实践能力、职业技能的培养,推进教材立体化开发,鼓励教材创新,教材组委会、编审委员会、编写与审稿人员全力以赴,为打造特色鲜明的优质教材做出了不懈努力,希望能够以此推动高职土建类专业的教材建设。

　　本系列教材已先后推出建筑工程技术、工程监理和工程造价三个土建类专业共计四十余种主辅教材,随后将在全面推出土建大类中七类方向的全部专业教材的同时,对已出版的教材进行优化、修订,并开发相关数字资源。最终出版一套体系完整、特色鲜明、资源丰富的优秀高职高专土建类专业教材。

　　本系列教材适用于高职高专院校、成人高校、继续教育学院和民办高校的土建类各专业使用,也可作为相关从业人员的培训教材。

人民交通出版社股份有限公司
2015 年 7 月

【本课程能力目标、知识目标与学习要求】

一、课程学习的知识目标与能力目标

本课程属于建筑工程类专业的专业课,目的在于使学生了解建设工程监理的概念、任务、意义,建设工程各方的关系和责、权、利以及建设监理的有关基本内容,以便在今后工程项目建设中能够顺利地胜任相关的工作。

通过本课程的学习,将使学生具备编写监理工作的有关文件资料、进行建设工程文件和档案资料管理等技能;同时具备制订监理工作方案,以及培养和提高学生应用监理知识在实际工作中发现问题、解决问题的能力等。

本课程内容立足于监理员、施工员及资料员等建筑行业的岗位培养需求,同时为同学们将来胜任监理工程师等高层建设工程管理岗位提供一定的理论及实践基础。

二、课程学习的基本要求

《建设工程监理概论》是工程监理专业的核心专业课程。本课程重点要求学生了解有关建设工程监理的基本内容、基本程序与方法,明确建设三方的责、权、利以及监理工程师的主要任务,能够适应新的项目建设管理体制和更好地完成自己的本职工作。学生应当具有土木工程方面的基本专业知识和初步专业素养。它应当在学习完建筑概论、建筑施工技术、工程概预算等课程,并经过一定的认识实习之后再开始讲授。通过本课程的学习,学生应当了解关于建设工程监理、监理工程师、监理企业、监理规划等建设工程监理的基本概念,熟悉我国建设工程监理制度的基本内容,了解监理规划的内容和基本构成,建立项目监理组织的基本原理、工程项目目标控制的基本理论,以及建设项目投资控制、进度控制、质量控制、合同管理与信息管理的方法。

随着我国社会主义市场经济体制逐步完善和建设工程管理体制改革的进一步深化,我国监理行业一些新的法律、法规、规范和标准相继出台与修订,原教材已不能适应当前的学习需求,内容也亟待更新。为此,编者于2016年对2011年第二版教材进行了修订,以确保教材的适用性和实用性。

与第二版教材相比,本教材在修订过程中着重体现了以下四个特点:

1. 教材以国家最新颁布的法律、法规、规范、条例及相关文件特别是最新颁布实施的《建设工程监理规范》(GB/T 50319—2013)为依据,对第二版教材中部分不适用内容进行了删减、修改,使本教材内容与目前国际及国内最新标准吻合度更高,并将最新文件以附录形式呈现。

2. 教材在修订过程中,参考了最新版《全国注册监理工程师资格考试大纲》(简称《大纲》),使教材内容与最新《大纲》要求尽量贴近,从而为学生的继续教育与职业发展打下坚实的基础。

3. 教材在修订过程中对原教材中的案例进行了相应调整及修改,使案例与教材内容及工程实际相关度更加紧密,从而有利于学生对于所学知识的深入理解和掌握。

4. 根据目前我国建设工程监理行业发展趋势,增加了部分最新建设工程监理行业相关内容,使教材内容更加充实,并与行业发展趋势紧密结合。

本修订版教材由济南工程职业技术学院杨峰俊、黑龙江建筑职业技术学院郭宏伟担任主编,河北交通职业技术学院赵维普、济南工程职业技术学院成春燕担任副主编,济南工程职业技术学院谷莹莹、王晓,山东建筑大学建筑规划设计研究院何欣、山东建设监理咨询有限公司程清华参编,由河南建筑职业技术学院王辉和北京双圆工程咨询监理有限公司杨宗谦担任主审。全书共七章。

在本书的修订过程中,参考了许多图书文献,在此一并向各位作者表示衷心的感谢。

由于本书编者水平有限,不妥之处在所难免,恳请广大读者批评指正。

《工程建设监理概论》编写组
2016 年 3 月

目录 CONTENTS

第一章　建设工程监理与相关法规制度 ·· 1
　第一节　建设工程监理的基本概念 ··· 1
　第二节　建设工程监理理论和发展趋势 ·· 7
　第三节　建设程序和建设工程管理制度 ··· 10
第二章　监理工程师和工程监理企业 ·· 17
　第一节　监理工程师概述 ··· 17
　第二节　监理工程师执业资格考试、注册和继续教育 ······················ 21
　第三节　工程监理企业的组织形式 ··· 25
　第四节　工程监理企业的资质管理制度 ··· 27
　第五节　工程监理企业的经营管理 ··· 32
第三章　建设工程监理组织 ··· 37
　第一节　组织的基本原理 ··· 37
　第二节　建设工程项目组织管理的基本模式及相应监理模式 ·········· 40
　第三节　建设工程监理实施程序与实施原则 ····································· 45
　第四节　项目监理机构的设置 ··· 47
　第五节　建设工程监理的组织协调 ··· 55
第四章　建设工程监理规划 ··· 59
　第一节　建设工程监理规划概述 ··· 59
　第二节　建设工程监理规划的编写 ··· 61
　第三节　建设工程监理规划的基本内容及审核 ································· 64
第五章　建设工程监理目标控制 ·· 77
　第一节　概述 ··· 77
　第二节　建设工程目标控制系统 ··· 83
　第三节　施工阶段的监理工作 ··· 88
第六章　建设工程施工合同管理 ·· 116
　第一节　建设工程施工合同概述 ··· 116
　第二节　施工合同管理 ·· 123
　第三节　索赔的处理 ·· 128
　第四节　合同争议的解决 ··· 133

  第五节　合同的解除……………………………………………………………………… 134
第七章　建设工程文件档案资料管理……………………………………………………… 137
  第一节　建设工程文件档案资料管理概述……………………………………………… 137
  第二节　建设工程监理文件档案资料管理……………………………………………… 150
  第三节　建设工程监理表格体系和主要文件档案……………………………………… 155
附录一　建设工程监理案例分析…………………………………………………………… 164
附录二　建设工程监理规范（GB/T 50319—2013）……………………………………… 188
附录三　工程监理企业资质管理规定……………………………………………………… 232
附录四　注册监理工程师管理规定………………………………………………………… 245
参考文献……………………………………………………………………………………… 251

第一章 建设工程监理与相关法规制度

【职业能力目标】

1. 建设工程监理的基本概念；
2. 建设工程监理的性质和作用；
3. 建设工程的建设程序。

【学习目标】

1. 了解建设工程监理的概念、性质和作用；
2. 掌握建设工程的建设程序；
3. 熟悉我国的建设工程理论体系。

第一节 建设工程监理的基本概念

一 建设工程监理制度产生的背景

建设工程监理制与建设项目法人责任制、招标投标制、合同管理制共同组成了我国建设工程的基本管理体制，适应了我国社会主义市场经济条件下建设工程管理的需要。建设工程监理制度的推行，对控制工程质量、投资、进度发挥了重要作用，取得了明显效果，促进了我国建设工程管理水平的提高。

从新中国成立至20世纪80年代，我国固定资产投资基本上是由国家统一安排计划（包括具体的项目计划），由国家统一财政拨款。当时，我国建设工程的管理基本上采用两种形式：对于一般建设工程，由建设单位自己组成筹建机构，自行管理；对于重大建设工程，则从与该工程相关的单位抽调人员组成建设工程指挥部，由指挥部进行管理。因为建设单位无须承担经济风险，这两种管理形式得以长期存在，但其弊端是不言而喻的。由于这两种形式都是针对一个特定的建设工程临时组建的管理机构，相当一部分人员不具有建设工程管理的知识和经验，因此，他们只能在工作实践中摸索。而一旦工程建成投入使用，原有的工程管理机构和人员就解散，当有新的建设工程时再重新组建。这样，建设工程管理的经验不能承袭升华，用来指导

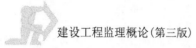

今后的建设工程,而教训却不断重复发生,使我国建设工程管理水平长期在低水平徘徊,难以提高。投资"三超"(概算超估算、预算超概算、结算超预算)、工期延长的现象较为普遍。建设工程领域存在的上述问题受到政府和有关单位的关注。

20世纪80年代,我国进入改革开放的新时期,国务院决定在基本建设和建筑领域采取一些重大的改革措施,例如,投资有偿使用(即"拨改贷")、投资包干责任制、投资主体多元化、工程招标投标制等。在这种情况下,改革传统的建设工程管理形式,已经势在必行。否则,难以适应我国经济发展和改革开放新形势的要求。

通过对我国几十年建设工程管理实践的反思和总结,并对国外工程管理制度与管理方法进行了考察,认识到建设单位的工程项目管理是一项专门的学问,需要一大批专门的机构和人才,建设单位的工程项目管理应当走专业化、社会化的道路。在此基础上,原建设部*于1988年发布了《关于开展建设工程监理工作的通知》,明确提出要建立建设监理制度。建设监理制作为建设工程领域的一项改革举措,旨在改变陈旧的工程管理模式,建立专业化、社会化的建设监理机构,协助建设单位做好项目管理工作,以提高建设水平和投资效益。

自1988年以来,我国的工程监理制度先后经历了试点、稳步发展和全面推行三个阶段。1988年至1992年,重点在北京、上海、天津等八个城市和交通、水电两个行业开展试点工作。1993年至1995年,全国地级以上城市稳步开展了工程监理工作。1995年全国第六次建设工程监理工作会议明确提出,从1996年开始,在建设领域全面推行工程监理制度;1997年《中华人民共和国建筑法》(以下简称《建筑法》)以法律制度的形式做出规定,国家推行建设工程监理制度,从而使建设工程监理在全国范围内进入全面推行阶段。近年来,有关监理行业的一些新法规、新规范和新标准的陆续出台,促使我国的监理行业更加趋于规范、科学。

二 建设工程监理的概念

1. 定义

所谓建设工程监理,是指工程监理企业受建设单位委托,根据法律法规、工程建设标准、勘察设计文件及合同,在施工阶段对建设工程质量、进度、造价进行控制,对合同、信息进行管理,对工程建设相关方的关系进行协调,并履行建设工程安全生产管理法定职责的服务活动。

建设单位,也称为业主、项目法人,是委托监理的一方。建设单位在建设工程中拥有确定建设工程规模、标准、功能以及选择勘察、设计、施工、监理单位等建设工程中重大问题的决定权。

工程监理企业是指依法成立并取得建设主管部门颁发的工程监理企业资质证书,从事建设工程监理与相关服务活动的服务机构。这里的相关服务,是指工程监理企业受建设单位委托,按照建设工程监理合同约定,在建设工程勘察、设计、保修等阶段提供的服务活动。

2. 监理概念要点

(1) 建设工程监理的行为主体

《建筑法》明确规定,实行监理的建设工程,由建设单位委托具有相应资质条件的工程监理企业实施监理。建设工程监理只能由具有相应资质的工程监理企业来开展,建设工程监理

---

* 注:建设部已更名为住房和城乡建设部。

的行为主体是工程监理企业，这是我国建设工程监理制度的一项重要规定。

（2）建设工程监理实施的前提

《建筑法》明确规定，建设单位与其委托的工程监理企业应当订立书面建设工程委托监理合同。也就是说，建设工程监理的实施需要建设单位的委托和授权。工程监理企业应根据委托监理合同和有关建设工程合同的规定实施监理工作。

建设工程监理只有在建设单位委托的情况下才能进行。只有与建设单位订立书面委托监理合同，明确了监理的范围、内容、权利、义务、责任等，工程监理企业才能在规定的范围内行使管理权，合法地开展建设工程监理。工程监理企业在委托监理的工程中拥有一定的管理权限，能够开展管理活动，是建设单位授权的结果。

承建单位根据法律、法规的规定和与建设单位签订的有关建设工程合同的规定，接受工程监理企业对其建设行为进行的监督管理，接受并配合监理是其履行合同的一种行为。工程监理企业对哪些单位的哪些建设行为实施监理要根据有关建设工程合同的规定。例如：仅委托施工阶段监理的工程，工程监理企业只能根据委托监理合同和施工合同对施工行为实行监理。而在委托全过程监理的工程中，工程监理企业则可以根据委托监理合同以及勘察合同、设计合同、施工合同对勘察单位、设计单位和施工单位的建设行为实行监理。

（3）建设工程监理的依据

建设工程监理的依据主要包括：建设工程文件；有关的法律、法规、规章和标准、规范；建设工程委托监理合同和有关的建设工程合同等。

①建设工程文件

主要包括：批准的可行性研究报告、建设项目选址意见书、建设用地规划许可证、建设工程规划许可证、批准的施工图设计文件、施工许可证等。

②有关的法律、法规、规章和标准、规范

主要包括：《中华人民共和国建筑法》《中华人民共和国合同法》《中华人民共和国招标投标法》《建设工程质量管理条例》《建设工程安全生产管理条例》等法律法规，《建设工程监理规定》等部门规章，以及地方性法规等，也包括《建设工程标准强制性条文》《建设工程监理规范》以及有关的工程技术标准、规范、规程等。

③建设工程委托监理合同和有关的建设工程合同

工程监理企业应当根据两类合同，即工程监理企业与建设单位签订的建设工程委托监理合同和建设单位与承建单位签订的有关建设工程合同进行监理。

工程监理企业依据哪些有关的建设工程合同进行监理，视委托监理合同的范围来决定。全过程监理依据的合同应当包括咨询合同、勘察合同、设计合同、施工合同以及设备采购合同等；决策阶段监理主要是咨询合同；设计阶段监理主要是设计合同；施工阶段监理主要是施工合同。

（4）建设工程监理的范围

建设工程监理范围可分为监理的工程范围和监理的建设阶段范围。

①工程范围

为了有效发挥建设工程监理的作用，加大推行监理的力度，根据《建筑法》，国务院公布的

《建设工程质量管理条例》对实行强制性监理的工程范围作了原则性的规定,住房和城乡建设部又进一步在《建设工程监理范围和规模标准规定》中对实行强制性监理的工程范围作了具体规定。根据规定,下列建设工程必须实行监理:

a. 国家重点建设工程。依据《国家重点建设项目管理办法》所确定的对国民经济和社会发展有重大影响的骨干项目。

b. 大中型公用事业工程。项目总投资额在3000万元以上的供水、供电、供气、供热等市政工程项目;科技、教育、文化等项目;体育、旅游、商业等项目;卫生、社会福利等项目;其他公用事业项目。

c. 成片开发建设的住宅小区工程。建筑面积在5万平方米以上的住宅建设工程。

d. 利用外国政府或者国际组织贷款、援助资金的工程。包括使用世界银行、亚洲开发银行等国际组织贷款资金的项目;使用国外政府及其机构贷款资金的项目;使用国际组织或者国外政府援助资金的项目。

e. 国家规定必须实行监理的其他工程。项目总投资额在3000万元以上,关系社会公共利益、公众安全的交通运输、水利建设、城市基础设施、生态环境保护、信息产业、能源等基础设施项目,以及学校、影剧院、体育场馆项目。

②建设阶段范围

建设工程监理可以适用于建设工程投资决策阶段和实施阶段,但目前主要是建设工程施工阶段。

在建设工程施工阶段,建设单位、勘察单位、设计单位、施工单位和工程监理企业等建设工程的各类行为主体均出现在建设工程当中,形成了一个完整的建设工程组织体系。在这个阶段,建筑市场的发包体系、承包体系、管理服务体系的各主体在建设工程中会合,由建设单位、勘察单位、设计单位、施工单位和工程监理企业各自承担建设工程的责任和义务,最终将建设工程建成投入使用。在施工阶段委托监理,其目的是更有效地发挥监理的规划、控制、协调作用,为在计划目标内建成工程提供最好的管理。

三 建设工程监理的性质

1. 服务性

建设工程监理具有服务性,是从它的业务性质方面定性的。建设工程监理的主要方法是规划、控制、协调,主要任务是控制建设工程的投资、进度和质量,最终应当达到的基本目的是协助建设单位在计划的目标内将建设工程建成投入使用。这就是建设工程监理管理服务的内涵。

工程监理企业,既不直接进行设计,也不直接进行施工;既不向建设单位承包造价,也不参与承包人的利益分成。在建设工程中,监理人员利用自己的知识、技能和经验、信息以及必要的试验、检测手段,为建设单位提供管理服务。

工程监理企业不能完全取代建设单位的管理活动。它不具有建设工程重大问题的决策权,它只能在授权范围内代表建设单位进行管理。

建设工程监理的服务对象是建设单位。监理服务是按照委托监理合同的规定进行的,是受法律约束和保护的。

2. 科学性

科学性是由建设工程监理要达到的基本目的决定的。建设工程监理以协助建设单位实现其投资目的为己任,力求在计划的目标内建成工程。面对工程规模日趋庞大,环境日益复杂,功能、标准要求越来越高,新技术、新工艺、新材料、新设备不断涌现,参加建设的单位越来越多,市场竞争日益激烈,风险日渐增加的情况,只有采用科学的思想、理论、方法和手段才能驾驭建设工程。

科学性主要表现在:工程监理企业应当由组织管理能力强、建设工程经验丰富的人员担任领导;应当由有足够数量的、有丰富管理经验和应变能力的监理工程师组成的骨干队伍;要有一套健全的管理制度;要有现代化的管理手段;要掌握先进的管理理论、方法和手段;要积累足够的技术、经济资料和数据;要有科学的工作态度和严谨的工作作风,要实事求是、创造性地开展工作。

3. 独立性

《建筑法》明确指出,工程监理企业应当根据建设单位的委托,客观、公正地执行监理任务。《建设工程监理规定》和《建设工程监理规范》要求工程监理企业按照"公正、独立、自主"的原则开展监理工作。

按照独立性要求,工程监理单位应当严格地按照有关法律、法规、规章、建设工程文件、建设工程技术标准、建设工程委托监理合同、有关的建设工程合同等的规定实施监理;在委托监理的工程中,与承建单位不得有隶属关系和其他利害关系;在开展工程监理的过程中,必须建立自己的组织,按照自己的工作计划、程序、流程、方法、手段,根据自己的判断,独立地开展工作。

4. 公正性

公正性是社会公认的职业道德准则,是监理行业能够长期生存和发展的基本职业道德准则。在开展建设工程监理的过程中,工程监理企业应当排除各种干扰,客观、公正地对待监理的委托单位和承建单位。特别是当这两方发生利益冲突或者矛盾时,工程监理企业应以事实为依据,以法律和有关合同为准绳,在维护建设单位的合法权益时,不损害承建单位的合法权益。例如,在调解建设单位和承建单位之间的争议,处理工程索赔和工程延期,进行工程款支付控制以及竣工结算时,应当尽量客观、公正地对待建设单位和承建单位。

(四) 建设工程监理的作用

建设单位对工程项目实行专业化、社会化管理,在外国已有一百多年的历史,现在越来越显现出强劲的生命力,在提高投资的经济效益方面发挥了重要作用。我国实行建设工程监理的时间虽然不长,但已经发挥出明显的作用,为政府和社会所承认。建设工程监理的作用主要表现在以下四方面:

1. 有利于提高建设工程投资决策科学化水平

在建设单位委托工程监理企业实施全方位、全过程监理的条件下,当建设单位有了初步的项目投资意向之后,工程监理企业可协助建设单位选择适当的工程咨询机构,管理工程咨询合同的实施,并对咨询结果(如项目建议书、可行性研究报告等)进行评估,提出有价值的修改意见和建议;或者直接从事工程咨询工作,为建设单位提供建设方案。这样,不仅可使项目投资符合国家经济发展规划、产业政策、投资方向,而且可使项目投资更加符合市场需求。工程监理企业参与或承担项目决策阶段的监理工作,有利于提高项目投资决策的科学化水平,避免项目投资决策失误,也为实现建设工程投资综合效益最大化打下良好的基础。

2. 有利于规范建设工程参与各方的建设行为

建设工程参与各方的建设行为都应当符合法律、法规、规章和市场准则。要做到这一点,仅仅依靠自律机制是远远不够的,还需要建立有效的约束机制。为此,首先需要政府对建设工程参与各方的建设行为进行全面的监督管理,这是最基本的约束,也是政府的主要职能之一。但是,由于客观条件所限,政府的监督管理不可能深入到每一项建设工程的实施过程中,因而,还需要建立另一种约束机制,能在建设工程实施过程中对建设工程参与各方的建设行为进行约束。建设工程监理制就是这样一种约束机制。

在建设工程实施过程中,工程监理企业可依据委托监理合同和有关的建设工程合同对承建单位的建设行为进行监督管理。由于这种约束机制贯穿于建设工程的全过程,采用事前、事中和事后控制相结合的方式,因此可以有效地规范各承建单位的建设行为,最大限度地避免不当建设行为的发生。即使出现不当建设行为,也可以及时加以制止,最大限度地减少其不良后果。应当说,这是约束机制的根本目的。另一方面,由于建设单位不了解建设工程有关的法律、法规、规章、管理程序和市场行为准则,也可能发生不当建设行为。在这种情况下,工程监理单位可以向建设单位提出适当的建议,从而避免其发生不当建设行为,这对规范建设单位的建设行为也可起到一定的约束作用。

当然,要发挥上述约束作用,工程监理企业首先必须规范自身的行为,并接受政府的监督管理。

3. 有利于促使承建单位保证建设工程质量和使用安全

建设工程是一种特殊的产品,不仅价值大、使用寿命长,而且还关系到人民的生命财产安全、健康和环境。因此,保证建设工程质量和使用安全就显得尤为重要,在这方面不允许有丝毫的懈怠和疏忽。

工程监理企业对承建单位建设行为的监督管理,实际上是从产品需求者的角度对建设工程生产过程的管理,这与产品生产者自身的管理有很大的不同。而工程监理企业又不同于建设工程的实际需求者,其监理人员都是既懂工程技术,又懂经济管理的专业人士,他们有能力及时发现建设工程实施过程中出现的问题,发现工程材料、设备以及阶段产品存在的问题,从而避免留下工程质量隐患。因此,实行建设工程监理制之后,在加强承建单位自身对工程质量管理的基础上,由工程监理企业介入建设工程生产过程的管理,对保证建设工程质量和使用安全有着重要作用。

4. 有利于实现建设工程投资效益最大化

建设工程投资效益最大化有以下三种不同表现:

(1)在满足建设工程预定功能和质量标准的前提下,建设投资额最少。

(2)在满足建设工程预定功能和质量标准的前提下,建设工程寿命周期费用(或全寿命费用)最少。

(3)建设工程本身的投资效益与环境、社会效益的综合效益最大化。

实行建设工程监理制之后,工程监理企业一般都能协助建设单位实现上述建设工程投资效益最大化的第一种表现,也能在一定程度上实现上述第二种和第三种表现。随着建设工程寿命周期费用思想和综合效益理念被越来越多的建设单位所接受,建设工程投资效益最大化的第二种和第三种表现所占的比例将越来越大,从而大大地提高我国全社会的投资效益,促进我国国民经济的发展。

第二节 建设工程监理理论和发展趋势

一 建设工程监理的理论基础

1988年我国建立建设工程监理制之初就明确界定,我国的建设工程监理是专业化、社会化的建设单位项目管理,所依据的基本理论和方法来自建设项目管理学。建设项目管理学研究的范围包括管理思想、管理体制、管理组织、管理方法和管理手段。研究的对象是建设工程项目管理总目标的有效控制,包括费用(投资)目标、时间(工期)目标和质量目标的控制。因此,从管理理论和方法的角度看,建设工程监理与国外通称的建设项目管理是一致的,这也是我国的建设工程监理很容易为国外同行理解和接受的原因。

需要说明的是,我国提出建设工程监理制度构想时,还充分考虑了FIDIC合同条件。20世纪80年代中期,在我国接受世界银行贷款的建设工程上普遍采用了FIDIC土木工程施工合同条件,这些建设工程的实施效果都很好,受到有关各方的重视。而FIDIC合同条件中对工程师作为独立、公正的第三方的要求及其对承建单位严格、细致的监督和检查被认为起到了重要的作用,因此,在我国建设工程监理制中也吸收了对工程监理企业和监理工程师独立、公正的要求,以保证在维护建设单位利益的同时,不损害承建单位的合法权益。同时,强调了对承建单位施工过程和施工工序的监督、检查和验收。

理论来自于实践,理论又指导实践。作为监理工程师应当了解建设工程监理的基本理论和方法,熟悉和掌握有关的FIDIC合同条件。

二 现阶段建设工程监理的特点

我国的建设工程监理无论是在管理理论和方法,还是在业务内容和工作程序上,与国外的建设项目管理都是相同的。但在现阶段,由于发展条件不尽相同,主要是需求方对监理的认知度较低,市场体系发育不够成熟,市场运行规则不够健全,因此还有一些差异,呈现出以下特点。

1. 建设工程监理的服务对象具有单一性

在国际上,建设项目管理按服务对象主要可分为为建设单位服务的项目管理和为承建单位服务的项目管理。而我国的建设工程监理制度规定,工程监理企业只接受建设单位的委托,即只为建设单位服务。它不能接受承建单位的委托为其提供管理服务。从这个意义上看,可以认为我国的建设工程监理就是为建设单位服务的项目管理。

2. 建设工程监理属于强制推行的制度

建设项目管理是适应建筑市场中建设单位新的需求的产物，其发展过程也是整个建筑市场发展的一个方面，没有来自政府部门的行政指导或干预。而我国的建设工程监理从一开始就是作为对计划经济条件下所形成的建设工程管理体制改革的一项新制度提出来的，即是依靠行政手段和法律手段在全国范围推行的。为此，不仅在各级政府部门中设立了主管建设工程监理有关工作的专门机构，而且制订了有关的法律、法规、规章，明确提出国家推行建设工程监理制度，并明确规定了必须实行建设工程监理的工程范围。其结果是在较短时间内促进了建设工程监理在我国的发展，形成了一批专业化、社会化的工程监理企业和监理工程师队伍，缩小了与发达国家建设项目管理的差距。

3. 建设工程监理具有监督功能

我国的工程监理企业有一定的特殊地位，它与建设单位构成委托与被委托关系，与承建单位虽然无任何经济关系，但根据建设单位授权，有权对其不当建设行为进行监督，或者预先防范，或者指令及时改正，或者向有关部门反映，请求纠正。不仅如此，在我国的建设工程监理中还强调对承建单位施工过程和施工工序的监督、检查和验收，而且在实践中又进一步提出了旁站监理的规定。我国监理工程师在质量控制方面的工作所达到的深度和细度，应当说远远超过国际上建设项目管理人员的工作深度和细度，这对保证工程质量起到了很好的作用。

4. 市场准入的双重控制

在建设项目管理方面，一些发达国家只对专业人士的执业资格提出要求，而没有对企业的资质管理作出规定。而我国对建设工程监理的市场准入采取了企业资质和人员资格的双重控制。要求专业监理工程师以上的监理人员要取得监理工程师资格证书，不同资质等级的工程监理企业至少要有一定数量的取得监理工程师资格证书并经注册的人员。应当说，这种市场准入的双重控制，对于保证我国建设工程监理队伍的基本素质，规范我国建设工程监理市场起到了积极的作用。

（三）建设工程监理的发展趋势

我国的建设工程监理已经取得了有目共睹的成绩，并已为社会各界所认同和接受。但是应该看清：我国的建设监理制仍处于发展摸索阶段，许多地方还不完善，与发达国家相比还存在很大的差距。为使我国的建设工程监理健康有序地发展，在工程建设领域发挥更大的作用，实现预期的效果，建设工程监理从以下九个方面发展成为必然。

1. 加强法制建设，完善法规体系

目前，在我国颁布的法律、法规中，有关建设工程监理的条款不少，部门规章和地方性法规的数量更多，这些充分反映了建设工程监理的法律地位。然而，从加入WTO的角度看，法制建设还比较薄弱，突出表现在市场竞争规则和市场交易规则还不健全；市场机制包括信用机制、价格形成机制、风险防范机制、仲裁机制等尚未形成；专门为建设工程监理而编制的更具体、有操作性的高层次法律、法规还未出台；目前已有的法律、法规在某些问题上还存在着不一致的说法。因此，只有在总结监理工作经验的基础上，借鉴国际上通行的做法，加快完善工程监理的法规体系,才能使我国的建设工程监理走上法制化轨道,才能适应国际竞争新形势的需要。

2. 以市场需求为导向,向全方位、全过程监理发展

我国实行建设工程监理制已有近三十年时间,但目前仍然以施工阶段监理为主。造成这种状况的原因既有体制上认识的问题,也有建设单位和监理企业素质及能力等问题。但是从建设工程监理行业面临世界经济一体化、市场经济快速发展、建设项目组织实施方式改革带来的机遇和挑战形势看,监理企业代表建设单位进行全方位、全过程的工程项目管理,将是我国工程监理行业发展的必然趋势。当前,监理企业只有以市场需求为导向,尽快从单一的施工阶段监理向建设工程全方位、全过程监理过渡,不仅要做好施工阶段监理工作,而且要进行决策阶段和设计阶段的监理。只有这样,我国的监理企业才能具有国际竞争力,才能为我国的工程建设发展发挥更大的作用。

3. 适应市场需求,优化工程监理企业结构

在市场经济条件下,监理企业的发展规模和特色必须与建设单位项目管理的需求相适应。建设单位对建设工程监理的需求是多种多样的,建设工程监理企业所提供的服务也应是多种多样的。尽管上文所述建设工程监理应向全方位、全过程监理发展,但从市场投资多元化、建设单位需求多样化来看,并不意味着所有的建设工程监理企业都朝这个方向发展。因此,应通过市场机制和必要的行业政策引导,在建设工程监理行业逐步建立起综合性监理企业与专业性监理企业相结合,大、中、小型监理企业相结合的合理的企业结构,按工作内容分,建立起能承担全方位、全过程监理任务的综合性监理企业与能承担某一专业监理任务(如招标代理工程造价咨询)的监理企业相结合的企业结构;按工作阶段分,建立起能承担工程建设全过程监理的大型监理企业与能承担某一阶段工程监理任务的中型监理企业和只提供旁站监理劳务的小型监理企业相结合的企业结构。这样不仅能满足不同建设单位对项目管理多样化、专业化和全过程的需求,又能使各类监理企业均得到合理的生存和发展空间。

4. 加强培训工作,不断提高从业人员素质

从全方位、全过程、高层次监理的要求来看,我国建设工程监理人员的素质还不能与之相适应,急需加以提高。另一方面,工程建设领域的新技术、新工艺、新材料层出不穷,工程技术标准、规范、规程更新较快,信息技术日新月异,要求建设工程监理从业人员与时俱进,不断提高自身的业务素质和职业素质,这样才能为建设单位提供优质服务。监理人员培训工作应重点做好岗前培训和注册监理工作的继续教育工作,建立一个多渠道、多层次、多种形式、多种目标的人才培养体系。继续教育内容应注意更新理论知识,合理知识结构和扩大知识范围,经过培训和实践,不断提高执业能力和水平。

5. 注意与国际惯例接轨,力争走向世界

我国的建设工程监理虽然是参照国际惯例从西方借鉴引入的,但由于中国的国情不同于外国,在某些方面与国际惯例还有差异。我国已加入WTO,随着加入WTO的过渡期即将结束,我国建筑市场的竞争规则、技术标准、经营方式、服务模式将进一步与国际接轨。

与国际惯例接轨可使我国的建设工程监理企业与国外同行按照同一规则同台竞争,既表现在国外项目管理公司进入我国后,与我国的工程监理企业产生竞争,也表现在我国工程监理企业走向世界,与国外同类企业产生竞争。要在竞争中取胜,除有实力、业绩、信誉之外,还应

掌握国际上通行的规则。我国的监理工程师和建设工程监理企业只有熟悉和掌握国际规则，才能在迎接国外同行进入我国后的竞争挑战中，把握机遇，开拓市场，加速我国建设工程监理行业的国际化进程。

6. 抓好信用体系和信息化建设，创新市场监管方式

建立和完善工程监理企业和监理工程师信用体系，是规范监理市场行为的有效手段。原建设部在2002年印发的《关于加快建立建筑市场有关企业和专业技术人员信用档案的通知》，对建设领域如何建立企业和从业人员的信用体系作出了明确部署。

7. 健全行业自律机制，发挥行业协会作用

当前，各地工程监理行业协会，一是要加强自身组织建设，在"双向服务"中充分发挥桥梁与纽带作用；二是要建立行业自律机制，规范会员企业的市场行为，教育和督促会员企业和执业人员依法经营和从业；三是要积极参与制订信用标准、信用评价方法和采集信用信息，保证监理行业信用征信和评估工作的质量，营造良好的监理市场环境；四是要完善对会员企业的服务功能，积极开展行业内的学习、培训、交流工作，加强监理企业与国际同行之间的互相学习、交往和合作，提升工程监理的整体水平；五是要注重掌握政策法规，依法维护行业声誉和监理企业的合法权益，推动监理行业健康有序地发展。

8. 加强理论研究，指导工程实践

工程监理是我国建设领域中的一个新兴行业，理论基础薄弱，行业中出现的许多新情况、新问题需要我们不断地分析、研究。如监理职业责任保险制度、社会诚信制度、个人执业制度、行业的市场化和国际化进程等问题，都需要我们认真研究和探索。

9. 加快发展，迎接挑战

自我国加入WTO后，我国建筑市场的竞争规则、技术标准、经营方式、服务模式将进一步与国际接轨，工程监理企业要充分认清面临的机遇和挑战，尽快转变观念，提高服务意识和服务水平，充分利用我们在市场规模、人才资源、市场准入、经营成本、政策法规、技术标准等方面的优势，加强与国际同行之间的合作与交流，实现优势互补。通过合资、合作等方式，学习和借鉴先进、科学的管理方法和经验，加快改革步伐，快速提升监理企业的核心竞争力。同时，利用加入WTO的有利条件，积极开拓国际工程咨询服务市场，加速我国工程监理行业的国际化进程。

第三节　建设程序和建设工程管理制度

一 建设程序

1. 建设程序的概念

所谓建设程序是指一项建设工程从设想、提出到决策，经过设计、施工，直至投产或交付使用的整个过程中，应当遵循的内在规律。

按照建设工程的内在规律，投资建设一项工程应当经过投资决策、建设实施和交付使用三个发展时期。每个发展时期更可分为若干个阶段，各阶段以及每个阶段内的各项工作之间存在着不能随意颠倒的严格的先后顺序关系。科学的建设程序应当在坚持"先勘察、后设计、再

施工"的原则基础上,突出优化决策、竞争择优、委托监理的原则。

从事建设工程活动,必须严格执行建设程序,这是每一位建设工作者的职责,更是建设工程监理人员的重要职责。

新中国建立以来,我国的建设程序经过了一个不断完善的过程。目前我国的建设程序与计划经济时期相比较,已经发生了重要变化。其中关键性的变化:一是在投资决策阶段实行了项目决策咨询评估制度;二是实行了工程招标投标制度;三是实行了建设工程监理制度;四是实行了项目法人责任制度。

建设程序中的这些变化,使我国建设工程进一步顺应了市场经济的要求,并且与国际惯例趋于一致。

按现行规定,我国一般大中型及限额以上项目的建设程序中,将建设活动分成以下几个阶段:提出项目建议书;编制可行性研究报告;根据咨询评估情况对建设项目进行决策;根据批准的可行性研究报告编制设计文件;初步设计批准后,做好施工前各项准备工作;组织施工,并根据施工进度做好生产或动用前准备工作;项目按照批准的设计内容建设完工,经投料试车验收合格,并正式投产交付使用;生产运营一段时间,进行项目后评估。

2. 建设工程各阶段工作内容

(1) 项目建议书阶段

项目建议书是向国家提出建设某一项目的建议性文件,是对拟建项目的初步设想。

(2) 可行性研究阶段

可行性研究是指在项目决策之前,通过调查、研究、分析与项目有关的工程、技术、经济等方面的条件和情况,对可能的多种方案进行比较论证,同时对项目建成后的经济效益进行预测和评价的一种投资决策分析研究方法和科学分析活动。

(3) 设计阶段

设计是对拟建工程在技术和经济上进行全面的安排,是建设工程计划的具体化,是组织施工的依据。设计质量直接关系到建设工程的质量,是建设工程的决定性环节。

经批准立项的建设工程,一般应通过招标投标择优选择设计单位。

一般工程进行两阶段设计,即初步设计和施工图设计。有些工程,根据需要可在两阶段之间增加技术设计。

①初步设计

初步设计是根据批准的可行性研究报告和设计基础资料,对工程进行系统研究,概略计算,做出总体安排,拿出具体实施方案。目的是在指定的时间、空间等限制条件下,在投资控制的额度内和质量要求下,做出技术上可行、经济上合理的设计和规定,并编制工程总概算。

初步设计不得随意改变批准的可行性研究报告所确定的建设规模、产品方案、工程标准、建设地址和总投资等基本条件。如果初步设计提出的总概算超过可行性研究报告总投资的10%以上,或者其他主要指标需要变更时,应重新向原审批单位报批。

②技术设计

为了进一步解决初步设计中的重大问题,如工艺流程、建筑结构、设备选型等,根据初步设计和进一步的调查研究资料进行技术设计。这样做可以使建设工程更具体、更完善、技术指标更合理。

③施工图设计

在初步设计或技术设计基础上进行施工图设计,使设计达到施工安装的要求。

施工图设计,应结合实际情况,完整、准确地表达出建筑物的外形、内部空间的分割、结构体系以及建筑系统的组成和周围环境的协调。

《建设工程质量管理条例》规定:建设单位应将施工图设计文件报县级以上人民政府建设行政主管部门或其他有关部门审查,未经审查批准的施工图设计文件不得使用。

(4)建设准备阶段

工程开工建设之前,应当切实做好各项准备工作。主要包括:组建项目法人;征地、拆迁和平整场地;做到水通、电通、路通;组织设备、材料订货;建设工程报监;委托工程监理;组织施工招标投标,优选施工单位;办理施工许可证等。

按规定做好准备工作,具备开工条件以后,建设单位申请开工。经批准,项目进入下一阶段,即施工安装阶段。

(5)施工安装阶段

建设工程具备了开工条件并取得施工许可证后才能开工。

按照规定,工程新开工时间是指建设工程设计文件中规定的任何一项永久性工程第一次正式破土开槽的开始日期。不需开槽的工程,以正式打桩作为正式开工日期。铁路、公路、水库等需要进行大量土石方工程的,以开始进行土石方工程作为正式开工日期。工程地质勘察、平整场地、旧建筑物拆除、临时建筑或设施等的施工不算正式开工。

本阶段的主要任务是按设计要求进行施工安装,建成工程实体。

在施工安装阶段,施工承包单位应当认真做好图纸会审工作,参加设计交底,了解设计意图,明确质量要求;选择合适的材料供应商;做好人员培训;合理组织施工;建立并落实技术管理、质量管理体系和质量保证体系;严格把好中间质量验收和竣工验收环节。

(6)生产准备阶段

工程投产前,建设单位应当做好各项生产准备工作。生产准备阶段是由建设阶段转入生产经营阶段的重要衔接阶段。在该阶段,建设单位应当做好相关工作的计划、组织、指挥、协调和控制工作。

(7)竣工验收阶段

建设工程按设计文件规定的内容和标准全部完成,并按规定将工程内外全部清理完毕后,达到竣工验收条件,建设单位即可组织竣工验收,勘察、设计、施工、监理等有关单位应参加竣工验收。竣工验收是考核建设成果、检验设计和施工质量的关键步骤,是由投资成果转入生产或使用的标志。竣工验收合格后,建设工程方可交付使用。

竣工验收后,建设单位应及时向建设行政主管部门或其他有关部门备案并移交建设项目档案。

建设工程自办理竣工验收手续后,因勘察、设计、施工、材料等原因造成的质量缺陷,应及时修复,费用由责任方承担。保修期限、返修和损害赔偿应当遵照《建设工程质量管理条例》的规定。

3. 坚持建设程序的意义

建设程序反映了建设工程过程的客观规律。坚持建设程序在以下四方面有重要意义。

(1)依法管理建设工程,保证正常建设秩序

建设工程涉及国计民生,并且投资大、工期长、内容复杂,是一个庞大的系统。在建设过程中,客观上存在着具有一定内在联系的不同阶段和不同内容,必须按照一定的步骤进行。为了使建设工程有序地进行,有必要将各个阶段的划分和工作的次序用法规或规章的形式加以规范,以便于人们遵守。实践证明,坚持了建设程序,建设工程就能顺利进行、健康发展。反之,不按建设程序办事,建设工程就会受到极大的影响。因此,坚持建设程序,是依法管理建设工程的需要,是建立正常建设秩序的需要。

(2)科学决策,保证投资效果

建设程序明确规定,建设前期应当做好项目建议书和可行性研究工作。在这两个阶段,由具有资格的专业技术人员对项目是否必要、条件是否可行进行研究和论证,并对投资收益进行分析,对项目的选址、规模等进行方案比较,提出技术上可行、经济上合理的可行性研究报告,为项目决策提供依据,而项目审批又从综合平衡方面进行把关。如此,可最大限度地避免决策失误并力求决策优化,从而保证投资效果。

(3)顺利实施建设工程,保证工程质量

建设程序强调了先勘察、后设计、再施工的原则。根据真实、准确的勘察成果进行设计,根据深度、内容合格的设计进行施工,在做好准备的前提下合理地组织施工活动,使整个建设活动能够有条不紊地进行,这是工程质量得以保证的基本前提。事实证明,坚持建设程序,就能顺利实施建设工程并保证工程质量。

(4)顺利开展建设工程监理

建设工程监理的基本目的是协助建设单位在计划的目标内把工程建成投入使用。因此,坚持建设程序,按照建设程序规定的内容和步骤,有条不紊地协助建设单位开展好每个阶段的工作,对建设工程监理是非常重要的。

4.建设程序与建设工程监理的关系

(1)建设程序为建设工程监理提出了规范化的建设行为标准

建设工程监理要根据行为准则对建设工程行为进行监督管理。建设程序对各建设行为主体和监督管理主体在每个阶段应当做什么、如何做、何时做、由谁做等一系列问题都给予了一定的解答。工程监理企业和监理人员应当根据建设程序的有关规定进行监理。

(2)建设程序为建设工程监理提出了监理的任务和内容

建设程序要求建设工程的前期应当做好科学决策的工作。建设工程监理决策阶段的主要任务就是协助委托单位正确地做好投资决策,避免决策失误,力求决策优化。具体的工作就是协助委托单位择优选定咨询单位,做好咨询合同管理,对咨询成果进行评价。

建设程序要求按照先勘察、后设计、再施工的基本顺序做好相应的工作。建设工程监理在此阶段的任务就是协助建设单位做好择优选择勘察、设计、施工单位,对他们的建设活动进行监督管理,做好质量投资、进度控制以及合同管理和组织协调工作。

(3)建设程序明确了工程监理企业在建设工程中的重要地位

根据有关法律、法规的规定,在建设工程中应当实行建设工程监理制度。现行的建设程序体现了这一要求。这就为工程监理企业确立了建设工程中的应有地位。随着我国经济体制改革的深入,工程监理企业在建设工程中的地位将越来越重要。在一些发达国家的建设程序中,

都非常强调这一点。例如,英国土木工程师学会在《土木工程程序》中强调:"在土木工程程序中的所有阶段,监理工程师起着重要作用"。

(4)坚持建设程序是监理人员的基本职业准则

坚持建设程序,严格按照建设程序办事,是所有建设工程人员的行为准则。对于监理人员而言,更应率先垂范。掌握和运用建设程序,既是监理人员业务素质的要求,也是职业准则的要求。

(5)严格执行我国建设程序是结合中国国情推行建设工程监理制的具体体现

任何国家的建设程序都能反映这个国家的建设工程方针、政策、法律、法规的要求,反映建设工程的管理体制,反映建设工程的实际水平。而且,建设程序总是随着时代的变化,环境和需求的变化,不断地调整和完善。这种动态总是与国情相适应的。

我国推行建设工程监理应当遵循两条基本原则:一是参照国际惯例;二是结合中国国情。工程监理企业在开展建设工程监理的过程中,严格按照我国建设程序的要求做好监理的各项工作,这是结合中国国情的体现。

二 建设工程主要管理制度

按照我国有关规定,在建设工程中,应当实行项目法人责任制、工程招标投标制、建设工程监理制、合同管理制等制度。这些制度相互关联、相互支持,共同构成了我国建设工程管理制度体系。

1. 项目法人责任制

为了建立投资约束机制,规范建设单位的行为,建设工程应当按照政企分开的原则组建项目法人,实行项目法人责任制,即由项目法人对项目的策划、资金筹措、建设实施、生产经营、债务偿还和资产的保值增值,实行全过程负责的制度。

(1)项目法人

国有单位经营性大中型建设工程,必须在建设阶段组建项目法人。项目法人可按《中华人民共和国公司法》(以下简称《公司法》)的规定设立有限责任公司(包括国有独资公司)和股份有限公司等。

(2)项目法人责任制与建设工程监理制的关系

①项目法人责任制是实行建设工程监理制的必要条件

建设工程监理制的产生、发展取决于社会需求。没有社会需求,建设工程监理就会成为无源之水,也就难以发展。

实行项目法人责任制,贯彻执行谁投资、谁决策、谁承担风险的市场经济下的基本原则,这就为项目法人提出了一个重大问题:如何做好决策和承担风险的工作。也因此对社会提出了需求。这种需求,为建设工程监理的发展提供了坚实的基础。

②建设工程监理制是实行项目法人责任制的基本保障

有了建设工程监理制,建设单位就可以根据自己的需要和有关的规定委托监理。在工程监理企业的协助下,做好质量控制、投资控制、进度控制、合同管理、信息管理、组织协调工作,就为在计划目标内实现建设项目提供了基本保证。

2. 工程招标投标制

为了在建设工程领域引入竞争机制,择优选定勘察单位、设计单位、施工单位以及材料、设备供应单位,需要实行工程招标投标制。

我国《中华人民共和国招标投标法》对招标范围和规模标准、招标方式和程序、招标投标活动的监督等内容作出了相应的规定。

3. 建设工程监理制

早在1988年原建设部发布的"关于开展建设监理工作的通知"中就明确提出要建立建设监理制度,在《建筑法》中也作了"国家推行建筑工程监理制度"的规定。

4. 合同管理制

为了使勘察、设计、施工、材料设备供应单位和工程监理企业依法履行各自的责任和义务,在建设工程中必须实行合同管理制。

合同管理制的基本内容是:建设工程的勘察、设计、施工、材料设备采购和建设工程监理都要依法订立合同。各类合同都要有明确的质量要求、履约担保和违约处罚条款。违约方要承担相应的法律责任。

合同管理制的实施对建设工程监理开展合同管理工作提供了法律上的支持。

◀ 本 章 小 结 ▶

建设工程监理作为专业化、社会化的项目管理委托服务,具有其特定的概念、特有的性质和特殊的作用。现阶段我国的建设工程监理有自己的特点。建设工程法律法规作为一个完整的体系,它是建设工程监理的依据。建设程序是指一项建设工程从设想、提出到决策,经过设计、施工,直至投产或交付使用的整个过程中,应当遵循的内在规律。严格执行建设程序是建设工程监理人员的重要职责。项目法人责任制、工程招标投标制、建设工程监理制、合同管理制等主要制度相互关联、相互支持,共同构成了建设工程管理制度体系。

小 知 识

按照《工程监理企业资质管理规定》的要求,我国2009年实行了全国工程监理企业资质证书的换发工作。新资质标准实施后,大型工程监理企业数量与换证前相比变化不大,中小型工程监理企业数量有所下降,其中丙级资质企业大幅减少,整个工程监理行业基本保持稳定。2009年全国共有5475家工程监理企业参加了统计,同比下降9.95%。其中综合资质企业49个,增长188.24%;甲级资质企业1917个,增长13.1%;乙级资质企业1999个,下降10%;丙级资质企业1496个,下降30.29%;事务所资质企业14个。

◀ 思 考 题 ▶

1. 何谓建设工程监理?它的概念要点是什么?

2. 建设工程监理具有哪些性质？它们的含义是什么？
3. 建设工程监理有哪些作用？
4. 建设工程监理的理论基础是什么？
5. 现阶段我国建设工程监理有哪些特点？
6. 何谓建设程序？我国现行建设程序的内容是什么？
7. 坚持建设程序具有哪些意义？建设程序与建设工程监理的关系是什么？
8. 建设项目法人责任制的基本内容是什么？与建设工程监理制的关系是什么？

第二章 监理工程师和工程监理企业

【职业能力目标】

1. 监理工程师的执业特点;
2. 监理工程师的素质和职业范围;
3. 监理工程师的法律责任。

【学习目标】

1. 了解监理工程师的基本素质、工作纪律,监理工程师执业资格考试,工程监理企业的组织形式、管理体系;
2. 掌握监理人员的职责范围,监理工程师的素质,监理工程师的法律责任;
3. 熟悉监理工程师的职业道德标准,监理工程师的法律地位,工程监理企业经营活动的基本准则。

第一节 监理工程师概述

一、监理工程师的概念

这里所说的监理工程师是指注册监理工程师,是一种岗位职务。所谓注册监理工程师是指取得国务院建设主管部门颁发的《中华人民共和国注册监理工程师注册执业证书》和执业印章,从事建设工程监理与相关服务等活动的人员。它包括三层含义:第一,他是从事建设工程监理与相关服务活动的人员;第二,已取得全国确认的《中华人民共和国注册监理工程师执业资格证书》;第三,经省、自治区、直辖市建委(建设厅)或由国务院工业、交通等部门的建设主管单位核准、注册,取得《中华人民共和国注册监理工程师注册执业证书》和执业印章。当然,如果监理工程师转入其他工作岗位,则不再称为监理工程师。

从事建设工程管理工作,但尚未取得《监理工程师岗位证书》的人员统称为监理员。监理员与监理工程师的区别主要在于监理工程师具有相应岗位责任的签字权,监理员没有相应岗位责任的签字权。

FIDIC 文件 Client/Consultant Model Services Agreement 认为监理工程师就是咨询工程师。该文件规定：咨询工程师是指协议书中所指的，作为一个独立的专业公司接受建设单位雇佣履行服务的一方以及咨询工程师的合法继承人和允许的受让人。在 FIDIC 文件 Conditions of Contract for Plant and Design-Build 中也有类似规定。在这两个 FIDIC 文件中，可以看出，监理工程师成立的条件有三个：①必须作为咨询工程师，就业于工程咨询行业，以工程师咨询为业的工程技术人员，这是作为职业监理工程师的必要条件；②必须受建设单位的委托，这是依法授权成为监理工程师的充分条件；③以监理合同的履行为目的，这是建设单位委托监理工程师的根本目的。因此，监理工程师是执业资格，并不是技术职称，在一般情况下，只能称作咨询工程师，只有当建设单位委托之后，才能成为监理工程师。

二 监理工程师的素质

监理工程师要承担对整个工程项目实施进行全面监督和管理的责任。为了适应监理工作责任岗位的需要，监理工程师应比一般工程师具有更好的素质，在国际上被视为高智能人才。其素质由下列要素构成：

1. 要有较高的学历和广泛的理论知识

现代建设工程，投资规模巨大，要求多功能兼备，应用科技门类复杂，组织成千上万人协作的工作经常出现，如果没有深厚的工程技术理论知识、经济管理理论知识和法律知识作基础，是不可能胜任其监理工作的。对监理工程师有较高学历的要求，是保障监理工程师队伍素质的重要基础，也是向国际水平靠近所必需的。

就工程技术理论而言，在我国与建设工程有关的主干学科就有近 20 种，所设置的工程技术专业就有近 40 种。作为一个监理工程师，当然不可能学习和掌握这么多的学科和技术专业理论知识，但应要求监理工程师至少学习与掌握一种技术专业知识，这是监理工程师所必须具备的全部理论知识中的主要部分。作为工程技术理论，其中每一门类都是千百年来许多科学家理论探索、科学试验和无数生产实践所积累的成果。如果不学习与掌握前人的丰富的科学成果，单靠个人有限的时间和有限的建设工程实践，是不可能全面积累到这些科技理论知识的，也不可能正确指导现代建设工程的实践。同时，每个监理工程师，无论他掌握哪一种学科和技术专业，都必须学习与掌握一定的经济、组织管理和法律等方面的理论知识。

2. 要有丰富的建设工程实践经验

建设工程实践经验是指理论知识在建设工程上应用的经验。一般来说，应用的时间越长、次数越多，经验也就越丰富。不少研究指出，一些建设工程中的失误，往往与实践者的经验不足有关，所以世界各国都把建设工程实践经验放在重要地位。我国在监理工程师注册制度中也对实践经验作出规定。

3. 要有良好的职业道德

监理工程师除了应具备广泛的理论知识、丰富的建设工程实践经验外，更重要的是应具备高尚的职业道德。监理工程师必须秉公办事，按照合同条件公正地处理各种问题，遵守国家的各项法律、法规。既不接受建设单位所支付的酬金以外的任何回扣、津贴或其他间接报酬，也不得与承包人有任何经济往来,包括接受承包人的礼物、经营或参与经营施工,以及设备、材料采购活动,或在施工单位或设备、材料供应单位任职或兼职。监理工程师还要有很强的责任心,认真细致地进行工作。这样才能避免由于监理工程师的行为不当,给工程带来不必要的损失和影响。

4. 要有良好的身体素质

监理工程师要求具有健康的体魄和充沛的精力,这是由监理工作需现场旁站、流动性大、工作条件差、任务繁忙所决定的。

三 监理工程师的职业道德

监理工程师在施工监理过程中,应本着"严格监理、热情服务、秉公办事、一丝不苟、廉洁自律"的精神并遵守以下道德准则:

(1) 维护国家的荣誉和利益,按照"守法、诚信、公正、科学"的准则执业。

(2) 执行有关建设工程的法律、法规、规范、标准和制度,履行监理合同规定的义务和职责。

(3) 努力学习专业技术和建设监理知识,不断提高业务能力和监理水平。

(4) 不以个人名义承揽监理业务。

(5) 不同时在两个或两个以上监理单位注册和从事监理活动,不在政府部门和施工、材料设备的生产供应等单位兼职。

(6) 不为所监理的项目指定承建商、建筑构配件、设备、材料和施工方法。

(7) 不收受被监理单位的任何礼金。

(8) 不泄漏所监理工程各方认为需要保密的事项。

(9) 坚持独立自主地开展工作。

四 监理工程师的工作纪律

(1) 遵守国家的法律和政府有关的条例、规定和办法等。

(2) 认真履行建设工程委托监理合同所承诺的义务和承担约定的责任。

(3) 坚持公正的立场,公平地处理有关各方的争议。

(4) 坚持科学的态度和实事求是的原则。

(5) 在坚持按委托监理合同的规定向建设单位提供技术服务的同时,帮助被监理者完成其担负的建设任务。

(6) 不以个人的名义在报刊上刊登承揽监理业务的广告。

(7) 不得损害他人的名誉。

(8) 不泄露所监理工程需保密的事项。

(9) 不在任何承建商或材料设备供应商中兼职。

(10) 不擅自接受建设单位额外的津贴,也不接受任何被监理单位的任何津贴,不接受可能导致判断不公的报酬。

五 监理工程师的法律地位

监理工程师的法律地位是由国家法律法规确定的,并建立在委托监理合同的基础上。

1. 监理工程师享有的权利

(1) 使用"注册监理工程师"称谓。
(2) 在规定范围内从事执业活动。
(3) 依据本人能力从事相应的执业活动。
(4) 保管和使用本人的注册证书和执业印章。
(5) 对本人执业活动进行解释和辩护。
(6) 接受继续教育。
(7) 获得相应的劳动报酬。
(8) 对侵犯本人权利的行为进行申诉。

2. 监理工程师应当履行的义务

(1) 遵守法律、法规和有关管理规定。
(2) 履行管理职责,执行技术标准、规范和规程。
(3) 保证执业活动成果的质量,并承担相应责任。
(4) 接受继续教育,努力提高执业水准。
(5) 在本人执业活动所形成的工程监理文件上签字、加盖执业印章。
(6) 保守在执业中知悉的国家秘密和他人的商业、技术秘密。
(7) 不得涂改、倒卖、出租、出借或者以其他形式非法转让注册证书或者执业印章。
(8) 不得同时在两个或者两个以上单位受聘或者执业。
(9) 在规定的执业范围和聘用单位业务范围内从事执业活动。
(10) 协助注册管理机构完成相关工作。

六 监理工程师的法律责任

监理工程师的法律责任与其法律地位有密切关系,同样是建立在法律法规和委托监理合同的基础上,监理工程师的法律责任的表现行为主要有:

(1) 隐瞒有关情况或者提供虚假材料申请注册的,建设主管部门不予受理或者不予注册,并给予警告,1年之内不得再次申请注册。

(2) 以欺骗、贿赂等不正当手段取得注册证书的,由国务院建设主管部门撤销其注册,3年内不得再次申请注册,并由县级以上地方人民政府建设主管部门处以罚款,其中没有违法所得的,处以1万元以下罚款,有违法所得的,处以违法所得3倍以下且不超过3万元的罚款;构成犯罪的,依法追究刑事责任。

(3) 违反本规定,未经注册,擅自以注册监理工程师的名义从事工程监理及相关业务活动的,由县级以上地方人民政府建设主管部门给予警告,责令停止违法行为,处以3万元以下罚款;造成损失的,依法承担赔偿责任。

(4) 违反本规定,未办理变更注册仍执业的,由县级以上地方人民政府建设主管部门给予警告,责令限期改正;逾期不改的,可处以5000元以下的罚款。

(5)注册监理工程师在执业活动中有下列行为之一的,由县级以上地方人民政府建设主管部门给予警告,责令其改正,没有违法所得的,处以1万元以下罚款,有违法所得的,处以违法所得3倍以下且不超过3万元的罚款;造成损失的,依法承担赔偿责任;构成犯罪的,依法追究刑事责任:

①以个人名义承接业务的。
②涂改、倒卖、出租、出借或者以其他形式非法转让注册证书或者执业印章的。
③泄露执业中应当保守的秘密并造成严重后果的。
④超出规定执业范围或者聘用单位业务范围从事执业活动的。
⑤弄虚作假提供执业活动成果的。
⑥同时受聘于两个或者两个以上的单位,从事执业活动的。
⑦其他违反法律、法规、规章的行为。

(6)有下列情形之一的,国务院建设主管部门依据职权或者根据利害关系人的请求,可以撤销监理工程师注册:

①工作人员滥用职权、玩忽职守颁发注册证书和执业印章的。
②超越法定职权颁发注册证书和执业印章的。
③违反法定程序颁发注册证书和执业印章的。
④对不符合法定条件的申请人颁发注册证书和执业印章的。
⑤依法可以撤销注册的其他情形。

(7)县级以上人民政府建设主管部门的工作人员,在注册监理工程师管理工作中,有下列情形之一的,依法给予处分;构成犯罪的,依法追究刑事责任:

①对不符合法定条件的申请人颁发注册证书和执业印章的。
②对符合法定条件的申请人不予颁发注册证书和执业印章的。
③对符合法定条件的申请人未在法定期限内颁发注册证书和执业印章的。
④对符合法定条件的申请不予受理或者未在法定期限内初审完毕的。
⑤利用职务上的便利,收受他人财物或者其他好处的。
⑥不依法履行监督管理职责,或者发现违法行为不予查处的。

第二节 监理工程师执业资格考试、注册和继续教育

一 监理工程师执业资格考试

改革开放以来,我国开始逐步实行专业技术人员执业资格考试制度。自1997年起,在我国举行监理工程师执业资格考试,并将此项工作纳入全国专业技术人员执业资格制度实施计划。因此,监理工程师实际上是一种执业资格。若要获此称谓,则必须参加侧重于建设工程监理实践知识的全国统考。考试合格者获得《监理工程师资格证书》,否则,就不具备监理工程师资格。

1. 实施监理工程师资格考试和注册制度的意义

监理工作是一项高智能的工作,需要监理队伍和监理人员具有较高的素质,实施监理工程师考试和注册制度是加强监理队伍建设的一项重要内容,具有重要意义。第一,它可以保证

监理工程师队伍的素质和水平,更重要的是,它可以促进广大监理人员努力钻研监理业务,向监理工程师的标准奋进;第二,它是政府建设主管部门加强监理工程师队伍的需要,也便于建设单位选聘工程项目监理班子;第三,它可以和国际惯例衔接起来,便于开展监理业务的国际合作和交流,逐步向国际监理水平靠近;第四,它有利于开拓国际监理市场。

2. 监理工程师执业资格考试

(1) 报考条件

凡中华人民共和国公民,遵纪守法并具备以下条件之一者,均可申请参加全国监理工程师执业资格考试:

①工程技术或工程经济专业大专(含大专)以上学历,按照国家有关规定,取得工程技术或工程经济专业中级职务,并任职满3年。

②按照国家有关规定,取得工程技术或工程经济专业高级职务。

③1970年(含1970年)以前工程技术或工程经济专业中专毕业,按照国家有关规定,取得工程技术或工程经济专业中级职务,并任职满3年。

报考条件中涉及专业工作时间期限的,均计算到报考当年年底。报名条件中有关学历、学位的要求是指国家教育部承认的学历、学位。有关学历的要求中所称"工程技术类"专业是指国家教育部规定的所有理工科专业;所称"工程经济类"专业包括工程管理、投资经济、技术经济、项目管理和经济管理专业。

(2) 考试科目

考试科目有四科,即《建设工程监理基本理论和相关法规》《建设工程合同管理》《建设工程质量、投资、进度控制》和《建设工程监理案例分析》。

对于从事工程建设监理工作且同时具备下列四项条件的报考人员,可免试《建设工程合同管理》和《建设工程质量、投资、进度控制》两个科目,只参加《建设工程监理基本理论与相关法规》和《建设工程监理案例分析》两个科目的考试:

①1970年(含1970年)以前工程技术或工程经济专业中专(含中专)以上毕业。

②按照国家有关规定,取得工程技术或工程经济专业高级职务。

③从事工程设计或工程施工管理工作满15年。

④从事监理工作满1年。

(3) 考试方式和管理

我国对监理工程师执业资格考试实行统一管理。国务院建设行政主管部门负责编制监理工程师执业资格考试大纲、编写考试教材和组织命题工作,统一规划、组织或授权组织监理工程师执业资格考试的考前培训工作。一般每年举行一次。考试所用语言为汉语。

参加四个科目考试人员成绩的有效期为两年,实行两年滚动管理办法,考试人员必须连续在两年内通过四科考试,方可取得《监理工程师执业资格证书》。参加两个科目考试的人员必须在一年内通过两科考试,方可取得《监理工程师执业资格证书》。

监理工程师执业资格考试合格者,由各省、自治区、直辖市人事(职改)部门颁发人事部统一印制的、人事部与住房和城乡建设部用印的中华人民共和国《监理工程师执业资格证书》。该证书在全国范围内有效。

取得《监理工程师执业资格证书》者,须按规定向所在省(区、市)建设部门申请注册,监理工程师注册有效期为3年。有效期满前3个月,持证者须按规定到注册机构办理再次注册手续。

二、监理工程师注册

监理工程师注册制度是政府对监理从业人员实行市场准入控制的有效手段。取得资格证书的人员,经过注册方能以注册监理工程师的名义执业。

注册监理工程师依据其所学专业、工作经历、工程业绩,按照《工程监理企业资质管理规定》划分的工程类别,按专业注册。每人最多可以申请两个专业注册。

注册证书和执业印章是注册监理工程师的执业凭证,由注册监理工程师本人保管、使用。注册证书和执业印章的有效期为3年。

1. 注册形式

监理工程师的注册,根据注册内容的不同分为三种形式,即初始注册、延续注册、变更注册。

(1) 初始注册

初始注册者,可自资格证书签发之日起3年内提出申请。逾期未申请者,须符合继续教育的要求后方可申请初始注册。

申请初始注册,应当具备以下条件:

①经全国注册监理工程师执业资格统一考试合格,取得资格证书。

②受聘于一个相关单位。

③达到继续教育要求。

初始注册需要提交下列材料:

①申请人的注册申请表。

②申请人的资格证书和身份证复印件。

③申请人与聘用单位签订的聘用劳动合同复印件。

④所学专业、工作经历、工程业绩、工程类中级及中级以上职称证书等有关证明材料。

⑤逾期初始注册的,应当提供达到继续教育要求的证明材料。

(2) 延续注册

注册监理工程师每一注册有效期为3年,注册有效期满需继续执业的,应当在注册有效期满30日前,按照相关规定的程序申请延续注册。延续注册有效期3年。延续注册需要提交下列材料:

①申请人延续注册申请表。

②申请人与聘用单位签订的聘用劳动合同复印件。

③申请人注册有效期内达到继续教育要求的证明材料。

(3) 变更注册

注册监理工程师在注册有效期内或有效期届满,需要变更执业单位、注册专业等注册内容的,应申请变更注册。在注册有效期届满30日前申请办理变更注册手续的,变更注册后仍延续原注册有效期。

申请人有下列情形之一的,不予初始注册、延续注册和变更注册：
①不具有完全民事行为能力的。
②刑事处罚尚未执行完毕或者因从事工程监理或者相关业务受到刑事处罚,自刑事处罚执行完毕之日起至申请注册之日止不满2年的。
③未达到监理工程师继续教育要求的。
④在两个或者两个以上单位申请注册的。
⑤以虚假的职称证书参加考试并取得资格证书的。
⑥年龄超过65周岁的。
⑦法律、法规规定不予注册的其他情形。

2. 注册审批流程

(1)取得资格证书的人员申请注册,由省、自治区、直辖市人民政府建设主管部门初审,国务院建设主管部门审批。

(2)取得资格证书并受聘于一个建设工程勘察、设计、施工、监理、招标代理、造价咨询等单位的人员,应当通过聘用单位向单位工商注册所在地的省、自治区、直辖市人民政府建设主管部门提出注册申请;省、自治区、直辖市人民政府建设主管部门受理后提出初审意见,并将初审意见和全部申报材料报国务院建设主管部门审批;符合条件的,由国务院建设主管部门核发注册证书和执业印章。

(3)省、自治区、直辖市人民政府建设主管部门在收到申请人的申请材料后,应当即时作出是否受理的决定,并向申请人出具书面凭证;申请材料不齐全或者不符合法定形式的,应当在5日内一次性告知申请人需要补正的全部内容。逾期不告知的,自收到申请材料之日起即为受理。

(4)对申请初始注册的,省、自治区、直辖市人民政府建设主管部门应当自受理申请之日起20日内审查完毕,并将申请材料和初审意见报国务院建设主管部门。国务院建设主管部门自收到省、自治区、直辖市人民政府建设主管部门上报材料之日起,应当在20日内审批完毕并作出书面决定,并自作出决定之日起10日内,在公众媒体上公告审批结果。

(5)对申请变更注册、延续注册的,省、自治区、直辖市人民政府建设主管部门应当自受理申请之日起5日内审查完毕,并将申请材料和初审意见报国务院建设主管部门。国务院建设主管部门自收到省、自治区、直辖市人民政府建设主管部门上报材料之日起,应当在10日内审批完毕并作出书面决定。

(6)对不予批准的,应当说明理由,并告知申请人享有依法申请行政复议或者提起行政诉讼的权利。

(7)跨省、自治区、直辖市申请变更注册的,申请人须先将书面申报材料交原聘用单位工商注册所在地的省级注册管理机构,经审查同意盖章后再将书面申报材料交新聘用单位工商注册所在地的省级注册管理机构初审。

(8)各省级注册管理机构负责收回延续注册、变更注册、注销注册和遗失破损补办未到注册有效期的注册监理工程师注册执业证书和执业印章,跨省、自治区、直辖市变更注册的由新聘用单位工商注册所在地的省级注册管理机构负责收回注册执业证书和执业印章,交中国建设监理协会销毁。

三、监理工程师继续教育

现在是知识经济年代,科学技术地发展日新月异,知识地更新越来越紧迫。因此,对监理工程师的继续教育问题也越来越突出。

1. 对监理工程师继续教育的内容

(1) 专业技术知识。随着科学技术的进步,可以说各类自然科学每年都会增加不少新的内容。作为监理工程师起码应该了解本专业范围内新产生的应用科学理论知识和技能。

(2) 管理知识。从一定意义上说,建设监理是一门管理科学。所以,监理工程师要及时地了解并掌握有关管理的新知识,包括新的管理思想、体制、方法和手段等。

(3) 法规、标准等方面的知识。我国正值改革的年代,各种法规、标准等都在不断建立和完善。监理工程师尤其要及时学习和掌握有关工程建设方面的法规、办法、标准和规程,并应熟练运用这些法规、标准等。

随着与国外交往的增加,特别是我国已经加入WTO,监理工程师还要不断强化外语知识,了解国外有关建设工程监理的法规知识。

2. 对监理工程师继续教育的方式

首先,要立足于自学。监理工程师要学会在工作的同时不断更新、补充自己的知识。其次,有关机构和部门要定期或不定期地组织监理工程师开展新知识、新技术研讨活动。第三,有关机构和部门要不定期地对监理工程师进行有针对性的继续教育。

3. 对监理工程师继续教育的考核

对监理工程师再教育的考核:一方面是由其所在单位进行日常考核。每5年,国家核查监理工程师资质时,其所在单位首先要提出考核意见,其中包括对监理工程师知识的更新情况的考核。另一方面,有关机构和部门借助于组织监理工程师继续教育活动进行考核。

第三节 工程监理企业的组织形式

 公司制监理企业

监理公司是以盈利为目的,依照法定程序设定的企业法人。我国公司制监理企业有以下特征:

(1) 必须是依照《中华人民共和国公司法》的规定设立的社会经济组织。
(2) 必须是以盈利为目的的独立企业法人。
(3) 自负盈亏,独立承担民事责任。
(4) 是完整纳税的经济实体。
(5) 采用规范的成本会计和财务会计制度。

我国监理公司的种类分为两类,即监理有限责任公司和监理股份有限公司。

1. 监理有限责任公司

监理有限责任公司是指由2个以上、50个以下的股东共同出资,股东以其所认缴的出资额对公司行为承担有限责任,公司以其全部资产对公司债务承担责任的企业法人。

2. 监理股份有限公司

监理股份有限公司是指全部资本由等额股份构成,并通过发行股票筹集资本,股东以其所认购股份对公司承担责任,公司以其全部资产对公司债务承担责任的企业法人。

设立监理股份有限公司可以采取发起设立或者募集设立方式。发起设立是指由发起人认购公司应发行的全部股份而设立公司。募集设立是指由发起人认购公司应发行股份的一部分,其余部分向社会公开募集而设立公司。

二、中外合资经营监理企业与中外合作经营监理企业

1. 基本概念

中外合资经营监理企业是指以中国的企业或其他的经济组织为一方,以外国的公司、企业、其他经济组织或个人为另一方,在平等互利的基础上,根据《中华人民共和国中外合资经营企业法》签订合同、制订章程,经中国政府批准,在中国境内共同投资、共同经营、共同管理、共同分享利润、共同承担风险,主要从事工程监理业务的监理企业。其组织形式为有限责任公司。在合资企业的注册资本中,外国合营者的投资比例一般不得低于25%。

中外合作经营监理企业是指中国的企业或其他经济组织同外国的企业、其他经济组织或个人,按照平等互利的原则和我国法律的规定,用合同约定双方的权利和义务,在中国境内共同举办的,主要从事工程监理业务的经济实体。

2. 中外合资经营监理企业和中外合作经营监理企业的区别

(1)组织形式不同。合资企业的组织形式为有限责任公司,具有法人资格。合作企业可以是法人型企业,也可以是不具有法人资格的合伙型企业,法人型企业独立对外承担责任,合作企业由合作各方对外承担连带责任。

(2)组织机构不同。合资企业是合资双方共同经营管理,实行单一的董事会领导下的总经理负责制。合作企业可以采取董事会负责,也可以采取联合负责制,即可由双方组织联合机构管理,也可由一方管理,还可以委托第三方管理。

(3)出资方式不同。合资企业一般以货币形式计算各方的投资比例。合作企业是以合同规定投资或者提供合作条件,以非现金投资作为条件,可不以货币形式作价,不计算投资比例。

(4)分担利润和分担风险的依据不同。合资企业按各方注册资本比例分配利润和分担风险。合作企业按合同约定分配收益或产品和分担风险。

(5)回收投资的期限不同。合资企业各方在合营期内不得减少其注册资本。合作企业允许国外合作者在合作期限内先行收回投资,合作期满时,企业的全部固定资产归中国合作者所有。

三、我国工程监理企业管理体制和经营体制的改革

1. 工程监理企业管理体制和经营体制的改革

按照我国法律的规定,设立股份有限公司的注册资本要求比较高(最低限额为人民币1 000万元),而设立有限责任公司的注册资本要求比较低(甲级资质最低限额为人民币100万元、乙级50万元、丙级10万元)。因此,我国绝大多数工程监理企业不宜按照股份有限公司的组织形式设立。

我国工程监理企业管理体制和经营体制的改革是发展的必然趋势。监理企业改制的目的:一是有利于转化企业的经营机制。不少国有监理企业经营困难,主要原因是机制、体制问题。改革的关键在于转换监理企业的经营机制,使监理企业真正成为"四自"主体。二是有利于强化企业的经营管理。国有监理企业经营困难除了机制和体制外,管理不善也是重要原因之一。三是有利于提高监理人员工作的积极性。国有企业固有的产权不清晰、责任不明确、分配不合理所形成的大锅饭模式,难以调动员工的积极性。

2. 国有监理企业改制为有限责任公司的基本步骤
(1)确定发起人并成立筹委会。
(2)形成公司文件。
(3)提出改制申请。
(4)资产评估。
(5)产权界定。
(6)股权设置。
(7)认缴出资额。
(8)申请设立登记。
(9)签发出资证明书。

3. 产权制度改革的方式
国有工程监理企业的改制可采用以下三种方式:
(1)股份制改革方式。减持国有股,扩大民营股。
(2)股份合作制方式。将原国有监理企业改为由本单位的全体职工和经营者按股份共同拥有。具体的操作方式是,对企业经过资产评估后,折成股份,转让给本企业职工和经营者。
(3)经营者持大股方式。

4. 完善分配制度
改制的监理企业应建立与现代企业制度相适应的劳动、人事管理制度和收入分配制度,在坚持按劳分配原则的基础上,应适当实行按生产要素分配。

第四节 工程监理企业的资质管理制度

 工程监理企业等级标准和业务范围

根据《工程监理企业资质管理规定》(中华人民共和国建设部令第158号),工程监理企业资质分为综合资质、专业资质和事务所资质。其中,综合资质、事务所资质不分级别。专业资质按照工程性质和技术特点划分为若干工程类别:甲级、乙级;房屋建筑、水利水电、公路和市政公用专业资质可设立丙级。

1. 综合资质标准及业务范围
(1)具有独立法人资格且注册资本不少于600万元。
(2)企业技术负责人应为注册监理工程师,并具有15年以上从事工程建设工作的经历或者具有工程类高级职称。

（3）具有5个以上工程类别的专业甲级工程监理资质。

（4）注册监理工程师不少于60人，注册造价工程师不少于5人，一级注册建造师、一级注册建筑师、一级注册结构工程师或者其他勘察设计注册工程师合计不少于15人次。

（5）企业具有完善的组织结构和质量管理体系，有健全的技术、档案等管理制度。

（6）企业具有必要的工程试验检测设备。

（7）申请工程监理资质之日前一年内没有《工程监理企业资质管理规定》第十六条禁止的行为。

（8）申请工程监理资质之日前一年内没有因本企业监理责任造成重大质量事故。

（9）申请工程监理资质之日前一年内没有因本企业监理责任发生三级以上工程建设重大安全事故或者发生两起以上四级工程建设安全事故。

具有综合资质的工程监理企业可以承担所有专业工程类别建设工程项目的工程监理业务。

2. 专业资质标准及业务范围

（1）甲级

①具有独立法人资格且注册资本不少于300万元。

②企业技术负责人应为注册监理工程师，并具有15年以上从事工程建设工作的经历或者具有工程类高级职称。

③注册监理工程师、注册造价工程师、一级注册建造师、一级注册建筑师、一级注册结构工程师或者其他勘察设计注册工程师合计不少于25人次；其中，相应专业注册监理工程师不少于《专业资质注册监理工程师人数配备表》（附录三）中要求配备的人数，注册造价工程师不少于2人。

④企业近2年内独立监理过3个以上相应专业的二级工程项目，但是，具有甲级设计资质或一级及以上施工总承包资质的企业申请本专业工程类别甲级资质的除外。

⑤企业具有完善的组织结构和质量管理体系，有健全的技术、档案等管理制度。

⑥企业具有必要的工程试验检测设备。

⑦申请工程监理资质之日前一年内没有《工程监理企业资质管理规定》第十六条禁止的行为。

⑧申请工程监理资质之日前一年内没有因本企业监理责任造成重大质量事故。

⑨申请工程监理资质之日前一年内没有因本企业监理责任发生三级以上工程建设重大安全事故或者发生两起以上四级工程建设安全事故。

具有专业甲级资质的工程监理企业可承担相应专业工程类别建设工程项目的工程监理业务（见附录三）。

（2）乙级

①具有独立法人资格且注册资本不少于100万元。

②企业技术负责人应为注册监理工程师，并具有10年以上从事工程建设工作的经历。

③注册监理工程师、注册造价工程师、一级注册建造师、一级注册建筑师、一级注册结构工程师或者其他勘察设计注册工程师合计不少于15人次。其中，相应专业注册监理工程师不少于《专业资质注册监理工程师人数配备表》（附录三）中要求配备的人数，注册造价工程师不少于1人。

④有较完善的组织结构和质量管理体系,有技术、档案等管理制度。
⑤有必要的工程试验检测设备。
⑥申请工程监理资质之日前一年内没有《工程监理企业资质管理规定》第十六条禁止的行为。
⑦申请工程监理资质之日前一年内没有因本企业监理责任造成重大质量事故。
⑧申请工程监理资质之日前一年内没有因本企业监理责任发生三级以上工程建设重大安全事故或者发生两起以上四级工程建设安全事故。

具有专业乙级资质的工程监理企业可承担相应专业工程类别二级以下(含二级)建设工程项目的工程监理业务(见附录三)。

(3)丙级
①具有独立法人资格且注册资本不少于50万元。
②企业技术负责人应为注册监理工程师,并具有8年以上从事工程建设工作的经历。
③相应专业的注册监理工程师不少于《专业资质注册监理工程师人数配备表》(附录三)中要求配备的人数。
④有必要的质量管理体系和规章制度。
⑤有必要的工程试验检测设备。

具有专业丙级资质的工程监理企业可承担相应专业工程类别三级建设工程项目的工程监理业务(见附录三)。

3.事务所资质标准及业务范围
(1)取得合伙企业营业执照,具有书面合作协议书。
(2)合伙人中有3名以上注册监理工程师,合伙人均有5年以上从事建设工程监理的工作经历。
(3)有固定的工作场所。
(4)有必要的质量管理体系和规章制度。
(5)有必要的工程试验检测设备。

具有事务所资质的工程监理企业可承担三级建设工程项目的工程监理业务(见附录三),但是,国家规定必须实行强制监理的工程除外。

工程监理企业可以开展相应类别建设工程的项目管理、技术咨询等业务。

二 工程监理企业的资质申请

(1)申请综合资质、专业甲级资质的,应当向企业工商注册所在地的省、自治区、直辖市人民政府建设主管部门提出申请。

省、自治区、直辖市人民政府建设主管部门应当自受理申请之日起20日内初审完毕,并将初审意见和申请材料报国务院建设主管部门。

国务院建设主管部门应当自省、自治区、直辖市人民政府建设主管部门受理申请材料之日起60日内完成审查,公示审查意见,公示时间为10日。其中,涉及铁路、交通、水利、通信、民航等专业工程监理资质的,由国务院建设主管部门送国务院有关部门审核。国务院有关部门应当在20日内审核完毕,并将审核意见报国务院建设主管部门。国务院建设主管部门根据初审意见审批。

（2）专业乙级、丙级资质和事务所资质,由企业所在地省、自治区、直辖市人民政府建设主管部门审批。

专业乙级、丙级资质和事务所资质许可延续的实施程序,由省、自治区、直辖市人民政府建设主管部门依法确定。

省、自治区、直辖市人民政府建设主管部门应当自作出决定之日起10日内,将准予资质许可的决定报国务院建设主管部门备案。

（3）工程监理企业资质证书分为正本和副本,每套资质证书包括一本正本,四本副本。正、副本具有同等法律效力。

工程监理企业资质证书的有效期为5年。

工程监理企业资质证书由国务院建设主管部门统一印制并发放。

（4）申请工程监理企业资质,应当提交以下材料：

①工程监理企业资质申请表(一式三份)及相应电子文档。

②企业法人、合伙企业营业执照。

③企业章程或合伙人协议。

④企业法定代表人、企业负责人和技术负责人的身份证明、工作简历及任命(聘用)文件。

⑤工程监理企业资质申请表中所列注册监理工程师及其他注册执业人员的注册执业证书。

⑥有关企业质量管理体系、技术和档案等管理制度的证明材料。

⑦有关工程试验检测设备的证明材料。

取得专业资质的企业申请晋升专业资质等级或者取得专业甲级资质的企业申请综合资质的,除前款规定的材料外,还应当提交企业原工程监理企业资质证书正、副本复印件,企业《监理业务手册》及近两年已完成代表工程的监理合同、监理规划、工程竣工验收报告及监理工作总结。

（5）资质有效期届满,工程监理企业需要继续从事工程监理活动的,应当在资质证书有效期届满60日前,向原资质许可机关申请办理延续手续。

对在资质有效期内遵守有关法律、法规、规章、技术标准,信用档案中无不良记录,且专业技术人员满足资质标准要求的企业,经资质许可机关同意,有效期延续5年。

（6）工程监理企业在资质证书有效期内名称、地址、注册资本、法定代表人等发生变更的,应当在工商行政管理部门办理变更手续后30日内办理资质证书变更手续。

涉及综合资质、专业甲级资质证书中企业名称变更的,由国务院建设主管部门负责办理,并自受理申请之日起3日内办理变更手续。

前款规定以外的资质证书变更手续,由省、自治区、直辖市人民政府建设主管部门负责办理。省、自治区、直辖市人民政府建设主管部门应当自受理申请之日起3日内办理变更手续,并在办理资质证书变更手续后15日内将变更结果报国务院建设主管部门备案。

（7）申请资质证书变更,应当提交以下材料：

①资质证书变更的申请报告。

②企业法人营业执照副本原件。

③工程监理企业资质证书正、副本原件。

工程监理企业改制的,除前款规定材料外,还应当提交企业职工代表大会或股东大会关于企业改制或股权变更的决议、企业上级主管部门关于企业申请改制的批复文件。

(8)工程监理企业不得有下列行为:

①与建设单位串通投标或者与其他工程监理企业串通投标,以行贿手段谋取中标。

②与建设单位或者施工单位串通弄虚作假、降低工程质量。

③将不合格的建设工程、建筑材料、建筑构配件和设备按照合格签字。

④超越本企业资质等级或以其他企业名义承揽监理业务。

⑤允许其他单位或个人以本企业的名义承揽工程。

⑥将承揽的监理业务转包。

⑦在监理过程中实施商业贿赂。

⑧涂改、伪造、出借、转让工程监理企业资质证书。

⑨其他违反法律法规的行为。

(9)工程监理企业合并的,合并后存续或者新设立的工程监理企业可以承继合并前各方中较高的资质等级,但应当符合相应的资质等级条件。

工程监理企业分立的,分立后企业的资质等级,根据实际达到的资质条件,按照本规定的审批程序核定。

(10)企业需增补工程监理企业资质证书的(含增加、更换、遗失补办),应当持资质证书增补申请及电子文档等材料向资质许可机关申请办理。遗失资质证书的,在申请补办前应当在公众媒体刊登遗失声明。资质许可机关应当自受理申请之日起3日内予以办理。

三 工程监理企业的资质管理

(1)县级以上人民政府建设主管部门和其他有关部门,应当依照有关法律、法规和本规定,加强对工程监理企业资质的监督管理。

(2)建设主管部门履行监督检查职责时,有权采取下列措施:

①要求被检查单位提供工程监理企业资质证书、注册监理工程师注册执业证书,有关工程监理业务的文档,有关质量管理、安全生产管理、档案管理等企业内部管理制度的文件。

②进入被检查单位进行检查,查阅相关资料。

③纠正违反有关法律、法规和本规定及有关规范和标准的行为。

(3)建设主管部门进行监督检查时,应当有两名以上监督检查人员参加,并出示执法证件,不得妨碍被检查单位的正常经营活动,不得索取或者收受财物、谋取其他利益。

有关单位和个人对依法进行的监督检查应当协助与配合,不得拒绝或者阻挠。

监督检查机关应当将监督检查的处理结果向社会公布。

(4)工程监理企业违法从事工程监理活动的,违法行为发生地的县级以上地方人民政府建设主管部门应当依法查处,并将违法事实、处理结果或处理建议及时报告该工程监理企业资质的许可机关。

(5)工程监理企业取得工程监理企业资质后,不再符合相应资质条件的,资质许可机关根据利害关系人的请求或者依据职权,可以责令其限期改正;逾期不改的,可以撤回其资质。

（6）有下列情形之一的，资质许可机关或者其上级机关，根据利害关系人的请求或者依据职权，可以撤销工程监理企业资质：

①资质许可机关工作人员滥用职权、玩忽职守作出准予工程监理企业资质许可的。

②超越法定职权作出准予工程监理企业资质许可的。

③违反资质审批程序作出准予工程监理企业资质许可的。

④对不符合许可条件的申请人作出准予工程监理企业资质许可的。

⑤依法可以撤销资质证书的其他情形。

以欺骗、贿赂等不正当手段取得工程监理企业资质证书的，应当予以撤销。

（7）有下列情形之一的，工程监理企业应当及时向资质许可机关提出注销资质的申请，交回资质证书，国务院建设主管部门应当办理注销手续，公告其资质证书作废：

①资质证书有效期届满，未依法申请延续的。

②工程监理企业依法终止的。

③工程监理企业资质依法被撤销、撤回或吊销的。

④法律、法规规定的应当注销资质的其他情形。

（8）工程监理企业应当按照有关规定，向资质许可机关提供真实、准确、完整的工程监理企业的信用档案信息。

工程监理企业的信用档案，应当包括基本情况、业绩、工程质量和安全、合同违约等情况。被投诉举报和处理、行政处罚等情况，应当作为不良行为记入其信用档案。

工程监理企业的信用档案信息按照有关规定向社会公示，公众有权查阅。

第五节　工程监理企业的经营管理

一　工程监理企业经营活动基本准则

工程监理企业从事建设工程监理活动，应当遵循"守法、诚信、公正、科学"的准则。

1. 守法

守法，即遵守国家的法律法规。对于工程监理企业来说，守法即是要依法经营，主要体现在：

（1）工程监理企业只能在核定的业务范围内开展经营活动。工程监理企业的业务范围，是指填写在资质证书中经工程监理资质管理部门审查确认的主项资质和增项资质。核定的业务范围包括两方面：一是监理业务的工程类别；二是承接监理工程的等级。

（2）工程监理企业不得伪造、涂改、出租、出借、转让、出卖《资质等级证书》。

（3）建设工程监理合同一经双方签订，即具有法律约束力，工程监理企业应按照合同的约定认真履行，不得无故或故意违背自己的承诺。

（4）工程监理企业离开原住地承接监理业务，要自觉遵守当地人民政府颁发的监理法规和有关规定，主动向监理工程所在地的省、自治区、直辖市建设行政主管部门备案登记，接受其指导和监督管理。

（5）遵守国家关于企业法人的其他法律、法规的规定。

2. 诚信

诚信,即诚实、守信用。这是道德规范在市场经济中的体现。它要求一切市场参加者在不损害他人利益和社会公共利益的前提下,追求自己的利益,目的是在当事人之间的利益关系和当事人与社会之间的利益关系中实现平衡,并维护市场道德秩序。诚信原则的主要作用在于指导当事人以善意的心态、诚信的态度行使民事权利,承担民事义务,正确地从事民事活动。

加强企业信用管理,提高企业信用水平,是完善我国工程监理制度的重要保证。企业信用的实质是解决经济活动中经济主体之间的利益关系。它是企业经营理念、经营责任和经营文化的集中体现。信用是企业的一种无形资产,良好的信用能为企业带来巨大效益。我国是 WTO 的成员,信用将成为我国企业走出去、进入国际市场的身份证。它是能给企业带来长期经济效益的特殊资本。监理企业应当树立良好的信用意识,使企业成为讲道德、讲信用的市场主体。

工程监理企业应当建立健全企业的信用管理制度。信用管理制度主要有:

(1)建立健全合同管理制度。

(2)建立健全与建设单位的合作制度,及时进行信息沟通,增强相互间的信任感。

(3)建立健全监理服务需求调查制度,这也是企业进行有效竞争和防范经营风险的重要手段之一。

(4)建立企业内部信用管理责任制度,及时检查和评估企业信用的实施情况,不断提高企业信用管理水平。

3. 公正

公正,是指工程监理企业在监理活动中,既要维护建设单位的利益,又不能损害承包人的合法利益,并依据合同公平合理地处理建设单位与承包人之间的争议。

工程监理企业要做到公正,必须做到以下五点:

(1)要具有良好的职业道德。

(2)要坚持实事求是。

(3)要熟悉有关建设工程合同条款。

(4)要提高专业技术能力。

(5)要提高综合分析判断问题的能力。

4. 科学

科学,是指工程监理企业要依据科学的方案,运用科学的手段,采取科学的方法开展监理工作。工程监理工作结束后,还要进行科学的总结。实施科学化管理主要体现如下:

(1)科学的方案。工程监理的方案主要是指监理规划。其内容包括:工程监理的组织计划;监理工作的程序;各专业、各阶段监理工作内容;工程的关键部位或可能出现的重大问题的监理措施等。在实施监理前,要尽可能准确地预测出各种可能的问题,有针对性地拟订解决办法,制订出切实可行、行之有效的监理实施细则,使各项监理活动都纳入计划管理的轨道。

(2)科学的手段。实施工程监理,必须借助于先进的科学仪器才能做好监理工作,如各种检测、试验、化验仪器,摄录像设备及计算机等。

(3)科学的方法。监理工作的科学方法主要体现在监理人员在掌握大量的、确凿的有关监理对象及其外部环境实际情况的基础上,适时、稳妥、高效地处理有关问题。解决问题要以事实说话、用书面文字说话、用数据说话;要开发、利用计算机软件辅助工程监理。

二 加强企业管理

强化企业管理,提高科学管理水平,是建立现代企业制度的要求,也是监理企业提高市场竞争能力的重要途径。监理企业管理应抓好成本管理、资金管理、质量管理,增强法制意识,依法经营管理。

1. 基本管理措施

(1)市场定位。要加强自身发展战略研究,适应市场,根据本企业实际情况,合理确定企业的市场地位,制订和实施明确的发展战略、技术创新战略,并根据市场变化适时调整。

(2)管理方法现代化。要广泛采用现代管理技术、方法和手段,推广先进企业的管理经验,借鉴国外企业现代管理方法。

(3)建立信息化管理系统。要加强现代信息技术的运用,建立灵敏、准确的工程管理信息系统,掌握每一个在监工程项目的动态。

(4)开展贯标活动。要积极实行 ISO 9000 质量管理体系贯标认证工作,严格按照质量手册和程序文件的要求开展各项工作,防止贯标认证工作流于形式。贯标的作用:一是能够提高企业市场竞争能力;二是能够提高企业人员素质;三是能够规范企业各项工作;四是能够避免或减少工作失误。

(5)要严格贯彻实施《建设工程监理规范》(以下简称《规范》),结合企业实际情况,制订相应的《规范》实施细则,组织全员学习,在签订委托监理合同、实施监理工作、检查考核监理业绩、制订企业规章制度等各个环节,都应当以《规范》为主要依据。

2. 建立健全各项内部管理规章制度

(1)组织管理制度。合理设置企业内部机构和各机构职能,建立严格的岗位责任制度,加强考核和督促检查,有效配置企业资源,提高企业工作效率,健全企业内部监督体系,完善制约机制。

(2)人事管理制度。健全工资分配、奖励制度,完善激励机制,加强对员工的业务素质培养和职业道德教育。

(3)劳动合同管理制度。推行职工全员竞争上岗,严格劳动纪律,严明奖惩,充分调动和发挥职工的积极性、创造性。

(4)财务管理制度。加强资产管理、财务计划管理、投资管理、资金管理、财务审计管理等。要及时编制资产负债表、损益表和现金流量表,真实反映企业经营状况,改进和加强经济核算。

(5)经营管理制度。制订企业的经营规划、市场开发计划。

(6)项目监理机构管理制度。

(7)设备管理制度。制订设备的购置办法、设备的使用、保养规定等。

(8)科技管理制度。制订科技开发规划、科技成果评审办法、科技成果应用推广办法等。

(9)档案文书管理制度。制订档案的整理和保管制度,文件和资料的使用、归档管理办法等。

有条件的监理企业,还要注重风险管理,实行监理责任保险制度,适当转移责任风险。

三 市场开发

1. 取得监理业务的基本方式

工程监理企业承揽监理业务的表现形式有两种：一是通过投标竞争取得监理业务；二是由建设单位委托直接取得监理业务。通过投标取得监理业务，是市场经济体制下比较普遍的方式。《中华人民共和国招标投标法》明确规定，关系公共利益安全、政府投资、外资工程等实行监理必须招标。在不宜公开招标的机密工程或没有投标竞争对手的情况下，或者工程规模比较小、比较单一的监理业务，或者是对原监理单位续用等情况下，建设单位也可以直接委托工程监理企业。

2. 工程监理企业投标书的核心

工程监理企业向建设单位提供的是管理服务，因此，工程监理企业投标书的核心是反映所提供的管理服务水平高低的监理大纲，尤其是主要的监理对策。建设单位在监理招标时应以监理大纲的水平作为评定投标书优劣的重要内容，而不应把监理费的高低当作选择工程监理企业的主要评定标准。作为工程监理企业，不应该以降低监理费作为竞争的主要手段去承揽监理业务。

一般情况下，监理大纲中的主要监理对策是指：根据监理招标文件的要求，针对建设单位监理工程的特点，初步拟订该工程的监理工作指导思想，主要的管理措施、技术措施，拟投入的监理力量以及为搞好该项工程建设而向建设单位提出的原则性的建议等。

3. 工程监理费的计算方法

建设工程监理费是指建设单位根据委托监理合同支付给监理企业的监理酬金，它是构成工程概(预)算的一部分，在工程概(预)算中单独列支。建设工程监理费由监理直接成本、监理间接成本、税金和利润四部分构成。

(1) 直接成本

直接成本是指监理企业履行委托监理合同时所发生的成本。主要包括：

①监理人员和监理辅助人员的工资、奖金、津贴、补助、附加工资等。

②用于监理工作的常规检测工器具、计算机等办公设施的购置费和其他仪器、机械的租赁费。

③用于监理人员和监理辅助人员的其他专项开支，包括：办公费、通信费、差旅费、书报费、文印费、会议费、医疗费、劳保费、保险费、住房公积金、休假探亲费等。

④其他费用。

(2) 间接成本

间接成本是指全部业务经营开支及非工程监理的特定开支，其内容包括：

①管理人员、行政人员以及后勤人员的工资、奖金、补助、津贴。

②经营性业务开支，包括为招揽监理业务而发生的广告费、宣传费、有关合同的公证费等。

③办公费，包括办公用品、报刊、会议费。

④企业参加各专业协会等社会组织的会费。

⑤工商管理部门要求固定注册地点的办公用房的租金等。

◀ 本 章 小 结 ▶

监理工作需要一专多能的复合型人才,根据监理工程师的执业特点,对监理工程师的素质、道德标准、法律责任提出了特殊的要求以规范其行为。对监理工程师的执业资格考试、注册和继续教育作了相应的规定。对监理企业的设立、资质管理也作了相应的规定。对监理企业的经营活动进行了规范。

小知识

工程类别:房屋建筑工程、冶炼工程、矿山工程、化工及石油工程、水利水电工程、电力工程、林业及生态工程、铁路工程、公路工程、港口及航道工程、航空航天工程、通信工程、市政公用工程、机电安装工程,工程类别中又可以划分为一等、二等、三等工程。

◀ 思 考 题 ▶

1. 监理工程师应具备什么样的知识结构?
2. 监理工程师应遵循的职业道德守则有哪些?
3. 请阐述监理工程师的法律地位与责任。
4. 工程监理企业的资质要素包括哪些内容?
5. 工程监理企业经营活动的基本准则是什么?

第三章 建设工程监理组织

【职业能力目标】

1. 实际工作中项目监理机构的设置、人员配备及分工；
2. 建设工程监理组织的实际操作程序、方法；
3. 理解沟通的重要性，学会与他人协作、交往的方法。

【学习目标】

1. 了解组织设计及组织活动的基本原理；
2. 掌握监理机构的基本形式及适用性；
3. 熟悉监理人员在项目监理机构的职责分工，组织结构活动基本原理，平行承发包模式，设计或施工总承包模式，组织协调的工作内容，组织协调的方法。

第一节 组织的基本原理

现代建设工程离不开人与人、组织与组织之间的相互合作，要想达到预期的目的就必须建立精干、合理、高效的组织结构，并进行有效的管理与实施。工程监理企业与建设单位签订委托监理合同后，由企业法定代表人任命总监理工程师。总监理工程师根据监理大纲和委托监理合同的内容，负责组建项目监理机构，并进行对建设工程项目的工程质量、进度、投资、安全等目标全面控制和管理。因此，监理工程师应懂得有关组织的理论知识。

一 组织与组织结构

所谓组织，就是为了使系统达到它的特定目标，使全体参加者经分工与协作以及设置不同层次的权利和责任制度而构成的群体以及相应的机构。正是由于人们聚集在一起，协同合作，共同从事某项活动，才产生了组织。

组织既指静态的社会实体单位，又指动态的组织活动过程。因此，组织理论分为组织结构学和组织行为学两个相互联系的分支学科。组织结构学侧重于建立精干、合理、高效的组织结构;组织行为学侧重研究组织在实现目标活动过程中所表现出的行为,包括其取得成功的行为能力、社会公众形象、良好的人际关系等。

组织结构就是组织内部各构成部分和各部分间所确立的较为稳定的相互关系和联系方式。组织结构可以用系统科学来研究,系统是人们对客观事物观察的一种方式。系统是由多个相互关联的元素构成,它可大可小,最大的系统是宇宙,最小的系统是粒子,主要取决于人们如何对其观察。如同将学校、企业或项目看成一个系统,而研究这个系统就是研究项目的组织结构。

就监理组织而言其组织理论主要从两个方面来体现:

1. 监理组织论

(1)组织结构模式,主要反映的是一套指挥系统。

(2)一个组织系统里的任务分工,主要反映的是工程项目的目标控制的分工及落实情况。

(3)管理职能分工,即在项目实施过程中,对提出问题、规划、决策、执行、检查等职能的分工。

2. 工程监理学

(1)主要研究项目在实施阶段的思想、组织、方法和手段。

(2)研究的对象是项目总目标(费用、时间、质量)的控制科学。

(3)研究的任务是协调建设、设计、施工等单位的相互关系和内部关系,即对建设、设计、施工等单位采取相应措施,控制投资、进度、质量、安全,管理合同和信息,以使项目总目标实现最优。

 组织设计的原则

组织设计是对组织结构和组织活动的设计过程,是一种把目标、任务、责任、权力和利益进行有效组合与协调的活动。组织设计的结果是按照职责分工明确、指挥灵活统一、信息灵敏准确和简政精兵的要求,合理设置机构,配置人员,并建立以责任制为中心的科学的、严格的规章制度,且使组织具有思想活跃、信息畅通、富有弹性和追求高效率的特点,最大限度地激发人的积极性、主动性和创造性,最大限度地发挥组织的集体功能,更好地实现组织目标,使组织更具有适应生存并日益发展的生命力。所以,有效的组织设计在提高组织活动效能即对项目管理的成败起着决定性作用。

项目监理机构的组织设计应遵循以下五个基本原则。

1. 分工与协作

就项目监理机构而言,分工就是按照提高监理工作专业化程度和监理工作效率的要求,把监理目标分成各级各部门各工作人员的目标和任务。对每一位工作人员的工作作出严密的分工,有利于个人扬长避短、提高监理工作质量和效率。组织设计时,应尽量按照专业化分工的要求组建项目监理机构,同时兼顾物质条件、人力资源和经济效益。

有分工就有协作。项目监理机构内部门与部门之间、部门内工作人员之间是密切联系、相互依赖的,因此,要求彼此之间做到相互配合、协作一致。组织设计时,应尽可能考虑到自动协调,并要提出具体可行的协调配合方法,否则分工难以取得整体的最佳效益。

2. 集权与分权

在项目监理机构设计中,集权就是总监理工程师决定一切监理事项,其他监理人员只是执行命令;分权则是总监理工程师将一部分权力下放给总监理工程师代表和专业监理工程师,总监理工程师主要把握重大决策,起协调作用。

项目监理机构中,集权和分权程度如何,要综合考虑工程项目的特点,决策问题的重要性,监理人员的精力、能力、工作经验等因素而定。分权尤其应注意明确个人权利的大小、界限。

3. 管理跨度与管理层次

管理跨度是指一个上级管理者直接管理的下级人数。管理跨度越大,管理者需要协调的工作量越大,管理难度越大,因而必须确定合理的管理跨度。管理跨度与工作性质和内容、管理者素质、授权程度等因素有关。

管理层次是指从组织的最高管理者到基层工作人员之间的等级层次数量。从最高管理者到基层工作人员权责逐层递减人数却逐层递增。在项目监理机构中,管理层次分为三个层次:

(1)决策层。由总监理工程师及其助手组成,要根据工程项目的监理活动特点与内容进行科学化、程序化决策。

(2)中间控制层(协调层和执行层)。由专业监理工程师或子项目监理工程师组成,具体负责监理规划的落实、目标控制及合同实施管理,属承上启下管理层次。

(3)作业层(操作层)。由监理员、检测员等组成,具体负责监理工作的操作。

管理跨度与管理层次成反比关系。即管理跨度加大,管理层次就减少;缩小管理跨度,管理层次就增加。项目监理机构设计,应通盘考虑,确定管理跨度之后,再确定管理层次。

4. 才职相称与责权一致

项目监理机构的管理跨度和管理层次确定之后,应根据每位工作人员的能力安排职位,明确责任,并授予相应的权力。

项目监理机构中,每个工作岗位都对其工作者提出了一定的知识和技能要求,只有充分考察个人的学历、知识、经验、才能、性格、潜力等,因岗设人,才能做到才职相称、人尽其才、才得其用、用得其所。

在项目监理机构中,应明确划分职责、权力范围,做到责任与权力一致。组织结构中的责任和权力是由工作岗位决定的,不同的岗位职务有着不同的责任和权力。既不能权大于责,也不能责大于权,只有责权一致,才能充分发挥人的积极性、主动性、创造性,增强组织的活力。

5. 效率与适应性原则

项目监理机构设计,应将高效率放在重要地位。以能实现项目要求的工作任务为原则,尽量简化机构,减少层次,做到精干高效,要以较少的的人员、较少的层次达到管理的效果,减少重复和扯皮。同时一个项目监理机构既要有一定的稳定性,还要有随着组织内部、外部条件和环境的变化而作出相应调整,确保组织管理目标实现的适应性。

三 组织活动的基本原理

1. 要素有用性原理

运用要素有用性原理,首先应看到人力、物力、财力等因素在组织活动过程中的有用性,充分发挥各要素的作用，根据各要素作用的大、小、主、次、好、坏，进行合理安排、组合使用，做到人尽其才、才尽其利、物尽其用，尽最大可能提高各要素的有用率。

2. 动态相关性原理

组织系统内部各要素之间，既相互联系，又相互制约；既相互依存，又相互排斥，这种相互作用推动组织活动的进步与发展。相互作用的因素也称相关因子，充分发挥相关因子的作用，是提高组织管理效应的有效途径。一加一可以等于二，也可以大于二，还可以小于二。"三个臭皮匠，顶个诸葛亮"，就是相关因子起了借鉴作用；"一个和尚挑水吃，两个和尚抬水吃，三个和尚没水吃"，就是相关因子起了内耗作用。整体效应不等于其各局部效应的简单相加，各局部效应之和与整体效应不一定相等，这就是动态相关性原理。

3. 主观能动性原理

人是生产力中最活跃的因素，组织管理者的重要任务就是要把人的主观能动性发挥出来，当主观能动性发挥出来的时候就会取得很好的效果。

4. 规律效应性原理

规律就是客观事物内部的、本质的、必然的联系。组织管理者在管理过程中要掌握规律，按规律办事，把注意力放在抓事物内部的、本质的、必然的联系上，以达到预期的目标，取得良好的效应。一个成功的管理者只有懂得努力揭示规律，才有取得效应的可能，而要取得好的效应，就要主动研究规律，按规律办事。

第二节　建设工程项目组织管理的基本模式及相应监理模式

建设监理制度的实行，使工程项目建设形成了以建设单位、承包人、监理单位三大主体的结构体系。在这个结构体系中是以建设单位为主导、监理为核心、承包人为主力、合同为依据、经济为纽带的项目管理模式。工程项目的承发包模式在很大程度上影响了项目建设中三大主体形成的项目组织结构形式。对于一个建设项目来说，不同的承发包模式就对应着不同的监理模式、不同的合同体系、不同的管理特点。

一、平行承发包模式与监理模式

1. 平行承发包模式及特点

所谓平行承发包，就是建设单位将工程项目的设计、施工以及设备和材料采购的任务经过分解分别发给若干个设计单位、施工单位和材料设备供应商，分别与各方签订工程承包合同或供销合同，各设计单位之间的关系是平行的，各施工单位之间的关系也是平行的，如图3-1所示。采用这种模式，首先应合理地进行工程项目建设任务的分解，然后进行分类综合，确定每个合同的发包内容，有利于择优选择承包人。

进行任务分解与确定合同数量、内容时应考虑以下因素：

（1）工程情况。工程项目的性质、规模、结构等是决定合同数量和内容的重要因素，规模大、范围广、专业多的项目往往比规模小、范围窄、专业单一的项目合同数量要多。项目实施时间的长短,计划的安排也对合同数量有影响。例如,对分期建设的两个单项工程,就可以考虑分成两个合同分别发包。

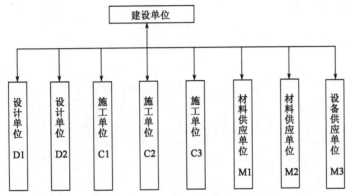

图 3-1 平行承发包模式

(2)市场情况。首先是市场结构,各承包人的专业性质、规模大小在不同市场的分布状况不同,项目的分解发包应力求使其与市场结构相适应。其次,合同任务和内容要对市场具有吸引力,中小合同对中小承包人有吸引力,又不妨碍大承包人参与竞争。另外,还应按市场惯例做法、市场范围和有关规定来决定合同内容和大小。

2. 平行承发包模式的优缺点

(1)有利于缩短工期目标。由于设计和施工任务经过分解分别发包,设计与施工阶段有可能形成搭接关系,从而缩短整个项目工期。

(2)有利于质量控制。整个工程经过分解分别发包给各承包人,通过合同约束与相互制约,使每一部分能够较好地实现质量要求。如主体与装修分别由两个施工单位承包,当主体工程不合格时,装修单位不会同意在不合格的主体上进行装修的,这相当于有了他人控制,这比自己控制更有约束力。

(3)有利于建设单位择优选择承包人。在多数国家的建筑市场上专业性强、规模小的均占较大的比例。这种模式的合同内容比较单一、合同价值小、风险小,使他们有可能参与竞争。因此,无论大承包人还是中小承包人都有机会竞争。建设单位可以在一个很大的范围内进行选择,为提高择优性创造了条件。

(4)有利于繁荣建设市场。这种平行承发包模式给各种承包人提供承包机会、生存机会,促进市场繁荣和发展。

(5)合同数量多,会造成合同管理困难。合同乙方多,使项目系统内结合部位数量增加,组织协调工作量大。因此,应加强合同管理的力度,加强部门之间的横向协调工作,沟通各种渠道,使工程有条不紊地进行。

(6)投资控制难度大。一是总合同价不易短期确定,影响投资控制实施;二是工程招标任务量大,需控制多项合同价格,增加了投资控制难度。

3. 监理模式

与平行承发包模式相适应的监理组织模式可以有以下两种形式。

(1)建设单位委托一家监理单位监理。如图 3-2 所示,这种监理模式要求监理单位有较强的合同管理与组织协调能力,并应做好全面规划工作。监理单位的项目监理组织可以组建多个监理分支机构对各承包人分别实施管理。项目总监理工程师应做好总体协调工作,加强横向联系,保证监理工作一体化。

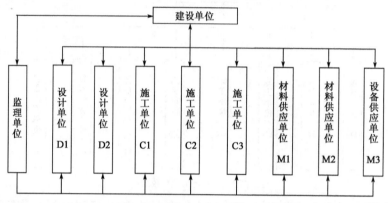

图3-2　建设单位委托一家工程监理单位的监理模式

(2)建设单位委托多家监理单位监理。如图3-3所示,采用这种模式,建设单位分别委托几家监理单位针对不同的承包人实施监理。由于建设单位分别与监理单位签订监理合同,所以应做好各监理单位的协调工作。采用这种模式,监理单位对象单一,便于管理,但工程项目监理工作被肢解,不利于总体规划与协调控制。

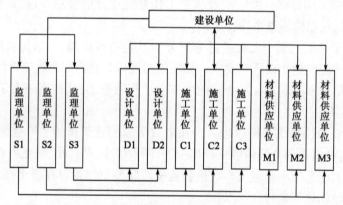

图3-3　建设单位委托多家工程监理单位的监理模式

二 设计、施工总承包模式与监理模式

1. 设计、施工总承包模式及特点

设计、施工总承包就是建设单位将全部设计或全部施工任务发包给一个设计单位或一个施工单位作为总承包单位。总承包单位可以将其任务的一部分再分包给其他承包单位。形成一个设计主合同或一个施工主合同以及若干个分包合同的结构模式。如图3-4所示。

2. 设计、施工总承包模式的优缺点

(1)设计、施工总承包模式有利于项目的组织管理。首先,由于建设单位只与一个设计总承包单位或一个施工总承包单位签订合同,承包合同数量比平行承发包模式要少很多,有利于合同管理。其次,由于合同数量的减少,也使建设单位协调工作量减少,可发挥监理与总承包单位多层次协调的积极性。

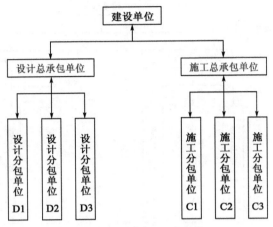

图 3-4　设计或施工总承包模式

(2)有利于投资控制。总承包合同价格可以较早确定,并且监理也易于控制。

(3)有利于质量控制。由于总承包与分包方建立了内部的责、权、利关系,有分包方自控,有总承包方的监督,有监理的检查认可,对质量控制有利。但监理工程师应严格控制总承包单位"以包代管",否则会对质量控制造成不利影响。

(4)有利于工期控制。有利于总体进度的协调控制。总承包单位具有控制的积极性,分包单位之间也有相互制约作用,有利于监理工程师控制进度。

3. 监理模式

对设计、施工总承包的承发包模式,建设单位可以委托一家监理单位进行全过程监理,也可以按设计阶段和施工阶段分别委托监理单位进行监理。总承包单位对承包合同承担乙方的最终责任,但监理工程师必须做好对分包单位的确认工作。监理模式如图 3-5、图 3-6 所示。

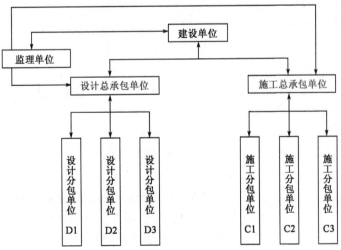

图 3-5　建设单位委托一家工程监理单位的监理模式

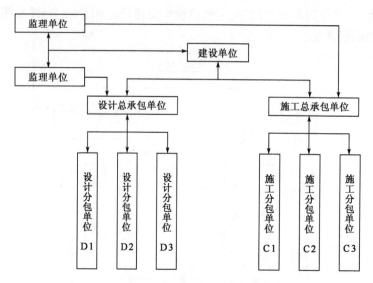

图 3-6 建设单位委托两家工程监理单位的监理模式

三 工程项目总承包模式与监理模式

1. 工程项目总承包模式及特点

所谓工程项目总承包是指建设单位将工程设计、施工、材料和设备采购等一系列工作全部发包给一家公司,由其进行实质性设计、施工和采购工作,最后向建设单位交出一个已达到合同条件要求的工程项目。按这种模式发包的工程也称为"交钥匙工程",如图 3-7 所示。

2. 工程项目总承包模式的优缺点

(1)建设单位与承包人之间只有一个主合同,使合同管理范围整齐、单一。

(2)协调工作量较小。监理工程师主要与总承包人进行协调。相当一部分协调工作量转移给项目总承包人内部以及他与分包商之间,这就使监理的协调量大为减轻。但是并非难度减小,这方面要看具体情况。

(3)对进度目标控制有利。设计与施工由一个单位统筹安排,使两个阶段能够有机融合,一般都能做到设计阶段与施工阶段相互搭接,因此对进度目标控制有利。

(4)对投资控制工作有利。但这并不意味着项目总承包的价格低。

(5)招标发包工作难度大。合同条款不易准确确定,容易造成较多的合同纠纷。因此,虽然合同量最少,但是合同管理的难度一般较大。

(6)建设单位择优选择承包人的范围小。择优性差的原因主要是由于承包量大、工作介入早,造成工程信息未知数大,因此承包人要承担较大的风险,所以有此能力的承包人数量相对较少。

(7)质量控制难。一是质量标准和功能要求不易做到全面、具体、准确、明白,因而质量控制标准制约性受到影响;二是"他人控制"机制薄弱。因此,对质量控制要加强力度。

(8)建设单位主动性受到限制,处理问题的灵活性受到影响。

(9)由于这种模式承包人风险大,所以,一般合同价较高。

项目总承包适用于简单、明确的常规性工程,例如,一般性商业用房、标准化建筑等;对一些专业性较强的工业建筑,例如,钢铁、化工、水利等工程由专业性的承包公司进行项目总承包也是常见的。国际上实力雄厚的科研—设计—施工一体化公司更是从一条龙服务中直接获得项目。

3. 监理模式

在工程项目总承包模式下,建设单位与总承包人只签订一份工程承包合同,一般宜委托一家监理单位进行监理。在这种委托模式下,监理工程师需具备较全面的知识,做好合同管理工作。监理模式如图 3-8 所示。

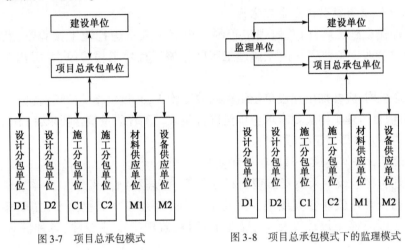

图 3-7 项目总承包模式　　图 3-8 项目总承包模式下的监理模式

第三节　建设工程监理实施程序与实施原则

一 建设工程监理实施程序

下面以新建、扩建、改建建设工程施工、设备采购和制造的监理工作为例,说明工程监理单位实施监理工作的程序。

1. 任命总监理工程师,组建项目监理机构

工程监理单位根据建设工程的规模、性质、建设单位的要求,任命称职的人员担任项目总监理工程师。总监理工程师全面负责建设工程监理的实施工作,是实施监理工作的核心人员。总监理工程师往往由主持监理投标、拟订监理大纲、与建设单位商签委托监理合同等工作的人员担任。

总监理工程师在组建项目监理机构时,应符合监理大纲和委托监理合同中有关人员安排的内容,并在今后的实施监理过程中进行必要的调整。

工程监理单位,应于委托监理合同签订 10 日内,将项目监理机构的组织形式、人员构成及对总监理工程师的任命书面通知建设单位。

2. 编制建设工程监理规划

监理规划是指导项目监理机构全面开展监理工作的指导性文件,具体详见第四章的相关内容。

3. 编制各专业监理实施细则

监理实施细则是根据监理规划，针对工程项目中某一专业或某一方面监理工作编写的操作性文件，具体详见第四章的相关内容。

4. 规范化地开展监理工作

规范化是指在实施监理时，各项监理工作都应按一定的逻辑顺序先后开展；每位工作人员都有严密的职责分工，又精诚协作；每一项监理工作都有事先确定的具体目标和工作时限，并能对工作成效进行检查和客观、公正的考核。

5. 参与验收，签署建设工程监理意见

建设工程完成施工后，由总监理工程师组织有关人员进行竣工预验收，发现问题及时要求承包单位整改。整改完毕由总监理工程师签署工程竣工报验单，并提出工程质量评估报告。

项目监理机构，应参加由建设单位组织的竣工验收，并提供相关监理资料。对验收中提出的整改问题，项目监理机构应要求承包单位进行整改。工程质量符合要求，由总监理工程师会同参加验收的各方签署竣工验收报告。

6. 向建设单位移交建设工程监理档案资料

项目监理机构应设专人负责监理资料的收集、整理和归档工作。工程监理企业应在工程竣工验收前按委托监理合同或协议规定的时间、套数移交工程档案，办理移交手续。项目监理机构一般应移交设计变更、工程变更资料、监理指令性文件、各种签证资料等档案资料。

7. 监理工作总结

完成监理工作后，项目监理机构一方面要及时向建设单位做监理工作总结，主要总结委托监理合同履行情况，监理目标完成情况等内容；另一方面要向本监理单位移交总结，主要总结监理工作的经验和监理工作中存在的不足及改进的建议。

二 建设工程监理实施的原则

监理单位受建设单位的委托对建设工程实施监理时，应遵守以下原则。

1. 公正、独立、自主的原则

建设单位与承包人虽然都是独立运行的经济主体，但他们追求的经济目标有差异。为此，监理工程师必须坚持公正、独立、自主的原则，尊重科学、尊重事实，在按合同约定的责、权、利关系的基础上，协调双方的一致性，维护有关各方的合法权益。

2. 责权一致的原则

监理工程师承担的职责应与建设单位授予的权限相一致。监理工程师的监理职权，依赖于建设单位的授权。这种权力的授予，除体现在建设单位与监理单位之间签订的委托监理合同之中，而且还应作为建设单位与承包单位之间建设合同的合同条件，监理工程师据此才能开展监理活动。

3. 总监理工程师负责制的原则

总监理工程师是工程监理全部工作的负责人。要建立和健全总监理工程师负责制，就要明确责、权、利的关系,健全项目监理机构,具有科学的运行机制及现代化的管理手段,形成以总监理工程师为首的高效能的决策指挥体系。

总监理工程师负责制的内涵包括:

(1)总监理工程师是工程监理的责任主体。责任是总监理工程师负责制的核心,它构成了对总监理工程师的工作压力与动力,也是确定总监理工程师权力和利益的依据。所以总监理工程师应是向建设单位和监理单位所负责任的承担者。

(2)总监理工程师是工程监理的权力主体。根据总监理工程师承担责任的要求,总监理工程师全面领导建设工程的监理工作,包括组建项目监理机构,主持编写建设工程监理规划,组织实施监理活动,对监理工作总结、监督和评价。

4. 严格监理、热情服务的原则

严格监理,就是各级监理单位人员严格按国家政策、法规、规范、标准和合同,控制建设工程的目标,依照既定的程序和制度,认真履行职责,对承包单位进行严格监理。

监理工程师还应为建设单位提供热情的服务,运用合理的技能,谨慎而勤奋的工作。由于建设单位一般不熟悉建设工程管理的技术业务,监理工程师应按照合同的要求多方位、多层次的为建设单位提供良好的服务,维护建设单位的正当权益。但是,不能因此一味地向各承包单位转嫁风险而损害承包单位的正当经济利益。

5. 综合效益的原则

建设工程监理活动,既要考虑建设单位的经济效益,也必须考虑与社会效益和环境效益的有机统一。建设工程监理活动虽经建设单位的委托和授权才得以进行,但监理工程师应首先严格遵守国家的建设管理法律、法规、标准等,以高度负责的态度和责任感,既对建设单位负责,谋求最大的经济效应,又要对国家和社会负责,取得最佳的经济效益。

第四节 项目监理机构的设置

建立建设工程监理组织机构的步骤

监理单位在组织项目监理机构时,一般按以下步骤进行,如图3-9所示。

1. 确定建设监理目标

建设监理目标是项目监理组织设立的前提,应根据建设工程监理合同中确定的监理目标,明确划分为分解目标。

2. 确定工作内容

根据监理目标和监理合同中规定的监理任务,明确列出监理工作内容,并进行分类归并及组合,是一项重要组织工作。对各项工作进行归并及相应组合,以便于监理目标控制为目的,并考虑监理项目的规模、性质、工期、工程复杂程度以及监理单位自身技术业务水平、监理人员数量、组织管理水平等。

3. 组织结构设计

(1)确定组织结构形式。由于工程项目规模、性质、建设阶段等不同,可以选择不同的监理组织结构形式,以适应监理工作需要。结构形式的选择应考虑有利于项目合同管理,有利于控制目标,有利于决策指挥,有利于信息沟通。

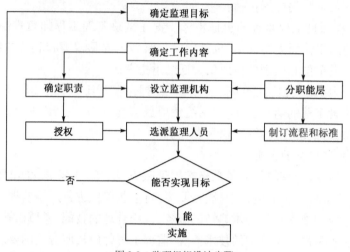

图 3-9　监理组织设计步骤

(2) 合理确定管理层次。

(3) 制订岗位职责。岗位职务及职责的确定,要有明确的目的性,不可因人设事。根据责权一致的原则,应进行适当的授权,以承担相应的职责。

(4) 选派监理人员。根据监理工作的任务,选择相应的各层次人员,除应考虑监理人员个人素质外,还应考虑总体的合理性与协调性。

4. 制订工作流程与考核标准

为使监理工作科学、有序进行,应按监理工作的客观规律性制订工作流程,规范化地开展监理工作,并应确定考核标准,对监理人员的工作进行定期考核,包括考核内容、考核标准及考核时间。

(二) 项目监理机构的组织形式

监理机构组织形式,应根据工程项目的特点、工程项目承发包模式、建设单位委托的任务以及监理单位自身情况而确定。常用的监理组织形式如下。

1. 直线制监理组织形式

这种组织形式是最简单的,其特点是组织中各种职位是按垂直系统直线排列的。它可以适用于监理项目能划分为若干相对独立子项的大、中型建设项目,如图 3-10 所示。总监理工程师负责整个项目的规划、组织和指导,并着重整个项目范围内各方面的协调工作。子项目监理组分别负责子项目的目标值控制,具体领导现场专业或专项监理组的工作。

还可按专业内容分解设立直线制监理组织形式,如图 3-11 所示。此种形式适用于大、中型以上项目,且承担包括设计和施工的全过程建设工程监理任务。

这种组织模式的主要优点是机构简单、权力集中、命令统一、职责分明、决策迅速、隶属关系明确。缺点是实行没有职能机构的"个人管理",这就要求总监理工程师博晓各种业务,通晓多种知识技能,成为"全能"式人物。

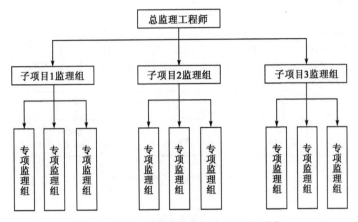

图 3-10　按子项目分解的直线制监理组织形式

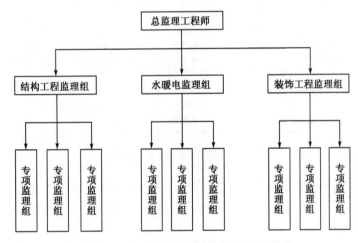

图 3-11　按专业内容分解的直线制监理组织形式

2. 职能制监理组织形式

职能制的监理组织形式是总监理工程师下设一些职能机构,分别从职能角度对基层监理组进行业务管理,这些职能机构可以在总监理工程师授权的范围内,就其主管的业务范围,向下下达命令和指示,如图 3-12 所示。此种形式适用于工程项目在地理位置上相对集中的工程。

这种组织形式的主要优点是目标控制分工明确,能够发挥职能机构的专业管理作用,专家参加管理,提高管理效率,减轻总监理工程师负担。缺点是多头领导,易造成职责不清。

3. 直线职能制监理组织形式

直线职能制监理组织形式吸收了直线制和职能制组织形式的优点,而构成的一种组织形式,如图 3-13 所示。

其指挥系统呈线性,在一个指挥层上配有相应的职能顾问,他们为同层级的主管做参谋,无权向下一级主管直接发布命令和指挥。例如,二滩水电站现场监理组织机构基本上采用这种形式。

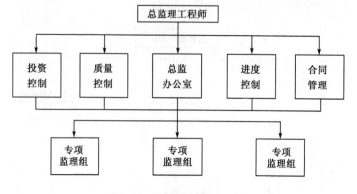

图 3-12　职能制监理组织形式

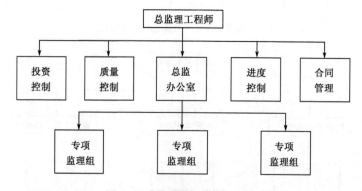

图 3-13　直线职能制监理组织形式

这种模式的主要优点是集中领导、职责清楚,有利于提高办事效率;缺点是职能部门与指挥部门易产生矛盾,信息传递路线长,不利于互通情报。

4. 矩阵制监理组织形式

矩阵制监理组织形式是由纵、横两套管理系统组成的矩阵形组织结构,一套是纵向的职能系统,另一套是横向的子项目系统,如图 3-14 所示。

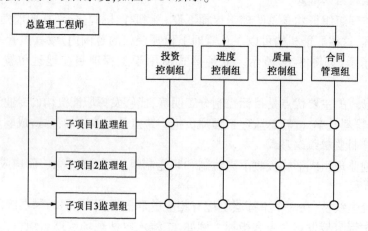

图 3-14　矩阵制监理组织形式

这种形式适用于大、中型工程项目的管理,同时有若干个子项目要完成,而每个项目又需具有不同专业或专长的人共同完成。例如,三峡永久船闸工程现场监理组织机构,就是矩阵组织结构。

这种形式的优点是加强了各职能部门的横向联系,具有较大的机动性和适应性,把上下左右集权与分权实行最优的结合,有利于解决复杂难题,有利于监理人员业务能力的培养;缺点是纵、横向协调工作量大,处理不当会造成扯皮现象,产生矛盾。

三 建设工程监理组织的人员配备

监理组织的人员配备要根据工程特点、监理任务及合理的监理深度与密度,优化组合,形成整体高素质的监理组织。

1. 项目监理组织的人员结构

项目监理组织要有合理的人员结构才能适应监理工作的要求。合理的人员结构包括以下两方面的内容。

(1)要有合理的专业结构。即项目监理组应由与监理项目的性质(如是工业项目、民用项目或是专业性强的生产项目)及建设单位对项目监理的要求(是全过程监理,或是某一阶段如设计阶段或施工阶段的监理;是投资、质量、进度的多目标控制,或是某一目标的控制)相称职的各专业人员组成,也就是各专业人员要配套。

一般来说,监理组织应具备与所承担的监理任务相适应的专业人员。但是,当监理项目局部具有某些特殊性,或建设单位提出某些特殊的监理要求而需要借助于采用某种特殊的监控手段时,如:局部的钢结构、网架、罐体等质量监控需采用无损探伤、X射线及超声探测仪;水下及地下混凝土桩基,需采用遥测仪器探测等。此时,将这些局部的、专业性很强的监控工作另行委托给相应资质的咨询监理机构来承担,也应视为保证了人员合理的专业结构。

(2)要有合理的技术职务、职称结构。监理工作虽是一种高智能的技术性劳务服务,但绝非不论监理项目的要求和需要,追求监理人员的技术职务、职称越高越好。合理的技术职称结构是高级职称、中级职称和初级职称应有与监理工作要求相称的比例。

一般来说,决策阶段、设计阶段的监理,具有中级及中级以上职称的人员在整个监理人员构成中应占绝大多数,初级职称人员仅占少数。施工阶段的监理,应有较多的初级职称人员从事实际操作,如旁站、填记日志、现场检查、计量等。这里说的初级职称指助理工程师、助理经济师、技术员、经济员,还可包括具有相应能力的实践经验丰富的工人(应要求这部分人员能看懂图纸、能正确填报有关原始凭证)。

2. 项目监理机构监理人员数量的确定

影响项目监理机构监理人员数量的主要因素有:

(1)建设工程强度。建设工程强度是指单位时间内投入的建设工程资金的数量。即

$$建设工程强度 = 投资 \div 工期$$

其中,投资和工期均指由项目监理机构所承担的那部分工程的建设投资和工期。一般投资费用可按工程估算、概算或合同价计算,工期来自进度总目标及其分目标。

显然，建设工程强度越大，投入的监理人员应越多。

(2) 工程复杂程度。根据一般工程的情况，可将工程复杂程度按以下各项考虑：设计活动多少、工程地点位置、气候条件、地形条件、工程地质、施工方法、工程性质、工期要求、材料供应、工程分散程度等。

根据工程复杂程度的不同，可将各种情况的工程分为若干级别，不同级别的工程需要配备的人员数量有所不同。例如，将工程复杂程度按简单、一般、一般复杂、复杂、很复杂五级划分。显然，简单级别的工程需要的监理人员少，而复杂的项目就要多配置监理人员。

(3) 项目承包人队伍的情况。承包人队伍的技术水平、项目管理机构的质量管理体系、技术管理体系、质量保证体系越完善，相应监理工作量较小一些，监理人员配备可少一些；反之，要增加监控力度，监理人员要多一些。

(4) 工程监理企业的业务水平。每个工程监理企业的业务水平各不相同，人员素质、专业能力、管理水平、工程经验、设备手段等方面的差异都直接影响监理效率的高低。高水平的工程监理企业可以投入较少人力完成一个工程项目的监理工作，而一个经验不多或管理水平不高的工程监理企业则需要投入较多的人力。因此，各工程监理企业应当根据自己的实际情况制订监理人员需要量定额。

(5) 项目监理机构的组织结构和职能分工。项目监理机构的组织结构情况关系到监理人员的数量。

四 项目监理机构及各类监理人员的基本职责

工程监理单位实施监理时，应在施工现场派驻项目监理机构。项目监理机构的组织形式和规模，可根据建设工程监理合同约定的服务内容、服务期限，以及工程特点、规模、技术复杂程度、环境等因素确定。项目监理机构的监理人员应由总监理工程师、专业监理工程师和监理员组成，且专业配套、数量应满足建设工程监理工作需要，必要时可设总监理工程师代表。如图 3-15 所示。

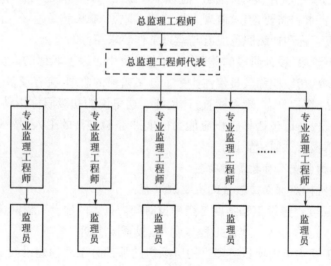

图 3-15 项目监理机构示意图

工程监理单位在建设工程监理合同签订后,应及时将项目监理机构的组织形式、人员构成及对总监理工程师的任命书面通知建设单位。施工现场监理工作全部完成或建设工程监理合同终止时,项目监理机构可撤离施工现场。

1. 总监理工程师

由工程监理单位法定代表人书面任命,负责履行建设工程监理合同、主持项目监理机构工作的注册监理工程师。

我国建设工程监理实行总监理工程师负责制。在项目监理机构中,总监理工程师对外代表工程监理企业,对内负责项目监理机构的日常工作。工程监理单位调换总监理工程师时,应征得建设单位书面同意。

一名总监理工程师可担任一项建设工程监理合同的总监理工程师。当需要同时担任多项建设工程监理合同的总监理工程师时,应经建设单位书面同意,且最多不得超过3项。

总监理工程师职责:

(1)确定项目监理机构人员及其岗位职责。
(2)组织编制监理规划,审批监理实施细则。
(3)根据工程进展及监理工作情况调配监理人员,检查监理人员工作。
(4)组织召开监理例会。
(5)组织审核分包单位资格。
(6)组织审查施工组织设计、(专项)施工方案。
(7)审查开复工报审表,签发工程开工令、暂停令和复工令。
(8)组织检查施工单位现场质量、安全生产管理体系的建立及运行情况。
(9)组织审核施工单位的付款申请,签发工程款支付证书,组织审核竣工结算。
(10)组织审查和处理工程变更。
(11)调解建设单位与施工单位的合同争议,处理工程索赔。
(12)组织验收分部工程,组织审查单位工程质量检验资料。
(13)审查施工单位的竣工申请,组织工程竣工预验收,组织编写工程质量评估报告,参与工程竣工验收。
(14)参与或配合工程质量安全事故的调查和处理。
(15)组织编写监理月报、监理工作总结,组织整理监理文件资料。

2. 总监理工程师代表

经工程监理单位法定代表人同意,由总监理工程师书面授权,代表总监理工程师行使其部分职责和权力,具有工程类注册执业资格或具有中级及以上专业技术职称、3年及以上工程实践经验并经监理业务培训的人员。

总监理工程师不得将下列工作委托给总监理工程师代表:

(1)组织编制监理规划,审批监理实施细则。
(2)根据工程进展及监理工作情况调配监理人员。
(3)组织审查施工组织设计、(专项)施工方案。
(4)签发工程开工令、暂停令和复工令。

(5)签发工程款支付证书,组织审核竣工结算。

(6)调解建设单位与施工单位的合同争议,处理工程索赔。

(7)审查施工单位的竣工申请,组织工程竣工预验收,组织编写工程质量评估报告,参与工程竣工验收。

(8)参与或配合工程质量安全事故的调查和处理。

3. 专业监理工程师

由总监理工程师授权,负责实施某一专业或某一岗位的监理工作,有相应监理文件签发权,具有工程类注册执业资格或具有中级及以上专业技术职称、2年及以上工程实践经验并经监理业务培训的人员。

监理工程师在注册时,《监理工程师注册证书》上即注明了专业工程类别。专业监理工程师是项目监理机构中的一种岗位设置,可按工程项目的专业设置,也可按部门或某一方面的业务设置。工程项目如涉及特殊行业(如爆破工程),从事此类项目监理工作的专业监理工程师还应符合国家有关对专业人员资格的规定。开展监理工作时,如需要调整专业监理工程师,总监理工程师应书面通知建设单位和承包单位。

专业监理工程师职责:

(1)参与编制监理规划,负责编制监理实施细则。

(2)审查施工单位提交的涉及本专业的报审文件,并向总监理工程师报告。

(3)参与审核分包单位资格。

(4)指导、检查监理员工作,定期向总监理工程师报告本专业监理工作实施情况。

(5)检查进场的工程材料、构配件、设备的质量。

(6)验收检验批、隐蔽工程、分项工程,参与验收分部工程。

(7)处置发现的质量问题和安全事故隐患。

(8)进行工程计量。

(9)参与工程变更的审查和处理。

(10)组织编写监理日志,参与编写监理月报。

(11)收集、汇总、参与整理监理文件资料。

(12)参与工程竣工预验收和竣工验收。

4. 监理员

从事具体监理工作,具有中专及以上学历并经过监理业务培训的人员。监理员属于工程技术人员,不同于项目监理机构中的其他行政辅助人员。

监理员职责:

(1)检查施工单位投入工程的人力、主要设备的使用及运行状况。

(2)进行见证取样。

(3)复核工程计量有关数据。

(4)检查工序施工结果。

(5)发现施工作业中的问题,及时指出并向专业监理工程师报告。

第五节　建设工程监理的组织协调

监理工程师在施工监理过程中,要顺利而有效地完成合同规定的任务,做好组织协调工作是十分重要的。建设单位、承包人和监理工程师均是独立的一方,建设单位与监理工程师的关系是委托与被委托的关系,监理工程师与承包人是监理与被监理的关系。要使施工承包合同得以履行,监理工程师在其过程中必须独立、公正、公平地履行自身的职责,不能偏袒任何一方,根据合同的规定,既要维护建设单位的权益,也要维护承包人的权益,能正确处理建设单位与承包人及自身与他们各自的关系。例如,建设单位不按合同规定给承包人支付款项,承包人提出索赔,而且可能出现施工受阻,工期可能延长等问题;又如,监理工程师下达的指令,承包人不执行,从而带来很多问题等,这些问题该如何解决,这就需要监理工程师具有较强的组织协调能力来解决这些问题。

一　建设工程监理组织协调概述

1. 组织协调的概念

协调就是联合、调和所有的活动及力量,使各方配合得适当。其目的是促使各方协同一致,以实现预定目标。

建设工程的协调一般有人员/人员界面、系统/系统界面、系统/环境界面三大类。

建设工程组织是由各类人员组成的工作班子,由于每个人的性格、习惯、能力、岗位、任务的不同,即使只有两个人在一起工作,也有潜在的人员矛盾或危机。这就是所谓的人员/人员界面的内涵。

建设工程系统是由若干个子项目组成的完整体系,子项目即子系统。由于子系统的功能、目标不同,容易产生各自为政的趋势和相互推诿的现象。这种子系统和子系统之间的间隔就是所谓的系统/系统界面。

建设工程系统是一个典型的开放系统。它具有环境适应性,能主动从外部环境取得必要的能量、物质和信息。在取得的过程中,不可能没有障碍和阻力。这种系统与环境之间的间隔就是所谓的系统/环境界面。

2. 组织协调的范围和层次

从系统方法的角度看,项目监理机构协调的范围可分为系统内部的协调和系统外部的协调。系统外部协调又分为近外层协调和远外层协调。近外层和远外层的主要区别是,建设工程与近外层关联单位(如材料供应单位、设备制造单位等)一般有合同关系,与远外层关联单位(如政府部门、金融机构等)一般没有合同关系。

二　项目监理机构组织协调的工作内容

1. 项目监理机构内部的协调

(1) 项目监理机构内部人际关系的协调

人际关系的协调是总监理工程师组织协调的工作内容之一。为抓好人际关系的协调,激励项目监理机构成员,总监理工程师应做到:在人员安排上要量才录用,在工作安排上要职责分明,在成绩评价上要实事求是、发扬民主,在矛盾调解上要恰到好处,多听意见,及时沟通。

(2)项目监理机构内部组织关系的协调

项目监理机构内部组织关系的协调,应根据观察对象及委托监理合同的工作内容设置组织机构,确定职能部门及人员的设置,制订规章制度,互通信息,各自有不同的职责和权限,但是总的目标是一致的。

2. 监理与建设单位之间的协调

监理单位接受建设单位的委托对工程项目进行监理,因此要维护建设单位的法定权益,尽一切努力促使工程按期、保质并以尽可能低的造价建成,尽早使建设单位受益。因此,总监理工程师及全体监理人员应充分尊重建设单位,加强与建设单位及其驻工地授权代理的联系与协商,听取他们对监理工作的意见。在召开监理工作会议、延长工期、费用索赔、处理工程质量事故、支付工程款、设计变更与工程洽商的签认等监理活动之前,应征求建设单位的同意。当建设单位不能听取正确的意见,或坚持不正当的行为时,总监理工程师应采取沟通、说服与劝阻的方式,不可采取硬顶与对抗的态度,必要时可发出备忘录,以记录在案并明确责任。但总监理工程师应坚持原则,建设单位对工程的一切意见和决策必须通过总监理工程师后再实施。否则总监理工程师将失去监理协调工作的主动权。总监理工程师要以自己的工作及成果赢得建设单位的支持和信任,这是沟通的基础条件。

3. 监理与承包单位间的协调工作

监理机构与承包单位之间是监理与被监理的关系:监理机构按照有关法令、法规及施工合同中规定的权利,监督承包单位认真履行施工合同中规定的责任和义务,促使施工合同中规定目标实现。在涉及承包单位的权益时,应站在公正的立场上,不应损害承包单位的正当权益。在施工过程中总监理工程师应了解和协调工程进度、工程质量、工程造价的有关情况,理解承包单位的困难,使承包单位能顺利地完成施工任务。对工程质量必须严格要求、一丝不苟,凡不符合设计文件及施工技术规范要求时,专业监理工程师一定要拒绝验收,总监理工程师应拒绝支付工程款。各专业监理工程师与承包单位各专业施工技术人员之间、总监理工程师与项目经理之间,都应加强联系、加强理解、互通信息、互相支持,但应注意限度,保持正常工作关系。

施工进度与承包人的协调工作内容主要包括:与承包人项目经理关系的协调;进度问题的协调;质量问题的协调;对承包人违约行为的处理;合同争议的协调;对分包单位的管理;处理好人际关系。

4. 监理与设计单位的协调工作

监理单位与设计单位之间虽只是业务联系关系,但围绕建设工程项目,双方在技术上、业务上有着密切的关系,因此设计工程师与监理工程师之间,总监理工程师与工程项目设计主持人之间,应互相理解与密切配合。监理工程师应主动向设计单位介绍工程进展情况,充分理解建设单位、设计单位对本工程的设计意图,并促使其圆满地实现。如总监理工程师认为设计中存在不足之处,应在取得建设单位的批准后积极提出建设性的意见,供设计工程师参考,但总监理工程师无权修改设计方案,而必须通过建设单位和设计单位,同时监理工程师应配合设计单位做好设计变更、工程洽商工作。

5. 与建设工程质量监督部门之间的协调工作

建设工程质量监督部门与监理单位之间是监督与配合的关系。工程质量监督部门作为受政府委托的机构，对工程质量进行宏观控制，并对监理单位工程质量监督行为进行监督。监理机构应在总监理工程师的领导下认真执行工程质量监督部门发布的对工程质量监督的意见，监理应及时、如实地向工程质量监督部门反映情况，接受其监督。总监理工程师应与本工程项目的质量监督负责人加强联系，尊重其职权，双方密切配合。总监理工程师应充分利用工程质量监督部门对承包单位的监督强制作用，完成工程质量的控制工作。

6. 与供货单位之间的协调工作

在现有体制下，很多建设工程项目的大宗材料设备均由建设单位采购，两者间有合同关系。这就要求总监理工程师与供货单位之间，首先要以监理合同为依据，分清是否是委托监理范围之内的验货，若是则应由建设单位在签订采购合同时，明确监理责权，监理机构按正常监理工作执行，特殊情况明确驻厂（场）监理，进行过程监督检查。而对非委托监理的范围，则应协调供货单位与承包单位的各种关系，如进场时间、场地、垂直运输、保管、防护等；应要求双方签订配合协议，并依此进行协调。

三、组织协调的方法

（1）利用合同文件协调。监理利用与建设单位签订的监理服务合同，在建设单位授权内，利用合同文件赋予的权限，积极主动的协调好各方的关系使工程顺利实施。

（2）利用计划协调。监理加强计划管理，各项工作做到有计划有安排，利用计划做好事先协调工作，保证工作按计划进行。

（3）利用标准协调。监理工程师制订各项工作的标准程序，使各项工作按规定的标准程序开展，规范监理人员及承包人的行为，使各项工作有序进行，以利于协调各方的工作。

（4）利用会议协调。监理工程师利用工地会议、工地例会及现场协调会等会议，及时解决施工中存在的问题，保证施工各方密切配合，使工程顺利实施。

（5）利用制度协调。监理工程师依据合同文件及制定的各项规章制度来规范工作制度。并利用制度协调各方工作。

总之，组织协调是一种管理艺术和技巧，监理工程师尤其是总监理工程师需要掌握领导科学、心理学、行为科学方面的知识和技能，如激励、交际、表扬和批评的艺术、开会的艺术、谈话的艺术、谈判的技巧等。只有这样，监理工程师才能进行有效地协调。

◀ 本 章 小 结 ▶

监理工作是一种系统性的工作，作为监理工作人员必须了解和掌握一定组织论的基本知识：组织的概念、组织的设计原则、组织结构的基本模式。并根据组织设计原则结合实际工程特点，设置监理组织机构，合理配备监理人员，制订监理人员的职责，使监理组织机构能有效地运行。

小知识

一般监理机构有三种设置:①一级监理机构——只设总监理办公室(简称总监办),由其直接管理现场,适用于工程较集中的特大桥、隧道等。②二级监理机构——设总监办和高级驻地监理工程师办公室(简称驻地办),适用于省、市以内的一条公路项目。③三级监理机构——在总监办和驻地办之间设置项目监理部,适用于当工程项目为两个独立工程项目或跨省、区的工程项目。

◀ 思 考 题 ▶

1. 什么是组织和组织结构?
2. 组织设计应遵循的原则有哪些?
3. 组织活动的基本原理是什么?
4. 建设工程监理实施的程序是什么?
5. 建设工程监理实施的原则是什么?
6. 简述建立项目监理机构的步骤。
7. 项目监理机构中的人员如何配备?
8. 项目监理机构中人员的基本职责是什么?
9. 项目监理机构协调的工作内容有哪些?
10. 建设工程监理组织协调的常用方法有哪些?

第四章 建设工程监理规划

【职业能力目标】
1. 建设工程监理规划的编写;
2. 建设工程监理规划的审核。

【学习目标】
1. 了解监理规划编写的依据;
2. 掌握监理规划的作用、监理规划编写的要求、监理规划的内容;
3. 熟悉建设工程监理工作文件的构成;监理规划的审核。

第一节 建设工程监理规划概述

建设工程监理工作文件的构成

我们通常所说的建设工程监理工作文件是指监理大纲、监理规划和监理实施细则。

1. 监理大纲

监理大纲又称监理方案,它是监理单位在建设单位开始委托监理的过程中为承揽到监理业务而编写的监理方案性文件。它的主要作用:一是使建设单位认可监理大纲中的监理方案,从而承揽到监理业务;二是为今后开展监理工作制订方案,监理大纲是项目监理规划编写的直接依据。监理大纲的编制人员应当是监理单位经营部门或技术管理部门人员,也可能包括拟定的总监理工程师。其内容应当根据监理招标文件的要求而制订,通常包括的内容有:监理单位拟派往项目上的人员,并对他们的资格情况进行介绍;监理单位应当根据建设单位所提供的和自己掌握的工程信息制订准备采用的监理方案(监理组织方案、各目标控制方案、各种合同管理方案、组织协调方案等);在监理大纲中,监理单位还应明确说明将定期提供给建设单位的、反映监理阶段性成果的文件,这将有助于满足建设单位掌握建设工程过程的需要,有利于监理单位顺利承揽该建设工程的监理业务。

2. 监理规划

监理规划是监理单位接受建设单位委托并签订委托监理合同，收到设计文件之后，在项目总监理工程师的主持下，根据委托监理合同，在监理大纲的基础上，结合项目的具体情况，广泛收集工程信息和资料的情况下制订的，用以指导整个项目监理组织全面开展监理工作的技术组织文件。

显然，监理规划的制订时间是在监理大纲之后。虽然从内容范围上讲，监理大纲与监理规划都是围绕着整个项目监理机构所开展的监理工作来编写的，但监理规划的内容要比监理大纲更翔实、更全面。而且需说明的是，编写项目监理大纲的单位并不一定有再继续编写项目监理规划的机会。

监理规划应在召开第一次工地会议前报送建设单位。

3. 监理细则

监理细则又称监理工作实施细则，如果把建设工程看作是一项系统工程，那么监理细则与监理规划相比，其关系可以比作施工图设计与初步设计的关系。也就是说，监理实施细则是在监理规划的基础上，由项目监理组织的各有关专业部门，根据监理规划的要求，在部门负责人的主持下，针对所分担的具体监理任务和工作编写的。监理细则需要经总监理工程师批准同意才能实施。它是具体指导监理各专业部门开展监理实务作业的文件。

对专业性较强，危险性较大的分部分项工程，项目监理机构应编制监理实施细则。监理实施细则应在相应工程施工开始前由专业监理工程师编制，并应报总监理工程师审批。

监理实施细则的编制应依据下列资料：

(1) 监理规划。
(2) 工程建设标准、工程设计文件。
(3) 施工组织设计、(专项) 施工方案。

监理实施细则应包括下列主要内容：

(1) 专业工程特点。
(2) 监理工作流程。
(3) 监理工作要点。
(4) 监理工作方法及措施。

在实施建设工程监理过程中，监理实施细则可根据实际情况进行补充、修改，并应经报监理工程师批准后实施。

（二）建设工程监理规划的作用

1. 监理规划指导监理单位的项目监理组织全面开展监理工作

监理规划的基本作用就是指导项目监理组织全面开展监理工作。

建设工程监理的中心任务是协助建设单位实现建设项目总目标。实现建设工程总目标是一个系统的过程。它需要制订计划，建立组织，配备合适的监理人员，进行有效的领导，实施工程的目标控制。只有系统地做好上述系列工作，才能完成建设工程监理的任务，实施目标控制。在实施建设监理的过程中，监理单位要集中精力做好目标控制工作。因此，监理规划需要对项目监理机构开展的各项监理工作作出全面、系统的组织和安排。它包括确定监理工作目标,制订监理计划,确定目标控制、合同管理、信息管理、组织协调等各项工作,并确定各项工作的方法和手段。

监理规划应当明确规定项目监理组织在工程实施中做哪些工作,由谁来做,做这些工作的时间、地点,以及如何做好这些工作,即做好这些工作的措施与方法。

2. 监理规划是建设工程监理主管机构对监理单位实施监督管理的重要依据

建设工程监理主管机构对社会上所有工程监理单位都要实施监督、管理和指导,对其管理水平、人员素质、专业配套和监理业绩要进行核查和考评,以确认其资质和资质等级,以使我国整个建设工程监理行业能够达到应有的水平。要做到这一点,除了进行一般性的资质管理工作之外,更为重要的是通过监理单位的实际监理工作来认定它的水平。而监理单位的实际水平可从监理规划和它的实施中充分地表现出来。因此,建设监理主管机构对监理单位进行考核时,应当十分重视对监理规划的检查,它是建设监理主管机构对监理单位实施监督、管理和指导监理单位开展监理活动的重要依据。

3. 监理规划是建设单位确认监理单位是否全面、认真履行合同的主要依据

监理单位如何履行监理合同,如何落实建设单位委托的各项监理服务工作,作为监理的委托方,建设单位不但需要而且应当了解和确认监理单位的工作。同时,建设单位有权监督监理单位全面、认真地执行监理合同。而监理规划正是建设单位了解和确认这些问题的最好资料,是建设单位确认监理单位是否履行监理合同的主要说明性文件。监理规划应当能够全面而详细地为建设单位监督监理合同的履行提供依据。

实际上,监理大纲是监理规划的框架性文件。经由谈判确定的监理大纲应当纳入监理合同的附件之中,成为监理合同文件的组成部分。

4. 监理规划是监理单位内部考核的依据和重要的存档资料

监理规划的内容将随着工程的进展而逐步调整、补充和完善。它在一定程度上真实地反映了一个建设工程监理工作的全貌,是最好的监理工作过程记录。因此,它是每一个工程监理单位的重要存档资料。

另外,从监理单位内部管理制度化、规范化、科学化的要求出发,同样需要对各项目监理组织及主要人员的工作进行考核,其主要依据就是监理规划。依据监理规划的考核,可以对项目监理组织的各项工作及有关监理人员的监理工作水平和能力作出客观、正确地评价。

第二节 建设工程监理规划的编写

监理规划是在充分分析和研究建设工程的目标、技术、管理、环境以及参与建设工程的各方等方面的情况后制订的。其在编写过程中,应当有明确具体的、符合该工程要求的工作内容、工作方法、监理措施、工作程序和工作制度,并应具有可操作性,能够真正起到指导项目监理组织进行监理工作的作用。

一 建设工程监理规划编写的依据

1. 工程外部环境调研资料

（1）自然条件。主要包括工程地质、水文、历年气象、区域地形、自然灾害等情况。

（2）社会和经济条件。主要包括政治局势、社会治安、建筑市场状况、材料和设备厂家、勘察设计单位、施工单位、工程咨询和监理单位、交通设施、通信设施、公用设施、能源和后勤供应、金融市场情况等。

2. 建设工程方面的法律、法规

建设工程方面的法律、法规具体包括三个方面：一是国家颁布的有关建设工程的法律、法规。这是建设工程相关法律、法规的最高层次，在任何地区或任何部门进行建设工程都必须遵守的。二是工程所在地或所属部门颁布的建设工程相关的法律、法规、规定和有关政策。三是建设工程的各种规范、标准。

3. 政府批准的建设工程文件

政府批准的建设工程文件包括两个方面：一是政府建设工程主管部门批准的可行性研究报告、立项批文；二是政府规划部门确定的规划条件、土地使用条件、环境保护要求、市政管理规定。

4. 建设工程监理合同

建设工程监理合同主要包括：监理单位和监理工程师的权利和义务，监理工作范围和内容，有关监理规划方面的要求。

5. 其他建设工程合同

在编写监理规划时，也要考虑其他建设工程合同中关于建设单位的权利和义务及工程承包人的权利和义务的内容。

6. 项目建设单位的正当要求

根据监理单位应竭诚为客户服务的宗旨，在不超出合同职责范围的前提下，监理单位应最大限度地满足建设单位的正当要求。

7. 工程实施过程中输出的有关信息

这其中主要包括方案设计、初步设计、施工图设计，工程实施状况，工程招投标情况，重大工程变更，以及外部环境变化等。

8. 监理大纲

监理大纲主要涉及监理组织计划，拟投入项目的主要监理人员，投资、进度、质量控制方案，合同及信息管理方案，定期提交给建设单位的监理工作阶段性成果等。

二 建设工程监理规划编写的要求

1. 监理规划的基本内容构成应当力求统一

作为指导项目监理组织全面开展监理工作的指导性文件，监理规划在总体内容组成上应力求做到统一。这是监理工作规范化、统一化、制度化和科学化的要求。

监理规划基本构成内容的确定，首先应考虑整个建设监理制度对建设工程监理的内容要求。建设工程监理的主要内容是对建设工程"三控制、两管理、一协调"。因而这些内容无疑是构成监理规划的基本内容。同时,还应当考虑监理规划的基本作用。因此,对整个监理工作的计划、组织、控制将成为监理规划必不可少的内容。这样,监理规划构成的基本内容就可以在上述原则下统一起来。另外,一个具体建设工程的监理规划,还要根据监理单位与建设单位签订的监理合同所确定的监理实际范围和深度来加以取舍。

综上所述,监理规划基本构成内容应当包括目标规划、监理组织、目标控制、合同管理和信息管理。

2. 监理规划的具体内容应当具有针对性

监理规划基本构成内容应当统一,但各项具体的内容则要有针对性。因为监理规划是用来指导一个特定项目监理组织在一个特定工程项目上工作的技术组织文件,它的具体内容应与这个特定的工程项目相适应,同时又要符合特定的监理合同的具体要求。

所以,不同的监理单位和不同的监理工程师在编写监理规划的具体内容时,都是针对某一个具体建设工程的监理工作计划,有它自己的投资、进度、质量目标;有它自己的项目组织形式;有它自己的监理组织机构;有它自己的目标控制措施、方法和手段;有它自己的信息管理制度;有它自己的合同管理措施。只有具有针对性,建设工程监理规划才能真正起到指导具体监理工作的作用。

3. 监理规划需要不断补充、修改和完善

监理规划是针对一个具体的工程项目来编写的,而不同的建设工程具有不同的工程特点和运行方式,也就是说,工程项目的动态性很强,这也就决定了建设工程监理规划必须与工程项目运行的客观规律相一致。只有把握建设工程运行的客观规律,监理规划地运行才是有效的,才能对监理工作地实施真正起到指导作用。

此外,监理规划要随着建设工程的展开进行不断地补充、修改和完善。在工程项目建设过程中,内外因素和条件不可避免地要发生变化,从而造成工程的实施情况偏离计划,这就必然造成监理规划在内容上也要相应地调整。其目的是使建设工程项目能够在监理规划的有效控制之下,最终使项目建设能够顺利地进行。

要使监理规划与建设工程运行的客观规律相吻合,就需要不断地收集大量的编写信息。如果掌握的工程信息很少,就不可能对监理工作进行详尽的规划。随着设计的不断进展、工程招标方案的出台和实施,工程信息量越来越多,于是监理规划的内容也就越来越趋于完整。就一项建设工程的全过程监理规划来说,想一气呵成的做法是不实际的,也是不科学的,即使编写出来也是一纸空文,没有任何实施的价值。

4. 项目总监理工程师是监理规划编写的主持人

监理规划应当在项目总监理工程师主持下编写制订,这是建设工程监理实施项目总监理工程师负责制的必然要求。同时,要广泛征求各专业监理工程师的意见和建议,并吸收他们中一部分水平比较高的专业监理工程师共同参与编写。

在监理规划编写的过程中,还应当充分认真听取建设单位的意见,最大限度地满足他们的合理要求。

此外,在监理规划编写的过程中,还要听取被监理方,即工程项目承建方以及其他富有经验的承包人的意见。

最后,作为监理单位本身的业务工作,在编写监理规划时还应当按照本单位的要求进行编写。

5. 监理规划一般要分阶段编写

由于监理规划的内容与工程进展密切相关,没有规划信息也就没有规划内容。因此,监理规划的编写需要有一个过程,需要将整个编写过程划分为若干个阶段。只有这样,才能使监理规划编写能够遵循管理规律,能够做到有的放矢。

监理规划编写阶段可按工程实施的各阶段来划分,例如,整个监理规划可划分为设计阶段监理规划、招标阶段监理规划和施工阶段监理规划,逐步实现"由远及近,由粗至细"的过程要求。

但无论监理规划如何分阶段进行编写,它都必须起到指导监理工作的作用。同时还要留出必要的审查和修改的时间。为此,应当对监理规划的编写时间事先作出明确的规定,以免编写时间过长,从而耽误了监理规划对监理工作地指导,使监理工作陷于被动和无序。

6. 监理规划的表达方式应当格式化、标准化

监理规划的表达方式应当明确、简洁、直观,这是现代科学管理中讲究效率、效能和效益的要求,是我国监理制度走上规范化、标准化道路的标志之一。因此,需要选择最有效的方式和方法来表示监理规划的各项内容。比较而言,图、表和简单的文字说明是应当采用的基本方法。所以,编写建设工程监理规划的各项内容时,对其应当采用什么表格、图示以及哪些内容需要采用简单的文字说明要作出统一规定。

7. 监理规划的审核

监理规划在编写完成后需进行审核并经批准。监理单位的技术主管部门是内部审核单位,其负责人应当签认。

同时,根据监理规划的编写要求,它的编写既需要由项目总监理工程师主持,而且监理单位有关部门和人员都应当关注它,使监理规划编制得科学、完备,真正发挥全面指导监理工作的作用。

监理规划还应当提交给建设单位,由建设单位对监理规划进行确认。

第三节 建设工程监理规划的基本内容及审核

一 监理规划的基本内容

建设工程监理规划是在建设工程监理合同签订后制订的指导监理工作开展的纲领性文件,它起着对建设工程监理工作全面规划和进行监督指导的重要作用。由于它是在明确监理委托关系以及确定项目总监理工程师以后,在更详细掌握有关资料的基础上编制的,所以,其包括的内容与深度比建设工程监理大纲更为详细和具体。

监理规划应将监理合同中规定的监理单位承担的责任及监理任务具体化,并在此基础上制订实施监理的具体措施。编制的建设工程监理规划,是编制建设监理细则的依据,是科学、有序地开展工程项目建设监理工作的基础。

建设工程监理规划通常包括以下内容。

1. 建设工程项目概况

建设工程的概况部分主要编写以下内容：

(1)工程项目名称。

(2)工程项目地点。

(3)工程项目组成及建筑规模(表4-1)。

工程项目组成及建筑规模统计 　　　　　　　　　　表4-1

序　　号	工　程　名　称	施　工　单　位	工　程　数　量

(4)主要建筑结构类型。

(5)预计工程投资总额。预计工程投资总额可以按工程项目投资总额以及建设工程投资组成简表两种费用编列。

(6)建设工程计划工期。建设工程计划工期可以用建设工程的计划持续时间或以建设工程开、竣工的具体日历时间表示。

①以建设工程的计划持续时间表示：建设工程计划工期为"××个月"或"×××天"；

②以建设工程的具体日历时间表示：建设工程计划工期由＿＿＿＿年＿＿＿＿月＿＿＿＿日至＿＿＿＿年＿＿＿＿月＿＿＿＿日。

(7)工程质量等级。在这一部分中，应具体提出建设工程的质量目标要求，如优良或合格。

(8)工程项目设计单位及施工单位名称。

(9)工程项目结构图与编码系统。

2. 监理阶段、范围和目标

(1)工程项目建设监理阶段

工程项目建设监理阶段是指监理单位所承担监理任务的工程项目建设阶段。可以按监理合同中确定的监理阶段划分。监理活动按照阶段划分，一般可分为：

①工程项目立项阶段的监理。

②工程项目设计阶段的监理。

③工程项目招标阶段的监理。

④工程项目施工阶段的监理。

⑤工程项目保修阶段的监理。

(2)工程项目建设监理范围

工程项目建设监理范围是指监理单位所承担任务的工程项目建设监理的范围。如果监理单位承担全部工程项目的建设工程监理任务，监理的范围则为全部工程项目，否则应按监理单位所承担的工程项目的建设标段或子项目划分确定工程项目建设监理范围。

(3)工程项目建设监理目标

建设工程项目监理目标是指监理单位所承担的工程项目的监理目标。通常以工程项目的建设投资、进度、质量三大控制目标来表示。

①投资目标。以＿＿＿年预算为基价,静态投资为＿＿＿＿万元(合同承包价为＿＿＿＿万元)。

②进度目标。＿＿＿个月或自＿＿＿＿年＿＿＿月＿＿＿日至＿＿年＿＿月＿＿日。

③质量等级。工程项目质量等级要求:优良(或合格);主要单项工程质量等级要求:优良(或合格);重要单位工程质量等级要求:优良(或合格)。

3. 监理工作内容

(1)工程项目立项阶段建设监理工作的主要内容

①协助建设单位准备工程报建手续。

②项目可行性研究咨询/监理。

③技术经济论证。

④编制建设工程投资匡算。

⑤组织编制设计任务书。

(2)设计阶段建设监理工作的主要内容

①结合建设工程特点,收集设计所需的技术经济资料。

②编写设计要求文件。

③组织建设工程设计方案竞标或设计招标,协助建设单位选择好勘察设计单位。

④拟定和商谈设计委托合同内容。

⑤向设计单位提供设计所需的基础资料。

⑥配合设计单位开展技术经济分析,搞好设计方案的比选,优化设计。

⑦配合设计进度,组织设计单位与有关部门,如消防、环保、土地、人防、防汛、园林以及供水、供电、供气、供热、电信等部门的协调工作。

⑧组织各设计单位之间的协调工作。

⑨参与主要设备、材料的选型。

⑩审核工程估算、概算、施工图预算。

⑪审核主要设备、材料清单。

⑫审核工程设计图纸,检查设计文件是否符合设计规范及标准,检查施工图纸是否能满足施工需要。

⑬检查和控制设计进度。

⑭协助组织设计文件的报批。

(3)施工招标阶段建设监理工作的主要内容

①拟定建设工程施工招标方案并征得建设单位同意。

②准备建设工程施工招标条件。

③办理施工招标申请。

④协助建设单位编写施工招标文件。

⑤标底经建设单位认可后,报送所在地方建设主管部门审核。

⑥协助建设单位组织建设工程施工招标工作。

⑦组织现场勘察与答疑会,回答投标人提出的问题。

⑧协助建设单位组织开标、评标及定标工作。
⑨协助建设单位与中标单位商签施工合同。

(4)材料、设备采购供应阶段建设监理工作的主要内容

对于由建设单位负责采购供应的材料、设备等物资,监理工程师应负责协助建设单位制订计划,监督合同的执行和供应工作。具体内容包括:

①制订材料、设备供应计划和相应的资金需求计划。

②通过质量、价格、供货期、售后服务等条件的分析和比选,确定材料、设备等物资的供应单位。采购重要设备应访问现有使用用户,并考察生产单位的质量保证体系。

③拟定并商签材料、设备的订货合同。

④监督合同的实施,确保材料、设备的及时供应。

(5)施工阶段建设监理工作的主要内容

其主要包括:施工准备阶段建设监理工作的主要内容;施工阶段的质量、进度和投资控制;施工验收阶段建设监理的有关工作内容。

①施工准备阶段监理工作内容

a. 审查施工单位选择的分包单位的资质。

b. 监督检查施工单位质量保证体系及安全技术措施,完善质量管理程序与制度。

c. 参加设计单位向施工单位的技术交底。

d. 审查施工单位上报的实施性施工组织设计,重点对施工方案、劳动力、材料、机械设备的组织及保证工程质量、安全、工期和控制造价等方面的措施进行监督,并向建设单位提出监理意见。

e. 在单位工程开工前检查施工单位的复测资料,特别是两个相邻施工单位之间的测量资料、控制桩橛是否交接清楚,手续是否完善,质量有无问题,并对贯通测量、中线及水准桩的设置、固桩情况进行审查。

f. 对重点工程部位的中线、水平控制进行复查。

g. 监督落实各项施工条件,审批一般单项工程、单位工程的开工报告,并报建设单位备查。

②施工阶段的质量控制

a. 对所有的隐蔽工程在隐蔽以前进行检查和办理签证,对重点工程要派监理人员驻点跟踪监理签署重要的分项工程、分部工程和单位工程质量评定表。

b. 对施工测量、放样等进行检查,对发现的质量问题应及时通知施工单位纠正,并做好监理记录。

c. 检查确认运到现场的工程材料、构件和设备质量,并应查验试验、化验报告单以及出厂合格证是否齐全、合格,监理工程师有权禁止不符合质量要求的材料、设备进入工地和投入使用。

d. 监督施工单位严格按照施工规范、设计图纸要求进行施工,严格执行施工合同。

e. 对工程主要部位、主要环节及技术复杂工程加强检查。

f. 检查施工单位的工程自检工作,数据是否齐全,填写是否正确,并对施工单位质量评定自检工作作出综合评价。

g. 对施工单位的检验测试仪器、设备、度量衡定期检验,不定期地进行抽验,保证计量资料

的准确。

h. 监督施工单位对各类土木和混凝土试件按规定进行检查和抽查。

i. 监督施工单位认真处理施工中发生的一般质量事故,并认真做好监理记录。

j. 对大、重大质量事故以及其他紧急情况,应及时报告建设单位。

③施工阶段的进度控制

a. 监督施工单位严格按施工合同规定的工期组织施工。

b. 对控制工期的重点工程,审查施工单位提出的保证进度的具体措施,如发生延误,应及时分析原因,采取对策。

c. 建立工程进度台账,核对工程进度,按月、季向建设单位报告施工计划执行情况、工程进度及存在的问题。

④施工阶段的投资控制

a. 审查施工单位申报的月、季度计量报表,认真核对其工程数量,不超计、不漏计,严格按合同规定进行计量支付签证。

b. 保证支付签证的各项工程质量合格、数量准确。

c. 建立计量支付签证台账,定期与施工单位核对清算。

d. 按建设单位授权和施工合同的规定审核变更设计。

⑤施工验收阶段建设监理工作的主要内容

a. 督促、检查施工单位是否及时整理竣工文件和验收资料,受理单位工程竣工验收报告,提出监理意见。

b. 根据施工单位的竣工报告,提出工程质量检验报告。

c. 组织工程预验收,参加建设单位组织的竣工验收。

(6) 建设监理合同管理工作的主要内容

①拟定本建设工程合同体系及合同管理制度,包括合同草案的拟定、会签、协商、修改、审批、签署、保管等工作制度及流程。

②协助建设单位拟定工程的各类合同条款,并参与各类合同的商谈。

③合同执行情况的分析和跟踪管理。

④协助建设单位处理与工程有关的索赔事宜及合同争议事宜。

(7) 委托的其他服务

监理单位及其监理工程师受建设单位委托,还可承担以下三方面的服务:

①协助建设单位准备工程条件,办理供水、供电、供气、电信线路等申请或签订协议。

②协助建设单位制订产品营销方案。

③为建设单位培训技术人员。

4. 主要监理控制目标及措施

建设工程监理控制目标的方法与措施应重点围绕投资控制、进度控制、质量控制这三大控制任务制订。

(1) 投资目标控制

①投资目标分解

a. 按建设工程的投资费用组成分解。

b. 按年度、季度分解。

c. 按建设工程实施阶段分解,主要包括设计准备阶段、设计阶段、施工阶段投资分解及动用前准备阶段投资分解。

d. 按建设工程组成分解。

②投资使用计划

投资使用计划可列表编制(表4-2)。

投 资 使 用 计 划　　　　　　　　　　表4-2

工程名称	××年度				××年度				××年度				总额
	一	二	三	四	一	二	三	四	一	二	三	四	

③投资控制的工作流程与措施

a. 工作流程图。

b. 投资控制的具体措施。

(a)投资控制的组织措施。建立健全项目监理机构,完善职责分工及有关制度,落实投资控制的责任。

(b)投资控制的技术措施。在设计阶段,推行限额设计和优化设计;在招标投标阶段,合理确定标底及合同价;对材料、设备采购,通过质量价格比选,合理确定生产供应单位;在施工阶段,通过审核施工组织设计和施工方案,使组织施工合理化。

(c)投资控制的经济措施。及时进行计划费用与实际费用的分析比较。对原设计或施工方案提出合理化建议并被采用,由此产生的投资节约按合同规定予以奖励。

(d)投资控制的合同措施。按合同条款支付工程款,防止过早、过量地支付。减少施工单位的索赔,正确处理索赔事宜等。

④投资目标实现的风险分析。

⑤投资控制的动态比较。

a. 投资目标分解值与概算值的比较。

b. 概算值与施工图预算值的比较。

c. 合同价与实际投资的比较。

⑥投资控制表格。

(2)进度目标控制

①工程总进度计划。

②总进度目标的分解。

a. 年度、季度进度目标。

b. 各阶段的进度目标。

c. 各子项目进度目标。

③进度目标实现的风险分析。

④进度控制的工作流程与措施。

a. 工作流程图。

b. 进度控制的具体措施。

(a)进度控制的组织措施。落实进度控制的责任,建立进度控制协调制度。

(b)进度控制的技术措施。建立多级网络计划体系,监控承建单位的作业实施计划。

(c)进度控制的经济措施。对工期提前者实行奖励;对应急工程实行较高的计件单价;确保资金的及时供应等。

(d)进度控制的合同措施。按合同要求及时协调有关各方的进度,以确保建设工程的形象进度。

⑤进度控制的动态比较。

a. 进度目标分解值与进度实际值的比较。

b. 进度目标值的预测分析。

⑥进度控制表格。

(3)质量目标控制

①质量控制目标的描述。

a. 设计质量控制目标。

b. 材料质量控制目标。

c. 设备质量控制目标。

d. 土建施工质量控制目标。

e. 设备安装质量控制目标。

f. 其他说明。

②质量目标实现的风险分析。

③质量控制的工作流程与措施。

a. 工作流程图。

b. 质量控制的具体措施。

(a)质量控制的组织措施。建立健全项目监理机构,完善职责分工,制订有关质量监督制度,落实质量控制责任。

(b)质量控制的技术措施。协助完善质量保证体系;严格事前、事中和事后的质量检查监督。

(c)质量控制的经济措施及合同措施。严格质检和验收,不符合合同规定质量要求的拒付工程款;达到建设单位特定质量目标要求的,按合同支付质量补偿金或奖金。

④质量目标状况的动态分析。

⑤质量控制表格。

(4)安全生产管理

①施工准备阶段。

a. 监理单位应根据《建设工程质量管理条例》的规定,按照工程建设强制性标准、《建设工程监理规范》和相关行业监理规范的要求,编制包括安全监理内容的项目监理规划,明确安全监理的范围、内容、工作程序和制度措施,以及人员配备计划和职责等。

b.对中型及以上项目和《条例》第二十六条规定的危险性较大的分部分项工程,监理单位应当编制监理实施细则。实施细则应当明确安全监理的方法、措施和控制要点,以及对施工单位安全技术措施的检查方案。

c.审查施工单位编制的施工组织设计中的安全技术措施和危险性较大的分部分项工程安全专项施工方案是否符合工程建设强制性标准要求。

审查的主要内容应当包括:(a)施工单位编制的地下管线保护措施方案是否符合强制性标准要求;(b)基坑支护与降水、土方开挖与边坡防护、模板、起重吊装、脚手架、拆除、爆破等分部分项工程的专项施工方案是否符合强制性标准要求;(c)施工现场临时用电施工组织设计或者安全用电技术措施和电气防火措施是否符合强制性标准要求;(d)冬季、雨季等季节性施工方案的制订是否符合强制性标准要求;(e)施工总平面布置图是否符合安全生产的要求,办公、宿舍、食堂、道路等临时设施设置以及排水、防火措施是否符合强制性标准要求。

d.检查施工单位在工程项目上的安全生产规章制度和安全监管机构的建立、健全及专职安全生产管理人员配备情况,督促施工单位检查各分包单位的安全生产规章制度的建立情况。

e.审查施工单位资质和安全生产许可证是否合法有效。

f.审查项目经理和专职安全生产管理人员是否具备合法资格,是否与投标文件相一致。

g.审核特种作业人员的特种作业操作资格证书是否合法有效。

h.审核施工单位应急救援预案和安全防护措施费用使用计划。

②施工阶段。

a.监督施工单位按照施工组织设计中的安全技术措施和专项施工方案组织施工,及时制止违规施工作业。

b.定期巡视检查施工过程中的危险性较大工程作业情况。

c.核查施工现场施工起重机械、整体提升脚手架、模板等自升式架设设施和安全设施的验收手续。

d.检查施工现场各种安全标志和安全防护措施是否符合强制性标准要求,并检查安全生产费用的使用情况。

e.督促施工单位进行安全自查工作,并对施工单位自查情况进行抽查,参加建设单位组织的安全生产专项检查。

(5)合同管理

①合同结构。可以以合同结构图的形式表示。

②合同目录一览表(表4-3)。

合同目录一览 表4-3

序号	合同编号	合同名称	承包人	合同价	合同工期	质量要求

③合同管理的工作流程与措施。

a.工作流程图。

b. 合同管理的具体措施。
④合同执行状况的动态分析。
⑤合同争议调解与索赔处理程序。
⑥合同管理表格。
(6) 信息管理
①信息流程图。
②信息分类表(表4-4)。

信 息 分 类　　　　　　　　　表4-4

序　号	信息类别	信息名称	信息管理要求	责　任　人

③机构内部信息流程图。
④信息管理的工作流程与措施。
a. 工作流程图。
b. 信息管理的具体措施。
⑤信息管理表格。
(7) 组织协调
①与建设工程有关的单位。
a. 建设工程系统内的单位：主要有建设单位、设计单位、施工单位、材料和设备供应单位、资金提供单位等。
b. 建设工程系统外的单位：主要有政府建设行政主管机构、政府其他有关部门、工程毗邻单位、社会团体等。
②协调分析。
a. 建设工程系统内的单位协调重点分析。
b. 建设工程系统外的单位协调重点分析。
③协调工作程序。
a. 投资控制协调程序。
b. 进度控制协调程序。
c. 质量控制协调程序。
d. 其他方面工作协调程序。
④协调工作表格。
5. 监理工作依据
项目监理工作依据主要包括：建设工程方面的法律、法规；政府批准的建设工程文件；建设工程监理合同；其他建设工程合同。
6. 项目监理组织
(1) 监理组织机构
项目监理机构通常用组织结构图表示。

(2) 监理人员名单

略。

(3) 人员职责分工

这其中包括监理组织职能部门的职责分工及各类监理人员的职责分工,以及监理工作流程,如分包单位资质审查基本程序、工程延期管理基本程序、工程暂停及复工管理的基本程序等。

7. 监理工作制度

(1) 工程项目立项阶段工作制度

①可行性研究报告评审制度。

②工程匡算审核制度。

③技术咨询制度。

(2) 设计阶段

①设计大纲、设计要求编写及审核制度。

②设计咨询及委托合同管理制度。

③设计方案评审制度。

④工程估算、概算审核制度。

⑤施工图审核制度。

⑥设计费用支付签署制度。

⑦设计协调会及会议纪要制度。

(3) 施工招标阶段

①招标准备工作有关制度。

②编制招标文件有关制度。

③标底编制及审核制度。

④合同条件拟定及审核制度。

⑤组织招标实务有关制度等。

(4) 施工阶段

①设计文件、图纸审查制度。

②施工图纸会审及设计交底制度。

③施工组织设计审核制度。

④工程开工申请审批制度。

⑤工程材料、半成品质量检验制度。

⑥隐蔽工程分项(部)工程质量验收制度。

⑦单位工程、单项工程总监验收制度。

⑧设计变更处理制度。

⑨工程质量事故处理制度。

⑩施工进度监督及报告制度。

⑪监理报告制度。

⑫工程竣工验收制度。

⑬监理日志和会议制度。

(5)项目监理组织内部工作制度

①监理组织工作会议制度。

②对外行文审批制度。

③监理工作日志制度。

④监理周报、月报制度。

⑤技术、经济资料及档案管理制度。

⑥监理费用预算制度。

8. 监理工作设施

监理设施是指监理人员进行各项检验、测试所必需的设备和仪器,以及监理人员开展工作所需要出工作条件和手段。监理设施主要包括:

(1)监理工程师办公用房及其办公设施。

(2)试验室及试验设备。

(3)通信设备。

(4)测量设备。

(5)交通运输车辆。

(6)监理人员的宿舍。

监理设施的规模数量的确定,应考虑工程规模、监理机构设置情况、国家的政策和有关规定等因素。既要保证监理工作的顺利进行,又要考虑节约工程成本。

监理设施通常由承包人或建设单位提供。

由承包人提供监理设施,是建设单位在标书中规定所提供的各类监理设施的清单,说明每项监理设施的种类、型号和数量,然后承包人对清单中的每项设施提出报价,其费用包括在合同总价之内。工程完成后,这些设施就成为建设单位的财产,但在使用期间,由承包人负责其保养和维修。

国际上按照 FIDIC 合同条件管理的工程,普遍采用由承包人提供监理设施的方式。这是因为:第一,由承包人提供监理设施,可以免除建设单位组织采购及保养维修的麻烦;第二,由承包人提供监理设施,在投标时填写报价,具有一定的竞争性,有利于建设单位选择合理的报价;第三,通过承包合同的形式明确监理设施地提供,将更有利于建设单位和监理工作。

二 建设工程监理规划的审核

建设工程监理规划编写完成后,需要进行审核并经批准方能使用于工程项目建设中。监理单位的技术主管部门是内部审核单位,其负责人应当签认。而且监理规划还应当提交给建设单位,由建设单位对监理规划进行确认。监理规划审核的主要内容包括:

1. 监理工作范围、内容及监理目标

对于该部分内容的审核,应当依据监理招标文件和委托监理合同进行。主要审核文件内容是否与建设单位对于工程项目的建设意图相吻合,监理范围及工作内容是否全面、准确,监理目标与合同要求是否一致。

2. 监理组织机构

主要审核监理组织形式、管理模式等方面是否合理,是否结合了工程实施的具体特点,而且还要考虑监理组织机构是否能够与建设单位的组织关系和承包方的机构设置相协调。

另外,需审核派驻监理人员的数量、年龄结构及专业配置是否得当,是否能够满足工程项目建设的实际需要。下列数据是河北省对于每一个工程项目监理机构人员配置数量的要求:

(1) 工程造价为 500 万元以下的项目,监理人数应≥3 人。
(2) 工程造价为 500 万~1 000 万元的项目,监理人数应≥4 人。
(3) 工程造价为 1 000 万~3 000 万元的项目,监理人数应≥5 人。
(4) 工程造价为 3 000 万~5 000 万元的项目,监理人数应≥7 人。
(5) 工程造价为 5 000 万~10 000 万元的项目,监理人数应≥10 人。
(6) 工程造价为 10 000 万元以上的项目,监理人数应≥13 人。

3. 工作计划

主要审核建设工程项目各实施阶段的工作计划是否合理、可靠,审查其在每个阶段中如何控制建设工程目标以及组织协调的方法。

4. 投资、进度、质量的控制方法和措施

对于投资、进度、质量三大目标的控制和措施应当作为重点内容进行审核,审查其如何应用组织、技术、经济、合同等方法来保证目标的实现,而且要审查其方法是否科学、合理、有效。

5. 监理工作制度

主要是审核监理组织各项内、外工作制度是否合理、全面。

本章小结

建设工程监理工作文件是指监理单位投标时编制的监理大纲、监理合同签订后由项目总监理工程师主持编写的监理规划和专业监理工程师编制的监理实施细则。监理规划编写的依据是:建设工程法律法规、政府批准的建设工程文件、工程建设监理合同、其他建设工程合同以及监理大纲。

小知识

什么是管理体系策划与设计?体系策划与设计是依据制定的方针、目标和指标、管理方案,确定组织机构职责和筹划各种运行程序。建立组织机构应考虑的主要因素有:合理分工;加强协作;明确定位,落实岗位责任;赋予权限。管理方案是实现目标、指标的行动方案。

思 考 题

1. 建设工程监理规划有何作用？
2. 简述建设工程监理大纲、监理规划、监理细则三者的关系。
3. 监理规划在编写时应注意哪些问题？
4. 建设工程监理规划编写的依据是什么？
5. 建设工程监理规划一般包括哪些主要内容？
6. 监理工作中一般包括哪些主要内容？

第五章 建设工程监理目标控制

【职业能力目标】

1. 施工阶段监理工作的程序和内容;
2. 建设工程目标控制的流程及其环节。

【学习目标】

1. 了解施工阶段的监理工作程序及其基本环节;
2. 掌握施工阶段监理工作采用的方法和手段;
3. 熟悉施工阶段目标控制的主要任务和内容。

第一节 概 述

建设工程监理的中心任务是对建设工程项目的目标,也就是经过科学的规划所确定的建设工程项目的目标,即投资目标、进度目标、质量目标、安全目标和环境目标等实施有效地协调控制。由于当今建设工程项目的规模日趋庞大,功能、标准要求越来越高,新技术、新工艺、新材料、新设备不断涌现,参加建设的单位越来越多,市场竞争日益激烈,所以,只有在监理活动中采用科学的方法才能对建设工程项目进行有效的控制。

一 控制流程及其基本环节

1. 控制流程

控制是建设工程监理的重要管理活动,通常是指管理人员按计划标准来衡量所取得的成果,纠正实际过程中发生的偏差,使目标和计划得以实现的管理活动。管理活动首先开始于确定目标和制订计划,一旦计划付诸实施,就必须进行控制和协调。这包括进行组织和人员配备,实施有效地领导,检查计划实施情况,找出偏离目标和计划的误差,确定应采取的纠正措施,以实现预定的目标和计划。

控制过程可以用控制程序准确地表示出来。控制的一般流程如图 5-1 所示。

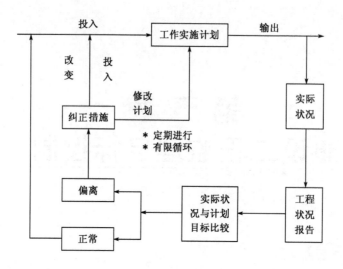

图 5-1　控制流程图

工程项目的建设周期一般都较长，项目实施过程中存在的风险因素较多，实际状况常常会偏离目标和计划，比如出现投资增加、工期拖延、工程质量和功能未达到预定要求等问题。由于项目实施过程中主客观条件的变化是绝对的，不变则是相对的；在项目进展过程中平衡是暂时的，不平衡则是永恒的，因此在项目实施过程中必须随着情况的变化进行项目目标的动态控制。即收集项目目标的实际值，如实际投资，实际进度等；定期(如每两周或每月)进行项目目标的计划值和实际值的比较；通过项目目标的计划值和实际值的比较，如有偏差，则采取纠偏措施进行纠偏，或改变投入，或修改计划，使工程能在新的计划状态下进行。上述控制流程是一个不断循环的过程，直至工程完工交付使用，因而建设工程项目的目标控制是一个有限循环过程。

2. 控制流程的基本环节

如图 5-1 所示的控制流程可以进一步抽象为投入、转换、反馈、对比、纠正五个基本环节，如图 5-2 所示。对于每个控制循环来说，如果缺少这些基本环节中的任何一个，就会导致循环障碍，也就必然会降低控制工作的有效性，从而使循环控制的整体作用不能充分发挥。因此，必须明确控制流程各个基本环节的有关内容并做好相应的控制工作。

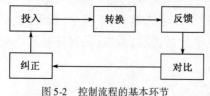

图 5-2　控制流程的基本环节

(1) 投入

控制过程首先从投入开始，计划能否顺利实现，其基本条件就是能否按计划要求的人力、财力、物力进行投入。计划所确定的资源数量、质量和投入的时间是保证计划得以顺利实现的基本条件，也是实现计划目标的基本保障。因此，要使计划能够正常实施并达到预期目标，就应当保证将质量、数量符合计划要求的资源按规定时间和地点投入到建设工程项目实施过程中去。

(2) 转换

所谓转换，是指由各种资源投入到建设工程项目产出的过程。通常表现为劳动力(管理人员、技术人员、工人)运用劳动资料(如施工机具)将劳动对象(如建筑材料、工程设备)转变为预定的产出品。在转换过程中,计划的运行往往受到来自建设工程项目外部环境和内部系统多种因素地干扰。同时,由于计划本身不可避免地存在一定问题,从而造成实际状况偏离预定的目标和计划。

转换过程中的控制工作是实现有效控制的重要一环。在工程实施过程中,监理工程师应当跟踪了解工程进展情况,掌握第一手资料,为分析偏差原因,确定纠正措施提供可靠依据。同时,对于那些可以及时解决的问题,应及时采取纠偏措施,避免"积重难返"。

(3)反馈

控制活动的目的是为了实现预定的计划,要想确保控制活动能够达到其目的,制订完善的计划是十分必要的。但是,由于计划在实施过程中,实际情况的变化是绝对的,不变是相对的,每个变化都会对预定目标的实现带来一定的影响。所以,控制部门、控制人员需要全面、及时、准确地了解计划的执行情况及其结果,而这就需要依靠信息反馈来实现。为此,需要设计信息反馈系统,预先确定反馈信息的内容、形式、来源、传递等,使每个控制部门和人员都能及时获得他们所需要的信息。

反馈信息既应包括已发生的工程实际状况、环境变化等信息,如质量、进度、投资的实际状况,现场条件,合同履行情况等,也包括对未来工程预测的信息。信息反馈方式可以分为正式和非正式两种,正式信息反馈是指书面的工程状况报告之类的信息,它是控制过程中采用的主要反馈方式;非正式信息反馈主要指口头方式,如口头指令。对非正式信息反馈也应当给予足够的重视,但应当适时转化为正式信息反馈。

(4)对比

对比是将目标的实际值即反馈信息与计划值进行比较,以确定是否偏离。而控制活动的核心工作就是找出实际和计划之间的差距,并采取必要纠正措施,使建设工程项目的建设得以在预先计划的轨道上进行。因此,对比工作是控制活动的重要一环,但应注意以下四点:

①明确目标实际值与计划值的内涵。目标的实际值与计划值是两个相对的概念。随着建设工程的深入,其实施计划和目标都将逐渐深化、细化。从目标形成的时间来看,在前者为计划值,在后者为实际值。例如,投资目标有投资估算、设计概算、施工图预算、合同价、结算价等表现形式,其中,投资估算相对于其他的投资值都是目标值;施工图预算相对于投资估算、设计概算为实际值,而相对于合同价、结算价则为计划值;结算价则相对于其他的投资值均为实际值(注意不要将投资的实际值与实际投资两个概念相混淆)。

②合理选择比较的对象。在实际工作中,常见的是相邻两种目标值之间的比较。结算价以外各种投资值之间的比较都是一次性的,而结算价与合同价的比较则是经常性的,一般是定期(如每月)比较。

③建立目标实际值与计划值之间的对应关系。建设工程项目的各项目标都要进行适当地分解,通常,目标的计划值分解较粗,而目标的实际值分解较细。例如,建设工程项目的总进度计划中的工作可能只达到单位工程,而施工进度计划中的工作却达到分项工程。这就要求目标的分解深度可以不同,但分解的原则、方法必须相同,从而可以在较粗的层次上进行目标实际值与计划值的比较,并通过比较发现问题。

④确定衡量目标偏离的标准。要正确判断某一目标是否发生偏差,就要预先确定衡量目

标偏离的标准。例如,某网络计划在实施过程中,发现其中一项工作比计划要求拖延了一段时间,我们根据什么来判断它是否偏离了呢?答案应当用标准来判断。如果这项工作是关键工作,或者虽然不是关键工作,但它拖延的时间超过了它的总时差,那么这种拖延肯定影响了计划工期,理所当然地应判断为偏离,需要进一步采取纠偏措施。如果它既不是关键工作,又未超过总时差,它的拖延时间小于它的自由时差,或者虽然大于自由时差,但并未对后续工作造成大的影响,就可以认为尚未偏离。

(5)纠正

对于目标实际值偏离计划值的情况要采取措施加以纠正。根据偏离的程度,可以分为以下三种纠偏情况:

①直接纠偏。指在轻度偏离的情况下,不改变原定目标的计划值,基本不改变原定的实施计划,在下一个控制周期内,使目标的实际值控制在计划值范围内。

②不改变总目标的计划值,调整后期实施计划。这是在中度偏离情况下所采取的对策。由于目标实际值偏离计划值的情况已经比较严重,已经不可能通过直接纠偏在下一个控制周期内恢复到计划状态,因而必须调整后期实施计划。

③重新确定目标的计划值,并据此重新制订实施计划。这是在重度偏离情况下所采取的对策。由于目标实际值偏离计划值的情况已经很严重,已经不能通过调整后期实施计划来保证原定目标计划值的实现,因而必须重新确定目标的计划值。

对于建设工程项目目标控制来说,纠偏一般是针对正偏差(实际值大于计划值)而言,如投资增加、工期拖延。而如果出现负偏差,并不会采取"纠偏"措施,但应认真分析其原因,排除假象。对于确实是通过积极而有效的目标控制方法和措施而产生负偏差的情况,应认真总结经验,扩大其应用范围,更好地发挥其在目标控制中的作用。

 控制类型

根据划分依据的不同,可将控制分为不同的类型:按照控制措施作用于控制对象的时间,可分为事前控制、事中控制和事后控制;按照控制信息的来源,可分为前馈控制和反馈控制;按照控制过程是否形成闭合回路,可分为开环控制和闭环控制;按照控制措施制订的出发点,可分为主动控制和被动控制。当然,同一控制措施可以表述为不同的控制类型,亦即按不同依据划分的不同控制类型之间存在着内在的同一性。

1. 主动控制

主动控制是在预先分析各种风险因素及其导致目标偏离的可能性和程度的基础上,拟订和采取有针对性的预防措施,从而减少甚至避免目标偏离的控制方法。它可以表述为其他不同的控制类型:

(1)主动控制是一种事前控制。它必须在计划实施之前就采取控制措施,以降低目标偏离的可能性或其后果的严重程度,起到防患于未然的作用。

(2)主动控制是一种前馈控制。它主要是根据已建同类工程实施情况的综合分析结果,结合拟建工程的具体情况和特点,将教训上升为经验,用以指导拟建工程的实施,起到避免重蹈覆辙的作用。

(3) 主动控制通常是一种开环控制(图5-3)。

综上所述,主动控制是一种面对未来的控制,它可以解决传统控制过程中存在的时滞影响,尽最大可能避免偏差成为现实的被动局面,降低偏差发生的概率及其严重程度,从而使目标得到有效控制。

2. 被动控制

被动控制是从计划的实际输出中发现偏差,通过对产生偏差原因的分析,研究制订纠偏措施,以使偏差得以纠正,工程实施恢复到原来的计划状态,或虽然不能恢复到计划状态但可以减少偏差的严重程度。它可以表述为其他不同的控制类型:

(1) 被动控制是一种事中控制和事后控制。它是在计划实施过程中对已经出现的偏差采取控制措施,它虽然不能降低目标偏离的可能性,但可以降低目标偏离的严重程度,并将偏差控制在尽可能小的范围内。

(2) 被动控制是一种反馈控制。它是根据工程实施情况(即反馈信息)的综合分析结果进行的控制,其控制效果在很大程度上取决于反馈信息的全面性、及时性和可靠性。

(3) 被动控制是一种闭环控制(图5-4)。被动控制表现为一个循环过程:发现偏差,分析产生偏差的原因,研究制订纠偏措施并预计纠偏措施的成效,落实并实施纠偏措施,产生实际成效,收集实施情况,对实施的实际效果进行评价,将实际效果与预期效果进行比较,发现偏差,……直至整个工程建成。

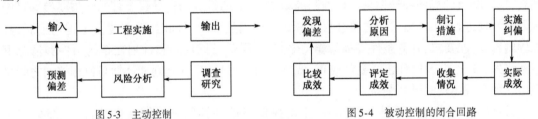

图5-3 主动控制　　　　　　图5-4 被动控制的闭合回路

综上所述,被动控制是一种面对现实的控制。虽然目标偏离已成为客观事实,但是,通过被动控制措施,仍然可能使工程实施恢复到计划状态,至少可以减少偏差的严重程度。不可否认,被动控制仍然是一种有效的控制,也是十分重要而且经常运用的控制方式。因此,对被动控制应当予以足够的重视,并努力提高其控制效果。

3. 主动控制与被动控制的关系

由以上分析可知,在工程实施过程中,如果仅仅采取被动控制措施,通常难以实现预定的目标;而仅仅采取主动控制措施,则是不现实、不经济的。这表明,是否采取主动控制措施以及采取何种主动控制措施,应在对风险因素进行定量分析的基础上,通过技术经济分析和比较来决定。因此,对于建设工程目标控制来说,主动控制和被动控制两者缺一不可,应将主动控制与被动控制紧密结合起来,如图5-5所示。

要做到主动控制与被动控制相结合,关键在于处理好以下两方面问题:一是要扩大信息来源,即不仅要从本工程获得实施情况的信息,而且要

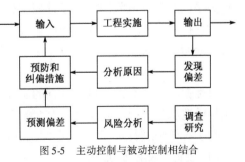

图5-5 主动控制与被动控制相结合

从外部环境获得有关信息,包括应用已建同类工程的数据库相关信息,这样才能对风险因素进行定量分析,使纠偏措施具有针对性;二是要把握好输入这个环节,即要输入两类纠偏措施,不仅有纠正已经发生的偏差措施,而且有预防和纠正可能发生的偏差措施,这样才能取得较好的控制效果。

在工程实施过程中,应当认真研究并制订多种主动控制措施,尤其要重视那些基本上不需要耗费资金和时间的主动控制措施,如组织、经济、合同方面的措施,并力求加大主动控制在控制过程中的比例。

三 目标控制的前提工作

为了有效地实施目标控制,必须做好两项重要的前提工作:一是目标规划和计划,二是目标控制的组织。

1. 目标规划和计划

目标规划和计划是目标控制的前提。如果没有目标,就无所谓控制;而如果没有计划,就无法实施控制。因此,要进行目标控制,首先必须对目标进行合理的规划并制订相应的计划。目标规划和计划越明确、越具体、越全面,目标控制的效果就越好。

从可行性研究、方案设计、初步设计、施工图设计一直到施工阶段,需要反复多次进行目标规划,这表明目标规划和计划与目标控制的动态性相一致。而且,建设工程的实施要根据目标规划和计划进行控制,力求使之符合目标规划和计划的要求。同时,随着建设工程的进展,其工程内容、功能要求、外界条件等都可能发生变化,需要目标规划和计划在新的条件和情况下不断深入、细化,并及时作出必要的修正、调整。由此可见,目标规划和计划与目标控制之间呈现出一种交替出现的循环关系。

目标控制的措施是否得力且及时,主动控制与被动控制是否能有机结合等,都会直接影响着目标控制的效果。目标控制的效果是客观的,但人们对于目标控制的评价却是主观的,通常是将实际结果与预定的目标和计划进行比较。如果出现较大的偏差,一般就认为控制效果较差;反之,则认为控制效果较好。从这个意义上讲,目标控制的效果在很大程度上取决于目标规划和计划的质量。因此,必须合理确定和分解目标,并制订可行且优化的计划。

计划不仅是对目标的实施,也是对目标的进一步论证。计划是许多更细、更具体的目标的组合。制订计划时,首先必须考虑建设工程项目的规模、技术复杂程度、质量水平、主要工作的逻辑关系以及各种风险因素对于计划实施的影响,确保其技术、资源、经济和财务方面的可行性,并留有一定的余地。同时,还应通过多方案的技术经济分析和比选,力求使计划优化,以提高目标控制的效果。

2. 目标控制的组织

目标控制的所有活动以及计划的实施都是由目标控制人员来完成的,因此,目标控制的组织机构设置和任务分工越明确、越完善,目标控制的效果也就越好。

为了有效地进行目标控制,必须做好以下四方面的组织工作:

(1)设置目标控制机构。

(2)配备合适的目标控制人员。
(3)落实目标控制机构和人员的任务和职能分工。
(4)优化目标控制的工作流程和信息流程。

第二节 建设工程目标控制系统

一、建设工程的三大目标

任何建设工程都有质量、投资、进度（或工期）三大目标，这三大目标构成了建设工程的目标系统。为了有效地进行目标控制，必须正确认识和处理质量、投资、进度三大目标之间的关系。

建设工程质量、投资、进度三大目标之间既有矛盾的一面，也有统一的一面，它们之间的关系是对立和统一的关系。就建设单位而言，通常希望其工程质量好、进度快（或工期短）、投资少。如果采取某项措施可以同时实现其中两个目标（如既工期短又投资少），则它们之间就是统一的关系；反之，如果只能实现其中一个目标（如工期短），而无法实现其他目标（如质量优），则它们之间就是对立的关系。

1. 建设工程三大目标之间的对立关系

建设工程三大目标之间的对立关系比较直观。在通常情况下，如果对工程项目的功能和质量要求较高，那么就需要投入较多的资金和花费较长的建设时间，即强调质量目标，就需要降低投资目标和进度目标；如果要加快进度，缩短工期，那么就要相应地增加投资，或者质量要求适当下降，即强调进度目标，就需要或者降低投资目标，或者降低质量目标；如果要降低投资，那么势必要考虑降低功能和质量要求，或者造成工程难以在正常工期内完成，即强调投资目标，势必会导致质量目标或进度目标的降低。

以上分析表明，这种对立关系的存在具有普遍性。因此，不能奢望质量、投资、进度三大目标同时达到"最优"。同时，也不能将三大目标分别孤立地进行分析和论证，更不能片面强调某一目标而忽略对其他两个目标的不利影响，而必须将质量、投资、进度三大目标作为一个系统统筹考虑，进行协调和平衡，力求实现整个目标系统最优。

2. 建设工程三大目标之间的统一关系

对于建设工程三大目标之间的统一关系，需要从不同的角度分析和理解。例如，如果适当增加投资的数量，为加快进度提供必要的经济条件，就可以加快工程项目的建设速度，从而缩短工期，使整个工程项目提前投入使用，尽早发挥投资效益，如果提早产生的投资效益超过因加快进度所增加的投资额度，则加快进度从经济角度来说就是可行的。如果提高功能和质量要求，虽然会造成一次性投资的提高和工期的增加，但可能降低工程投入使用后的运行费用和维修费用，从全寿命周期费用角度分析则节约了投资。此外，对于功能好、质量优的工程（如宾馆、商用办公楼）投入使用后的收益往往较高。另一方面，严格控制质量还能起到保证进度的作用。如果在工程实施过程中发现质量问题及时进行返工处理，虽然需要耗费时间，但可能只影响局部工作的进度，不影响整个工程的进度；或虽然影响整个工程的进度，但是比不及时返工而酿成重大工程质量事故对整个工程进度的影响要小，也比留下工程质量隐患到使用阶段才发现,而不得不停止使用进行修理所造成的损失要小。

以上分析同样表明,处理质量、投资、进度三大目标的统一关系时,同样需要将三大目标作为一个系统统筹考虑,同样需要反复协调和平衡,力求实现整个目标系统最优也就是实现质量、投资、进度三大目标的统一。

质量控制

1. 建设工程质量控制的目标

建设工程质量控制的目标,就是指通过有效的质量控制工作和具体的质量控制措施,在满足投资和进度要求的前提下,实现工程预定的质量目标。

建设工程项目从本质上说是一项拟建的建筑产品,它和一般产品具有同样的质量内涵,即满足明确和隐含需要的特性之总和。其中明确的需要是指法律法规、技术标准和合同等所规定的要求,隐含的需要是指法律法规或技术标准尚未作出明确规定,然而随着经济发展、科技进步及人们消费观念的变化,客观上已存在的某些需求,比如适用性、经济性、环境的适宜性等。因此,在建设工程的质量控制工作中,首先必须符合国家现行的关于工程质量的法律法规、技术标准和规范等的有关规定,尤其是强制性标准的规定。同时,致力于满足项目建设单位要求的使用功能和价值、规格、档次、标准等质量目标。

2. 系统控制

建设工程质量控制应贯穿在工程形成和体系运行的过程中。每一过程都有输入、转换和输出等三个环节,要通过对每一过程三个环节实施有效措施,使对工程质量有影响的各个过程处于受控状态。要把建设工程质量的事前控制与事中控制、事后控制紧密地结合起来。在各项工程或工作开始之前,要把控制重点放在调查研究外部环境和内部系统各种干扰质量的因素上,做好风险分析和管理工作,预测各种可能出现的质量偏差,并采取有效的预防措施。同时,要明确目标、制订措施、确定流程、选择方法、落实手段,做好人、财、物的各项准备工作,并为其创造和建立良好环境。然后,在各项工程或工作实施过程中,及时发现和预测问题并采取相应措施加以解决。最后,对完成的工程或工作的质量进行检查验收,把存在的工程质量问题查出来并集中处理,使建设工程最终达到总体质量目标的要求。因此,建设工程质量控制是一种系统控制。

3. 全过程控制

建设工程总体质量目标的实现与工程质量的形成过程息息相关,建设工程的每个阶段都对工程质量的形成起着重要的作用。因而必须根据工程质量的形成规律,从源头抓起,全过程推进。工程质量形成的主要过程有:项目策划与决策过程;勘察设计过程;施工采购过程;施工组织与准备过程;检测设备控制与计量过程;施工生产的检验试验过程;工程质量的评定过程;工程竣工验收与交付过程;工程回访维修服务过程。其中每个环节又由诸多相互关联的活动构成相应的具体过程,例如,设计工作分为方案设计、初步设计、技术设计、施工图设计,设计过程就表现为设计内容不断深化和细化的过程,而设计质量对建设工程总体质量有决定性影响,如果等施工图设计完成后才进行审查,一旦发现问题,造成的损失后果就相当严重,因此,必须对设计质量进行全过程控制,也就是将对设计质量的控制落实到设计工作的过程中。总之,必须根据建设工程各阶段质量控制的特点和重点,确定各阶段质量控制的目标和任务,以便实现全过程质量控制。

4. 全方位控制

(1) 对建设工程质量实行三重控制

对于建设工程质量,加强政府的质量监督和监理单位的质量控制是非常必要的,但决不能因此而淡化或弱化实施者自身的质量控制,也不能因为监控主体的存在和监控责任的实施而减轻或免除其质量责任。自控主体和监控主体在工程质量控制过程中相互依存、各司其职,共同推动并最终实现工程质量目标。

(2) 对建设工程质量实行全面控制

由于建设工程质量目标的内容具有广泛性,所以实现建设工程总体质量目标应当实施全面的质量控制。全面质量控制首先表现在对建设工程的外观质量、工程实体质量、功能和使用价值以及工作质量的全面控制上,对建设工程的所有质量特征都要实施控制,使它从性能、功能、表面状态、可靠性、安全性,直至可维修性方面都能达到质量的符合性要求和适用性要求。其次,还表现在对影响工程质量的各种因素都采取控制措施,这些影响因素包括人、机械、材料、方法和环境五个方面。

5. 工程质量事故处理

工程质量事故处理本身就是建设工程项目质量控制的一项重要工作。工程质量事故在工程项目建设过程中具有多发性特点,诸如基础不均匀沉降、现浇混凝土强度不足、屋面渗漏、建筑物倒塌,乃至一个建设工程项目报废等都有可能发生。如果说,工期拖延、投资超额还可能在以后的实施过程中挽回的话,那么,工程质量一旦不合格,就成了既定事实。不合格的工程,决不会因为时间的推移而变成合格工程,也不会因为后序工程的优良而"中和"成为合格工程。因此,对于不合格工程必须及时处理,经返工或返修合格后方能进入下一道工序。对工程质量事故进行及时处理,是实施有效的质量控制的重要措施之一,是建设工程质量控制一项必不可少的工作。

减少一般性工程质量事故,杜绝重大工程质量事故,只有通过连续性、系统性的质量控制才能实现,只有认真做好主动控制、事前控制才能实现。特别应强调的是,工程质量事故主要来自设计、施工和材料设备供应,只有从事这些活动的承建单位杜绝或减少工程质量事故的发生才能从根本上解决问题。因此,不仅监理工程师要加强对工程质量事故地预控和处理,而且要加强工程实施者自身的质量控制,把减少和杜绝工程质量事故的具体措施有效地落实到工程实施过程当中,落实到每一道工序。

三 投资控制

1. 建设工程投资控制的目标

建设工程投资控制的目标,就是通过有效的投资控制工作和具体的投资控制措施,在满足质量和进度要求的前提下,力求使工程实际投资不超过计划投资。这一目标可用图5-6表示。

2. 系统控制

投资控制不是单一的目标控制,是与进度控制和质量控制同时进行的,它是针对整个建设工程目标系统所实施的控制活动的一个组成部分,在实施投资控制的同时需要兼顾质量目标和进度目标。因此,在对建设工程投资目标进行确定或论证时,应当综合考虑整个目标系统的协调和统一,而不能片面强调投资控制。做到三大目标控制的有机配合和相互平衡,力求实现整个目标系统最优。

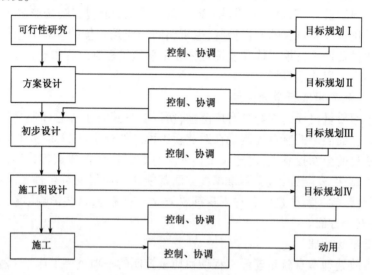

图 5-6　目标规划与目标控制的关系

从这个基本思想出发,当采取某项投资控制措施时,就要考虑这项措施是否对其他两大控制目标产生不利影响。比如,采用限额设计进行设计投资控制时,一方面要力争使实际的建设工程项目设计投资控制在投资限额内,同时又要保证工程的功能、使用要求和质量标准,这种协调工作在目标控制过程中是绝不可少的。

3. 全过程控制

在建设工程实施过程中,虽然建设工程的实际投资主要发生在施工阶段,但节约投资的可能性却主要在施工以前的阶段,尤其在设计阶段。所谓全过程控制,就是要求从设计阶段就开始进行投资控制,并将投资控制工作贯穿于建设工程实施的全过程,直至整个工程建成且延续到保修期结束。在明确全过程控制的前提下,还要特别强调早期控制的重要性,越早进行控制,投资控制的效果就越好,节约投资的可能性越大。

4. 全方位控制

由于建设工程监理是一种微观性的建设工程监督管理工作,因此,投资目标的控制也是一种微观性的工作,是针对一个建设工程项目投资计划的控制,它有别于宏观的固定资产管理。其着眼点并不是关于建设工程项目的投资方向、投资结构、资金筹措方式和渠道,而是控制一个具体建设工程项目的投资。通常,对投资目标的控制是按工程总投资的各项费用构成,即建筑安装工程费用、设备和工器具购置费用以及建设工程其他费用等进行全方位控制。

在对建设工程投资进行全方位控制时,应注意以下两个问题:

一是要认真分析建设工程及其投资构成的特点,了解各项费用的变化趋势和影响因素。例如,根据我国的统计资料表明,建设工程其他费用一般不超过10%。但是,对于一些高档宾馆、智能化办公楼来说,可能远远超过这个比例,有较大的节约投资的"空间"。只要思想重视且方法适当,往往能取得较为满意的投资控制效果。

二是要抓主要矛盾,有所侧重。不同建设工程的各项费用所占总投资的比例不同,例如,智能化大厦的装饰工程费用和设备购置费用占主导地位,工艺复杂的工业项目以设备购置费用为主,普通民用建筑工程以建筑工程费用为主,都应分别作为该类建设工程投资控制的重点。

（四）进度控制

1. 建设工程进度控制的目标

建设工程进度控制的目标,就是通过有效的进度控制工作和具体的进度控制措施,在满足质量和投资的前提下,力求使实际工期不超过计划工期。对于民用项目来说,就是按计划时间交付使用;对于工业项目来说,就是要按计划时间达到负荷联动试车成功。

当然,具体到某个建设工程项目,它的进度控制的目标则取决于项目建设单位的委托要求。根据建设工程监理合同,它可以是建设工程全过程的建设工程监理,也可以是阶段性建设工程监理,还可以是某个子建设工程项目的建设工程监理。建设工程进度控制的总目标是建设工期。由于进度计划的特点,进度控制的目标能否实现,主要取决于处在关键线路上的工程内容能否按预定的时间完成。当然,同时要避免由于非关键线路上的工作延误而成为关键线路的情况。

2. 系统控制

建设工程进度控制是指对工程项目建设各阶段的工作内容、工作程序、持续时间和衔接关系根据进度总目标及资源优化配置的原则编制计划并付诸实施,然后在进度计划的执行过程中经常检查实际进度是否按计划要求进行,对出现的偏差情况进行分析,采取补救措施或调整、修改原计划后再付诸实施,如此循环,直到建设工程竣工验收交付使用。但是,不管进度计划的周密程度如何,其毕竟是人们的主观设想,在其实施过程中,必然会因为新情况的产生、各种干扰因素和风险因素的作用而发生变化,使人们难以执行原定的进度计划。这就要求监理工程师必须掌握动态控制原理,不断地检查和调整进度计划,以保证建设工程进度得到有效控制。

3. 全过程控制

建设工程进度计划是由多个相互关联的进度计划组成的系统,它是项目进度控制的依据。因此,首先要澄清将进度计划狭隘地理解为施工进度计划的模糊认识;其次要纠正建设工程早期由于资料详细程度不够且可变因素很多而无法编制进度计划的错误观念。由于各种进度计划编制所需的必要资料是在项目进展过程中逐步形成的。因此,进度计划系统地建立和完善也有一个过程,它是逐步形成的。但各阶段进度计划编制和调整时,必须注意其相互间的联系和协调,比如建设单位方编制的整个项目实施的进度计划、设计方编制的进度计划、施工方编制的进度计划与采购和供应方编制的进度计划之间的联系和协调等。并且,在建设工程的早期就应当编制进度计划,这样进度控制的效果就越好。

4. 全方位控制

(1) 对建设工程所有工程内容的进度都要进行控制。不论是红线内工程还是红线外工程,也无论是土建工程还是机电设备安装、道路、绿化以及其他配套工程。

(2) 对建设工程有关的工作实施进度控制。建设工程的各项工作,诸如征地、拆迁、勘察、设计、施工招标、材料和设备采购、施工、动用前准备等,都应列入进度控制的范围之内,如果这些工作不能按计划完成,必然影响整个建设工程项目的正式动用。

(3) 对影响进度的各项因素实施控制,建设工程进度不能按计划实现有多种原因。例如,管理人员、劳务人员素质和能力低下,数量不足;材料和设备不能按时、按质、按量供应;建设资金缺乏,不能按时到位;技术水平低,不能熟练掌握和运用新技术、新材料、新方法;组织协调困难,各承建商不能协作同步工作;未能提供合格的施工现场;异常的工程地质、水文、气候、社会、政治环境等,要实现有效进度控制必须对上述影响进度的因素实施控制,采取措施来减少或避免这些因素的影响。

(4) 组织协调是实现有效进度控制的关键,要做好建设工程项目进度控制工作必须做好与有关单位的协调工作,与建设工程项目进度有关的单位较多,包括项目建设单位、设计单位、施工单位、材料供应单位、设备供应厂家、资金供应单位、工程毗邻单位、监督管理建设工程的政府部门等。如果不能有效地与这些单位做好协调工作,不建立协调工作网络,不投入一定力量去做联结、联合、调和工作,进度控制将是十分困难的。

第三节　施工阶段的监理工作

由于目前我国的监理工作在建设工程投资决策阶段、勘察设计阶段尚不够成熟,需要进一步探索完善,而在施工阶段(包括施工招投标方面)的监理工作已经摸索总结出一套比较成熟的经验和做法。所以,下面着重以当前实际开展的施工阶段的监理工作为主要介绍内容。

一　制订监理工作程序的一般规定

制订监理工作程序有利于项目监理机构的工作规范化、程序化、制度化,有利于监理单位与建设单位、承包单位及其他相关单位之间工作的配合协调。制订监理工作程序应遵循以下基本规定:

(1) 制订监理工作总程序应根据专业工程特点,并按工程的实施顺序及工作内容分别制订具体的监理工作程序。施工阶段监理工作主要程序如图5-7所示。

(2) 制订监理工作程序应体现事前控制和主动控制的要求。

(3) 制订监理工作程序应结合工程项目的特点,注重监理工作的效果。监理工作程序中应明确工作内容、行为主体、考核标准、工作时限。

(4) 当涉及建设单位和承包单位的工作时,监理工作程序应符合委托监理合同和施工合同的规定。

(5) 在监理工作实施过程中,应根据实际情况的变化对监理工作程序进行调整和完善。在实际监理过程中,由于工程项目的具体情况,可能会产生监理工作内容的增减或工作程序颠倒的现象,但无论出现何种变化都必须坚持监理工作"先审核后实施、先验收后施工(下道工序)"的基本原则。

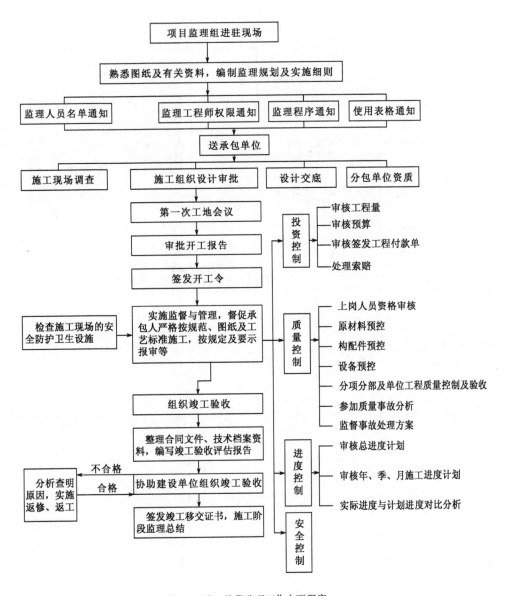

图 5-7 施工阶段监理工作主要程序

一、施工阶段的质量控制

施工阶段的质量控制是一个由对投入的资源和条件的质量控制,进而对生产过程及各环节质量进行控制,直到对所完成的工程产出品的质量检验与控制为止的全过程的系统控制过程,包括施工准备质量控制、施工过程质量控制和施工验收质量控制。因此,监理工程师的质量控制任务就是要对施工的全过程、全方位进行监督、检查与控制。施工阶段的质量控制程序如图 5-8 所示。

1. 施工准备阶段的质量控制

(1)熟悉施工图纸、设计文件和施工承包合同等监理依据

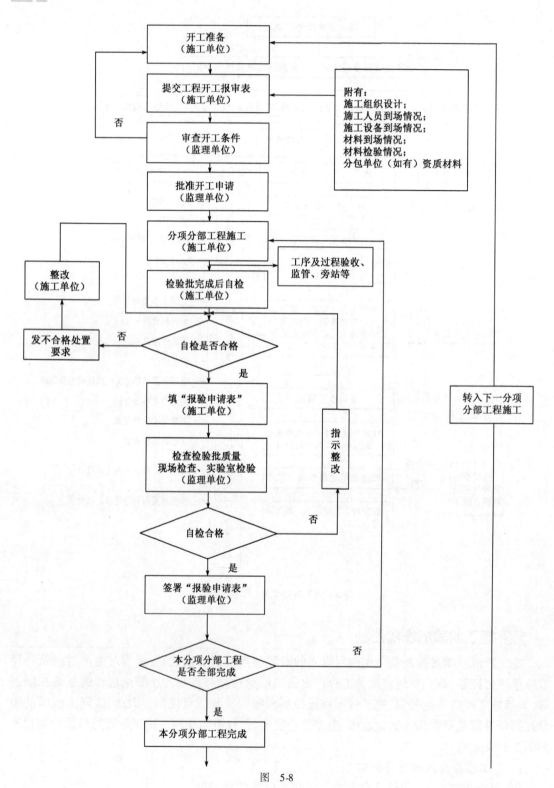

图 5-8

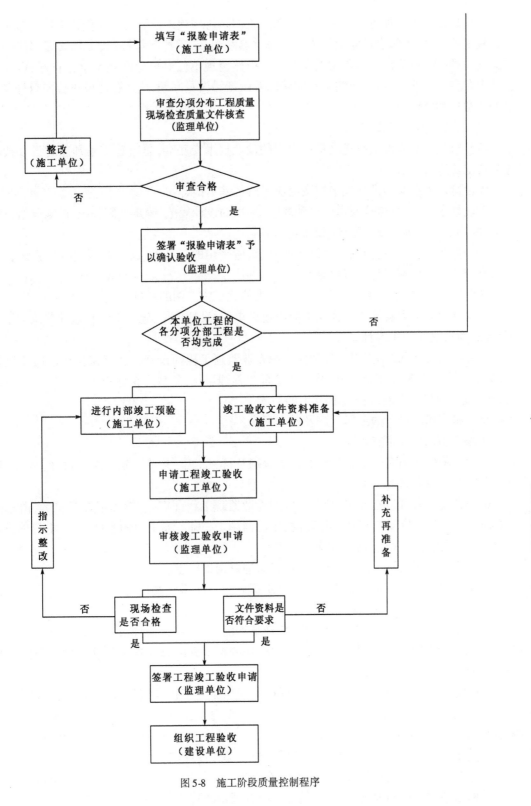

图 5-8 施工阶段质量控制程序

项目总监理工程师组织监理人员熟悉施工图是监理预先控制的一项重要工作。施工图是项目施工的依据,当然也是监理的依据。通过熟悉图纸,了解工程特点、工程关键部位的施工方法、质量要求,以督促承包单位按图施工。虽然监理单位对设计问题不承担责任,但如发现图纸中存在按图施工困难、影响工程质量以及图纸错误等问题,应通过建设单位向设计单位提出书面意见和建议。

(2) 参加设计技术交底

项目监理人员应参加由建设单位组织的设计技术交底会,总监理工程师应对设计技术交底会议纪要进行签认。

项目监理人员参加设计技术交底会应了解的基本内容:

①设计主导思想,建筑技术构思和要求,采用的设计规范、确定抗震等级、防火等级、基础、结构、内外装修及机电设备设计(设备选型)等。

②对主要建筑材料、构配件和设备的要求,所采用的新技术、新工艺、新材料、新设备的要求以及施工中应特别注意的事项等。

③对建设单位、承包单位和监理单位提出的关于施工图的意见和建议的答复。

在设计交底会上确认的工程变更应由建设单位、设计单位、施工单位和监理单位会签。

(3) 审查施工组织设计文件

工程项目开工前,总监理工程师应组织专业监理工程师审查施工单位报送的施工组织设计(方案)报审表,提出审查意见,并经总监理工程师审核、签认后报建设单位。施工组织设计(方案)报审表应符合附录三表 B.0.1 的格式。

审查施工组织设计的工作程序及基本要求:

①施工组织设计审查程序

a. 承包单位必须完成施工组织设计的编制及自审工作,并填写施工组织设计(方案)报审表,报送项目监理机构。

b. 总监理工程师应在约定时间内,组织专业监理工程师审查,提出审查意见后,由总监理工程师审定批准。需要承包单位修改时,由总监理工程师签发书面的意见,退回承包单位修改后再报审,再由总监理工程师重新审定。

c. 已审定的施工组织设计文件,由项目监理机构报送建设单位。

d. 承包单位应按审定的施工组织设计组织施工。如需对其内容做较大变更,应在实施前将变更内容书面报送项目监理机构重新审定。

e. 对规模大、结构复杂或属新结构、特种结构的工程,项目监理机构应在审查施工组织设计(方案)后,报送监理单位技术负责人审查,其审查意见由总监理工程师签发。必要时与建设单位协商,组织有关专家会审。

f. 规模大、工艺复杂的工程、群体工程或分期出图的工程,经总监理工程师批准可分阶段报审施工组织设计;技术复杂或采用新工艺的分部、分项工程,承包单位还应编制专项施工方案,报项目监理机构审查。

g. 关于方案论证的要求执行住房和城乡建设部文件规定。

②审查施工组织设计的基本要求和注意事项

a. 施工组织设计的编制、审查和批准应符合规定的程序。

b. 施工组织设计应符合国家政策法规、技术标准、设计文件和施工承包合同的规定和要求，贯彻"质量第一，安全第一"的原则。

c. 施工组织设计应具有针对性，必须充分了解并掌握工程的特点、难点和复杂程度，充分分析施工的条件和作业环境。

d. 施工组织设计应具有可操作性，施工方法必须切实可行，施工程序和顺序应合理，施工资源配置应满足需要，以保证施工工期和质量要求。

e. 技术方案应具有先进性，方案采用的技术和措施应先进适用且成熟可靠。

f. 质量管理、技术管理和质量保证体系应健全且切实可行。

g. 安全、环保和现场文明施工措施应切实可行并符合有关规定。

h. 施工方案在施工的总体部署，施工起点流向及工艺关系等方面，与施工进度计划应保持一致。同时，对施工场地、道路、管线等方面的布置也应与施工总平面图协调一致。

i. 重要的分部分项工程，除在施工组织设计中作出主要规定外，承包单位还应在开工前向项目监理机构提交详细的包含施工方法、施工机械设备、人员配备、质量保证措施以及进度计划安排等内容的专项施工方案，报请监理工程师审查认可后方能实施。

j. 在满足上述有关规定和要求的前提下，应尊重承包单位的自主技术决策和管理决策。

(4) 审查质量管理体系

工程项目开工前，总监理工程师应审查承包单位现场项目管理机构的质量管理体系、技术管理体系和质量保证体系，确认其是否能够全面履行施工合同并保证工程项目施工质量。对质量管理体系、技术管理体系和质量保证体系应审核以下内容：

①质量管理、技术管理和质量保证的组织机构。

②质量管理、技术管理制度。

③专职管理人员和特种作业人员的资格证、上岗证。

(5) 审查分包单位资质

分包工程开工前，专业监理工程师应审查承包人报送的分包单位资格报审表和分包单位有关资质资料，符合有关规定后，由总监理工程师予以签认。分包单位资格报审表应符合附录三表B.0.4的格式。如在施工合同中未指明分包单位，项目监理机构应对该分包单位的资格进行审查。对分包单位资质应审核以下内容：

①分包单位的营业执照、企业资质等级证书、特殊行业施工许可证、国外(境外)企业在国内承包工程许可证。

②拟分包工程的内容和范围。

③分包单位的质量保证体系、专职管理人员和特种作业人员的资格证、上岗证。

(6) 查验测量放线

工程测量放线是建设工程产品由设计转化为实物的第一步。施工测量质量的好坏，直接影响工程产品的整体质量，并且制约着施工过程中有关工序的质量。例如，测量控制基准点或高程有误，会导致建筑物或结构的位置或高程出现误差，从而影响整体质量。因此，工程测量控制是施工中事前控制的一项基础工作，是施工准备阶段的一项重要的监理工作内容。监理工程师应认真审核测量成果及现场查验桩、线的准确性及桩点、桩位保护措施的有效性，符合规定时，由专业监理工程师签认。施工测量成果报验申请表应符合附录三表B.0.7的格式。

专业监理工程师应按以下要求对承包单位报送的测量放线控制成果及保护措施进行检查：

①检查承包单位专职测量人员的岗位证书及测量设备检定证书。

②复核控制桩的校核成果、控制桩的保护措施以及平面控制网、高程控制网和临时水准点的测量成果。

③检查承包单位验线方案。

(7) 审查开工条件，签发开工报告

工程开工前，项目监理机构应对现场的施工准备工作进行认真核查，符合条件后方可批准其开工。专业监理工程师应审查承包单位报送的工程开工报审表及相关资料，具备以下开工条件时，由总监理工程师签发，并报建设单位：

①施工许可证已获政府主管部门批准。

②征地拆迁工作能满足工程进度的需要。

③施工组织设计已获总监理工程师批准。

④承包单位现场管理人员已到位，机具、施工人员已进场，主要工程材料已落实。

⑤进场道路及水、电、通信等已满足开工要求。

(8) 第一次工地会议

工程项目开工前，监理人员应参加由建设单位主持召开的第一次工地会议。会议应包括以下主要内容：

①建设单位、承包单位、监理单位分别介绍各自驻现场的组织机构、人员及其分工。

②建设单位根据委托监理合同宣布对总监理工程师的授权。

③建设单位介绍工程开工准备情况。

④承包单位介绍施工准备情况。

⑤建设单位和总监理工程师对施工准备情况提出意见和要求。

⑥总监理工程师介绍监理规划的主要内容。

⑦研究确定各方在施工过程中参加工地例会的主要人员，召开工地例会的周期、地点及主要议题。

第一次工地会议纪要应由项目监理机构负责起草，并经与会各方代表会签。

2. 施工过程的质量控制

(1) 施工活动前的质量控制

①施工方法的控制

项目监理机构应要求承包单位必须严格按照批准的(或经过修改后重新批准的)施工组织设计(方案)组织施工。在施工过程中，当承包单位对已批准的施工组织设计进行调整、补充或变动时，应经专业监理工程师审查，并应由总监理工程师签认。

作业技术交底是对施工组织设计(方案)的具体化，是更细致、更具体的技术实施方案，是分项工程或工序施工的具体指导文件。因此，每一分项工程实施前，承包单位均要做好技术交底，交底中应明确做什么、谁来做、如何做、作业标准和要求、什么时间完成等。对于关键部位，或技术难度大、施工复杂的分项工程施工前，承包单位的技术交底书(作业指导书)要报监理工程师，经审核同意后方可实施。

②质量控制点的设置

质量控制点是指为了保证施工过程质量而确定的重点部位、关键工序或薄弱环节,设置控制点是保证达到施工质量要求的必要前提。因此,监理工程师应要求承包单位报送重点部位、关键工序的施工工艺和确保工程质量的措施,审核同意后予以签认。比如:当承包单位采用新材料、新工艺、新技术、新设备时,承包单位应报送相应的施工工艺措施和证明材料,组织专题论证,经监理工程师审定后予以签认。

③施工现场劳动组织的控制

劳动组织涉及从事作业活动的施工人员以及相应的各种制度。开工前监理工程师应检查与核实承包单位操作人员数量能否满足作业活动的需要,各工种配置能否保证施工的连续性和均衡性,管理人员是否到岗且配备齐全,特殊工种是否按规定持证上岗,相关制度及其配套措施是否健全。

④进场材料、构配件、设备的控制

监理工程师应对承包单位报送的拟进场工程材料、构配件和设备及其质量证明资料进行审核,并对进场的实物按照委托监理合同约定或有关工程质量管理文件规定的比例采用平行检验或见证取样方式进行抽检。

对未经监理人员验收或验收不合格的工程材料、构配件、设备,监理人员应拒绝签认,并及时签发监理工程师通知单,书面通知承包单位限期将不合格的工程材料、构配件、设备撤出现场。

"工程材料、构配件、设备报审表"应符合附录三表 B.0.6 的格式;"监理工程师通知单"应符合附录三表 A.0.3 的格式。

对新材料、新产品,承包单位应报送已经有关部门鉴定、确认的证明文件。对进口材料、构配件和设备,承包单位还应报送进口商检证明文件,并按照事先约定,由建设单位、承包单位、供货单位、监理机构及其他有关单位进行联合检查。

⑤进场施工设备的控制

施工设备(施工机械设备、工具、测量及计量仪器的统称)进场后,承包单位应立即向项目监理机构报送施工设备报审表(表5-1)。监理工程师应按批准的施工组织设计中所列的设备清单内容进行现场核对,经审定后予以签认。

监理工程师还应经常检查了解施工作业中机械设备、计量仪器和测量设备的性能、精度等工作状况,使其处于良好的状态之中。对于现场使用的塔吊及有特殊安全的设备,进入现场后在使用前,必须经当地劳动安全部门鉴定,符合要求并办好相关手续后方允许承包单位投入使用。

⑥试验室的控制

对施工过程中的材料进场复验和施工质量试验,承包单位既可委托具有相应资质的专门试验室承担,也可由承包单位自有的试验室承担。承包单位委托试验前,应将试验室(或外委试验室)的相关证明材料报送项目监理机构,并明确委托试验的范围。其包括:

a. 试验室的资质等级以及试验范围。

b. 法定计量部门对试验设备出具的计量检定证明。

c. 试验室的管理制度。

d. 试验人员的资格证书。

e. 本工程的试验项目及其要求。

监理工程师应审查试验室的资质等级与委托试验范围是否相符,试验室具有法定计量部门对试验设备出具的计量检定证明是否在有效期内。经监理方确认相符后,承包单位方可委托试验。

进场施工设备(仪器)报审表　　　　　　　　　　　　　　表 5-1

工程名称			编码		
监理/施工合同编号			编号		

_____(监理单位)
　　下列施工设备已按合同规定及批准的施工组织设计要求进场,请查验签证,准予使用。

设备名称	规格	数量	生产单位	进场日期	技术状况	验收/检定日期	验收/检定单位

附件:
1. 设备(仪器)出厂合格证书。
2. 机械设备验收合格记录。
3. 测验仪器计量检定证书。

　　　　　　　　　　　　　　　　　项目经理_____日 期_____承包人(盖章)_____

监理单位审查意见:
   专业监理工程师_____日期_____ 监理单位(盖章)

⑦施工环境的控制

环境因素主要包括地质水文状况,气象条件及其他不可抗力因素,以及施工现场的通风、照明、安全卫生防护设施等劳动作业环境等内容。监理工程师应检查承包单位对未来环境因素可能出现对施工作业质量的不利影响,是否事先已有充分的认识,并已做好充足的准备和采取了有效措施与对策。如对地质水文等方面的影响因素的控制,应根据设计要求,分析基地地质资料,预测不利因素,采取相应的措施,如降水、排水、加固等技术控制方案;对天气气象方面的不利条件,应制订专项施工方案,明确施工措施,落实人员、器材等各项准备以紧急应对,从而控制其对施工质量的不利影响。

(2)施工活动中的质量控制

①承包单位自检与专检的监控

承包单位作为施工阶段的质量自控主体,是施工质量的直接实施者和责任者。监理作为质量监控主体,通过实施质量与监督控制,使承包单位建立起完善的质量自检体系并运转有效。承包单位的质量自检体系由作业者自检、各工序交接时的互检以及专职质检员的专检组成。监理工程师的质量检查与验收,是对承包单位作业活动质量的复核与确认,必须是在承包单位自检并确认合格的基础上进行的。否则,监理工程师有权拒绝进行检查。

②技术复核

项目监理机构应对承包单位在施工过程中报送的施工测量放线成果进行复验和确认。承包单位在测量放线完毕,应进行自检,合格后填写施工测量放线报验申请表,并附上放线的依据材料及放线成果表报送项目监理机构。监理工程师应实地查验放线精度是否符合规范及标准要求,施工轴线控制桩的位置、轴线和高程的控制标志是否牢靠、明显等,经审核、查验合格,签认施工测量报验申请表。

除对上述施工测量放线成果进行复核外,凡涉及施工作业技术活动基准和依据的技术工作,项目监理机构都要进行复核性检查,以避免基准失误给整个工程质量带来难以补救的或全局性的危害。例如:工程的定位、标高、轴线、预留孔洞的位置和尺寸、预埋构件位置、管线的坡度、砂浆配合比、混凝土配合比等。承包单位在自行进行技术复核后,应将复核结果报送项目监理机构,经监理工程师复核确认后,才能进行后续的施工。技术复核工作作为监理工程师一项经常性的工作任务,贯穿于整个施工阶段监理活动中间。

③见证取样

见证取样是项目监理机构对施工单位进行的涉及结构安全的试块、试件及工程材料现场取样、封样、送检工作的监督活动。为确保工程质量,住房和城乡建设部规定,在市政工程及房屋建筑工程项目中,对工程材料、承重结构的混凝土试块、承重墙体的砂浆试块、结构工程的受力钢筋(包括接头)实行见证取样。见证取样的频率,国家或地方主管部门有规定的,执行相关规定;施工合同中如有明确规定的,按合同规定执行。见证取样的频率和数量,包括在承包单位自检范围内,一般所占比例为30%。

④现场跟踪监控

在施工过程中,监理工程师应经常地、有目的地对现场进行巡视、旁站监督与检查,必要时进行平行检验。巡视是一种"面"上的活动,它不限于某一部位或过程,而旁站则是"点"的活动,它是针对某一部位或工序。平行检验在技术复核工作中采用。它们都是监理工程师质量控制最常用的工作方法和手段。

巡视是指监理人员对正在施工的部位或工序现场进行的定期或不定期的监督活动。通过巡视对施工方案的实施情况、工序质量以及资源配备情况进行检查。检查的主要内容如下:

a. 是否按照设计文件、施工规范和批准的施工方案组织施工。

b. 是否使用合格的材料、构配件和设备。

c. 施工现场管理人员,尤其是质检人员是否到岗到位。

d. 施工操作人员的技术水平、操作条件是否满足工艺操作的要求,特种操作人员是否持证上岗。

e. 施工环境是否对工程质量产生不利影响。

f. 已施工部位是否存在质量缺陷。

旁站是项目监理机构对工程的关键部位或关键工序的施工质量进行监督的活动。它是控制工程施工质量的重要手段之一，也是确认工程质量的重要依据。

因此，监理人员必须加强对施工现场的巡视、旁站监督与检查，及时发现违章操作和不按设计要求、不按施工图纸或施工规范及质量标准施工的现象，对不符合质量要求的要及时进行纠正和严格控制。对于施工过程中出现的较大质量问题或质量隐患，监理工程师宜采用照相、录像等手段予以记录。

⑤工地例会的管理

工地例会是施工过程中参加建设项目各方沟通情况，解决分歧，形成共识，做出决定的主要渠道。通过工地例会，监理工程师检查分析施工过程的质量状况，指出存在的问题，承包单位提出整改的措施，并做出相应的保证。工地例会由总监理工程师定期主持召开（一般为一周，具体在第一次工地会议上决定，并可根据工程进展调整会议频率）。会议纪要应由项目监理机构负责起草并经与会各方代表会签。工地例会应包括以下主要内容：

a. 检查上次例会议定事项的落实情况。

b. 检查进度情况。

c. 检查质量情况。

d. 计量与支付情况。

e. 协调事宜。

f. 检查施工安全情况。

g. 其他事项。

除了例行的工地例会外，针对某些专门质量问题，监理工程师还应组织专题会议，集中解决较重大或普遍存在的问题。为开好工地例会及质量专题会议，监理工程师要充分了解情况，判断要准确，决策要正确。此外，要讲究方法，协调处理各种矛盾，不断提高会议质量，使工地例会真正起到解决质量问题的作用。

⑥停工/复工令的实施

为确保工程质量，根据委托监理合同中建设单位对监理工程师的授权，对施工过程中存在重大隐患，可能造成质量事故或已经造成质量事故等情况，总监理工程师有权行使质量控制权，下达停工令，及时进行质量控制。

⑦工程变更的控制

做好工程变更的控制工作，是施工过程质量控制的一项重要内容。

(3) 施工活动结果的质量控制

①隐蔽工程验收

隐蔽工程是指将被其后工程施工所隐蔽的分项、分部工程，在隐蔽前所进行的检查验收。例如：基础施工前对地基质量的检查；基坑回填前对基础质量的检查；混凝土浇筑前对钢筋、模板、预埋件以及各类安装预埋管的检查；防水层施工前对基层质量的检查；防雷接地线及基础接地等。

承包单位隐蔽工程施工完毕并自检合格后，应填写隐蔽工程报验申请表，报送项目监理机构。经检验合格，监理工程师应签认隐蔽工程报验申请表，承包单位方可进入下一道工序施工。

②工程质量验收

工程质量验收是建设工程质量控制的一个重要环节,包括施工过程的中间验收和工程的竣工验收两个方面。工程质量验收应划分为检验批、分项工程、分部工程、单位工程等验收环节。

a. 检验批及分项工程的验收

检验批的质量应按主控项目和一般项目验收合格。其中,主控项目必须全部符合相关专业验收规范的规定;一般项目含允许偏差项目,允许20%超出允许偏差值,但不得超过允许偏差值的1.5倍。分项工程所含的检验批均应验收合格,检验批的质量验收记录完整。

检验批及分项工程应由监理工程师组织承包单位项目专业质量(或技术)负责人等进行验收。

b. 分部工程的验收

分部工程所含的分项工程的质量均应验收合格;质量控制资料完整;地基基础、主体结构和设备安装等分部工程有关结构安全和使用功能的抽样检测和检验结果应符合有关规定;观感质量验收应符合要求。

分部工程应由总监理工程师组织承包单位项目负责人和项目技术、质量负责人等进行验收。对于地基基础、主体结构等分部工程,勘察、设计单位的工程项目负责人和施工企业的技术、质量部门负责人也应参加。

c. 单位工程或整个工程项目的竣工验收

单位工程所含的分部工程质量应验收合格;质量控制资料完整;单位工程所含分部工程有关安全和功能的检测资料应完整;主要功能项目的抽查结果应符合相关专业质量验收规范的规定;观感质量验收应符合要求。

一个单位工程完工后或整个工程项目完成后,承包单位应先进行竣工自检,自验合格后,向项目监理机构提交"工程竣工报验申请表"(附录三表 B.0.10),总监理工程师组织各专业监理工程师进行竣工初验。初验合格后由总监理工程师对承包单位的"工程竣工报验申请表"予以签认,并上报建设单位。同时提出"工程质量评估报告",参加由建设单位组织的正式竣工验收。

单位工程质量验收合格后,建设单位应在规定时间内将工程竣工验收报告和有关文件报建设行政主管部门备案。

③工程质量问题的处理

住房和城乡建设部规定:凡是工程质量不合格,必须进行返修、加固或报废处理,由此造成直接经济损失低于5 000元的称为工程质量问题;直接经济损失在5 000元(含)以上的称为工程质量事故。

工程质量不合格,一般是指工程不符合国家或行业现行有关技术标准、设计文件及合同中对质量的要求。工程质量问题是由工程质量不合格或质量缺陷引起的,在任何工程施工过程中,由于各种主观和客观原因,出现质量问题往往难以避免。因此,防止和处理施工中出现的各种质量问题,是监理工程师在施工阶段监理中的一项重要工作。当发生工程质量事故,监理工程师应根据其严重程度,按以下程序进行处理,如图5-9所示。

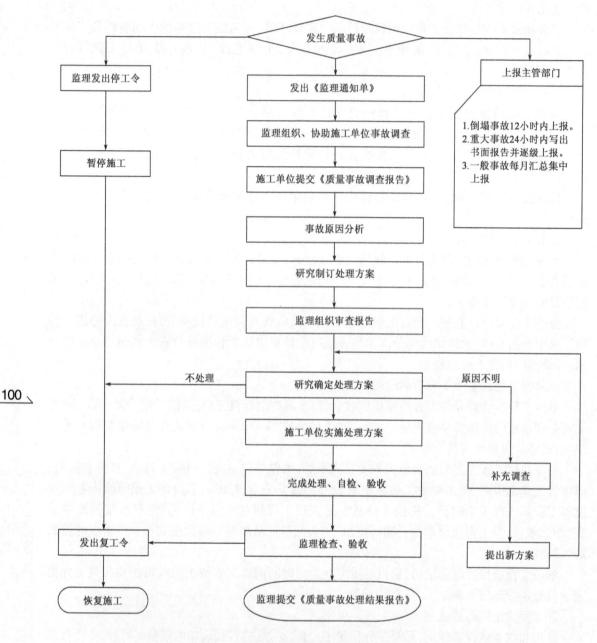

图 5-9　工程质量问题处理程序框图

　　a. 对可以通过返修或返工弥补的质量问题,监理工程师应及时下达"监理工程师通知单"(附录三表 A.0.3),责成承包单位写出质量问题调查报告,提出处理方案,填写"监理工程师通知回复单"(附录三表 B.0.9)报监理工程师审核后,批复承包单位处理,必要时应经建设单位和设计单位认可,处理结果应重新进行验收。

　　b. 对需要加固补强的质量问题,或质量问题的存在影响下道工序和分项工程的质量时,应及时下达"工程暂停令"(附录三 A.0.5),指令承包单位停止有质量问题部位和与其有关联部位及下道工序的施工。必要时,应要求施工单位采取防护措施,责成施工单位写出质量问题调查报告,由设计单位提出处理方案,并征得建设单位同意,批复承包单位处理。处理结果应重新进行验收。

c. 施工单位接到"监理工程师通知单"后,在监理工程师的组织下,尽快进行质量问题调查并完成报告编写。

d. 监理工程师审核、分析质量问题调查报告,判断和确认质量问题产生的原因。

e. 在原因分析的基础上,认真审核签认质量问题处理方案。

f. 指令施工单位按既定的处理方案实施处理并进行跟踪检查。

g. 质量问题处理完毕,监理工程师应组织有关人员对处理的结果进行严格的检查、鉴定和验收,写出质量问题处理报告,报建设单位和监理单位存档。

工程质量事故是较为严重的工程质量问题,其成因及原因分析方法与工程质量问题基本相同,在此不再赘述。

3. 工程质量保修期的监理工作

建设工程质量保修期按《建设工程质量管理条例》的规定确定。在质量保修期内的监理工作期限,应由监理单位与建设单位根据工程实际情况,在委托监理合同中约定,一般以一年为宜。

承担质量保修期监理工作时,监理单位应安排监理人员对建设单位提出的工程质量缺陷进行检查和记录,对承包单位进行修复的工程质量进行验收,合格后予以签认。同时,监理人员应对工程质量缺陷原因进行调查分析并确定责任归属,对非承包单位原因造成的工程质量缺陷,监理人员应核实修复工程的费用和签署工程款支付证书,并报建设单位。

三 施工阶段的投资控制

施工阶段的投资控制即工程造价控制,其主要任务是通过工程付款控制、工程变更费用控制、预防并处理好费用索赔、挖掘节约投资潜力来努力实现实际发生的费用不超过计划投资。施工阶段的投资控制程序如图 5-10 所示。

为完成施工阶段投资控制任务,监理工程师应当做好以下主要工作:

1. 风险分析

工程开工前,项目监理机构应编制资金使用计划,确定、分解投资控制目标。总监理工程师应组织相关的专业监理工程师依据施工合同有关条款和施工图,对工程项目造价目标进行风险分析,一是找出工程造价最易突破部分,比如,施工合同中有关条款不明确而造成突破造价的漏洞;施工图中的问题易造成工程变更、材料和设备价格不确定等。二是找出最易发生费用索赔的原因和部位,比如,建设单位资金不到位、施工图纸不到位、建设单位供应的材料及设备不到位等。从而制订出防范性对策,并经总监理工程师审核后向建设单位提交有关报告。

2. 计量与支付

项目监理机构应按下列程序进行工程计量和工程款支付工作:

(1)施工单位统计经专业监理工程师质量验收合格的工程量,按施工合同的约定填报工程量清单和工程款支付申请表。"工程款支付申请表"应符合附录三表 B.0.11 的格式。

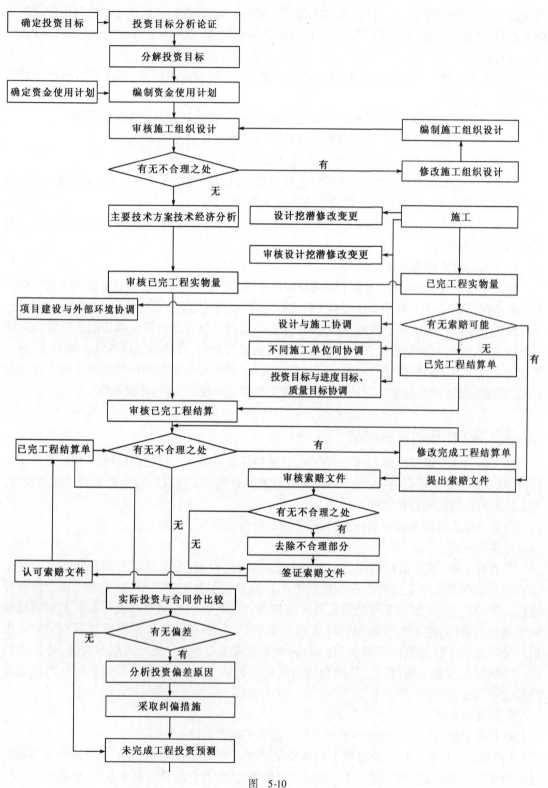

图 5-10

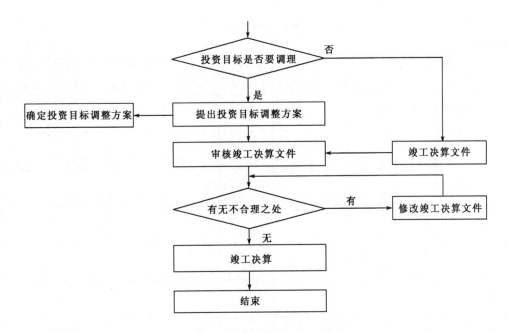

图 5-10 施工阶段投资控制流程图

（2）专业监理工程师进行现场计量，按施工合同的约定审核工程量清单和工程款支付申请表，并报总监理工程师审定。

（3）总监理工程师签署工程款支付证书，并报建设单位。

专业监理工程师对承包单位报送的工程款支付申请表进行审核时，应会同承包单位对现场实际完成情况进行计量，对验收手续齐全、资料符合验收要求并符合施工合同规定的计量范围内的工程量予以核定。

监理工程师一般只对如下三方面的工程项目进行计量：工程量清单中的全部项目；合同文件中规定的项目；经监理工程师审批的工程变更项目。

工程款支付申请中包括合同内工作量费用、工程变更增减费用、经批准的索赔费用，应扣除的预付款、保留金及施工合同约定的其他支付费用。专业监理工程师应逐项审查后，提出审查意见报总监理工程师审核签认。

专业监理工程师应及时建立月完成单位工程实物工程量统计台账（表 5-2），以及工程款支付台账（表 5-3）。同时，对实际完成量进行比较、分析，制订调整措施，并应在监理月报中向建设单位报告。

3. 工程变更的管理

工程变更是指构成合同文件的任何组成部分的变更，包括工程量变更、工程项目的变更（如发包人提出或者增减原项目内容）、进度计划的变更、施工条件的变更等。

（1）工程变更的处理程序

任何的工程变更，建设单位、设计单位、承包单位和监理单位都可以提出。引起工程变更的原因很多，例如：发包人的变更指令（包括发包人对工程有了新的要求或修改项目计划或削减预算等）；由于设计错误，必须对设计图纸做修改；工程环境变化；国家的政策法规对建设项目有了新的要求等。

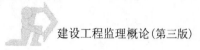

单位工程实物工程量统计台账

表 5-2

工程名称：　　　　　　　　　　　施工单位：　　　　　　　　　　　第　页

序号	分项工程名称	计量单位	概预算工程量	施工方申报完成工程量	监理核定工程量	累计完成工程量	申报与核定工程量差值	出现差值原因	申报/核定日期

工程款支付台账（单位：万元）

表 5-3

工程名称：　　　　　　　　　　　施工单位：　　　　　　　　　　　第　页

日期	工程形象进度	合同总价款	预付工程款	本期施工方申请付款	本期监理核定工程款	预付款抵扣	工程款累计	工程款余额	合同外付款

发生工程变更,无论是由哪一方提出的,均应经过建设单位、设计单位和监理单位的代表签认,并通过项目总监理工程师下达变更指令后,承包单位方可进行施工。项目监理机构应按下列程序处理工程变更:

①设计单位对原设计存在的缺陷提出的工程变更,应编制设计变更文件。建设单位或承包单位提出的变更,应提交总监理工程师,由总监理工程师组织专业监理工程师审查。审查同意后,应由建设单位转交原设计单位签发设计变更联系单或各方会签工程变更洽商单。当工程变更涉及安全、环保等内容时,应按规定经有关部门审定。

②监理工程师应组织专业监理工程师及时了解实际情况和收集与工程变更有关的资料。同时,按照施工合同的有关规定,对工程变更的费用和工期作出评估,包括变更的必要性,技术的、经济的、进度的合理性,施工的可操作性等。

这里需要特别强调两点:一是对工程造价影响较大的工程变更,应进行经济技术分析,严禁通过工程变更变相扩大建设规模、增加建设内容、提高建设标准,以便使工程造价得到有效控制;二是即使变更可能在技术经济上是合理的,也应全面考虑,将变更以后所产生的效益(质量、工期、造价)与变更可能引起的承包人索赔等所产生的损失加以比较,权衡利弊后再作出决定。

③总监理工程师应就工程变更费用及工期的评估情况与承包单位和建设单位进行协调。

④总监理工程师签发工程变更单。

⑤监理工程师监督和协调承包单位实施工程变更。

(2)工程变更费用的处理

①如已按原设计图施工,后发生变更,则应包括已按原图施工费用加上拆除费。若原设计图没有实施,则要扣除变更前部分的费用。

②因施工不当或施工错误造成的变更,监理工程师应注明原因,所发生的变更费用由施工单位承担,若对工期、质量、投资效益造成影响的,还应进行反索赔。

③由于设计存在的缺陷所造成的变更费用,以及采取的补救措施,如返修、加固、拆除所产生的费用,由监理方协助建设单位与设计单位协商是否索赔。

④由于监理方责任造成损失的,应扣减监理费用。

⑤工程变更应视作原施工图纸的组成内容,所发生的费用计算应保持一致,并根据合同条款按国家有关政策进行费用调整。材料的供应及自购范围也应同原合同内容一致。

需要说明的是,在建设单位和承包单位未能就工程变更的费用达成协议时,项目监理机构应提出一个暂定的价格,作为临时支付工程款的依据。该工程款最终结算时,应以建设单位与承包单位达成的协议为依据。在总监理工程师签发工程变更单之前,承包单位不得实施工程变更。未经总监理工程师审查同意而实施的工程变更,项目监理机构不得予以计量。

4.索赔管理

索赔就是当事人根据法律、合同及惯例,就应由对方承担责任的事件,提出的补偿和赔偿要求。在实际工作中,"索赔"是双向的,既包括承包人向发包人的索赔,也包括发包人向承包人的索赔(或称反索赔)。但在工程实践中,发包人索赔数量较小,而且处理方便,可以通过冲账、扣工程款、扣保证金等形式实现对承包人的索赔;而承包人对发包人的索赔则比较困难一些。因此,通常情况下,索赔是指承包人在合同实施过程中,对非自身原因造成的工程延期、费用增加而要求发包人给予补偿损失的一种权利要求。

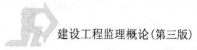

由于建设工程施工阶段的复杂性、多变性，使得工程承包中不可避免地出现索赔，进而导致项目的投资发生变化。因此，项目监理机构在造价控制中，应加强对索赔的管理。监理工程师应及时收集、整理涉及工程索赔的有关施工和监理资料，包括：施工合同、协议、供货合同、工程变更、施工方案、施工进度计划、承包单位工、料、机动态记录（文字、照相等）、建设单位和承包单位的有关文件、会议纪要、监理工程师通知等，为处理索赔积累证据。

5. 竣工结算审核

工程竣工结算是指施工承包单位按照合同规定的内容全部完成所承包的工程，经验收质量合格，并符合支付条件的，报建设单位进行支付。工程竣工验收报告经发包人认可后28天内，承包人向发包人递交竣工结算及完整的结算资料，双方按照协议书约定的合同价款及专用条款约定的合同价款调整内容，进行工程竣工结算。专业监理工程师审核承包人报送的竣工结算报表；总监理工程师审定竣工结算报表；与发包人、承包人协商一致后，签发竣工结算文件和最终的工程款支付证书。

竣工结算审核一般应从以下六个方面着手：

（1）核对合同条款

首先，竣工结算内容必须按合同规定要求完成全部工程并验收合格；其次，应按合同规定的结算方法、计价定额、取费标准、主材价格和优惠条款等，对工程竣工结算进行审核，若发现合同开口或有漏洞，应请建设单位与施工单位认真研究，明确结算要求。

（2）检查隐蔽验收记录

所有隐蔽工程均需进行验收，并有两人以上签证；实行工程监理的项目应经监理工程师签证确认。审核竣工结算时应核对隐蔽工程施工记录和验收签证，手续完整，保证工程量与竣工图一致方可列入结算。

（3）落实设计变更签证

设计修改变更应有原设计单位出具的设计变更通知单和修改的设计图纸、校审人员的签字和加盖的公章，经建设单位和监理工程师审查同意、签证；重大设计变更应经原审批部门审批，否则不应列入结算。

（4）按图核实工程量

竣工结算的工程量应依据竣工图、设计变更单和现场签证等进行核算，并按国家统一规定的计算规则计算工程量。

（5）执行合同约定的单价

结算单价应以合同约定或招标规定的计价定额与计价原则执行。

（6）防止各种计算误差

工程竣工结算子目多、篇幅大，往往有计算误差，应认真核算，防止因计算误差造成错算、重算和漏算。

（四）施工阶段的进度控制

施工阶段进度控制工作从审核承包单位提交的施工进度计划开始，直至工程项目保修期满为止。其主要任务是通过完善建设工程控制性进度计划、审查施工单位进度计划、做好各项动态控制工作、协调各单位关系、预防并处理好工期索赔,以求实际施工进度达到计划施工进度的要求。施工阶段的进度控制程序如图 5-11 所示。

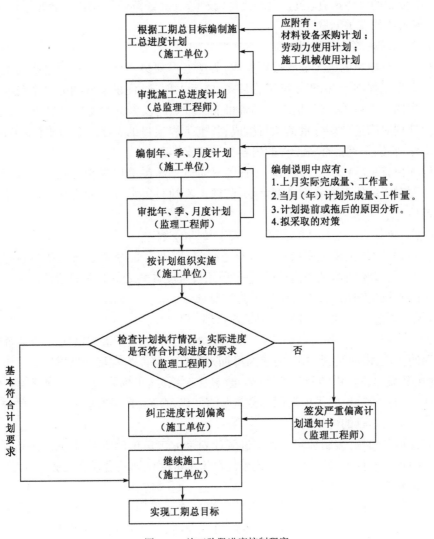

图 5-11 施工阶段进度控制程序

为完成施工阶段进度控制任务,监理工程师应当做好以下主要工作:

1. 编制施工进度控制工作细则

施工进度控制工作细则是在建设工程监理规划的指导下,由专业监理工程师负责编制的更具有实施性和操作性的监理业务文件。其主要内容包括:

(1) 施工进度控制目标分解图。
(2) 实现施工进度控制目标的风险分析。
(3) 施工进度控制的主要工作内容和深度。
(4) 监理人员对进度控制的职责分工。
(5) 与进度控制有关各项工作的时间安排及工作流程。

(6)进度控制的方法(包括进度检查周期、数据采集方式、进度报表格式、统计分析方法等)。

(7)进度控制的具体措施(包括组织措施、技术措施、经济措施和合同措施等)。

(8)尚待解决的有关问题。

2. 审核或编制施工进度计划

为了保证工程项目的施工任务按期完成,监理工程师必须审核承包单位提交的施工进度计划。对于大型工程项目,由于单项工程较多,施工工期长,且采取分期分批发包又没有一个负责全部工程的总承包单位时,监理工程师可能会按照建设单位的委托编制施工总进度计划。施工总进度计划应确定分期分批的项目组成;各批工程项目的开工、竣工顺序及时间安排;全场性准备工作,特别是首批准备工程的内容与进度安排等。

当工程项目有总承包单位时,监理工程师只需对总承包单位提交的施工总进度计划进行审核即可。而对于单位工程施工进度计划,监理工程师只负责审核而无须编制。施工进度计划的要求包括:

(1)进度计划是否符合施工合同中开/竣工日期的规定。

(2)进度计划中的主要工程项目是否有遗漏,分期施工是否满足分批动用的需要和配套动用的要求,总包、分包单位分别编制的各单项工程进度计划之间是否相协调。

(3)施工顺序的安排是否符合施工工艺的要求。

(4)工期是否进行了优化,进度安排是否合理。

(5)劳动力、材料、构配件、设备及施工机具、水、电等生产要素的供应计划是否能保证施工进度计划的实现,供应是否均衡,需求高峰期是否有足够能力实现计划供应。

(6)对由建设单位提供的施工条件(资金、施工图纸、施工场地、采供的物资等),承包单位在施工进度计划中所提出的供应时间和数量是否明确、合理,是否有造成因建设单位违约而导致工程延期和费用索赔的可能。

这里需要强调的是,编制和实施施工进度计划是承包单位的责任,因此,监理工程师对施工进度计划的审查或批准,并不解除承包单位对施工进度计划的责任和义务。

3. 下达工程开工令

总监理工程师应根据承包单位和建设单位双方关于工程开工的准备情况,选择合适的时机发布工程开工令。工程开工令的发布,要尽可能及时,因为从发布工程开工令之日起,加上合同工期即为工程竣工日期。如果开工令发布拖延,就等于推迟了竣工时间,甚至可能引起承包单位的索赔。

为了检查双方的准备情况,监理工程师应参加由建设单位主持召开的第一次工地会议。建设单位应按照合同规定,做好征地拆迁工作,及时提供施工用地。同时,还应当完成法律及财务方面的手续,以便能及时向承包单位支付工程预付款。承包单位应当将开工所需要的人力、材料及设备准备好,同时还要按合同规定为监理工程师提供各种条件。

4. 监督施工进度计划的实施

在实施进度控制过程中,监理工程师除检查和记录实际进度完成情况,还应着重检查落实各承包单位施工进度计划之间、施工进度计划与资源(包括资金、机具设备、材料及劳动力)保障计划之间及外部协作条件的延伸性计划之间的综合平衡与相互衔接。并通过下达监理指令、召开工地例会、各种层次的专题协调会议,督促承包单位按期完成进度计划。当发现实际进度滞后于计划进度时,应签发监理工程师通知单指令承包单位采取调整措施。当实际进度严重滞后于计划进度时应及时报总监理工程师,由总监理工程师与建设单位商定采取进一步措施。

5. 组织现场协调会

监理工程师应定期组织召开不同层级的工地例会,以解决工程施工过程中的相互协调配合问题。对于平行、交叉施工单位多,工序交接频繁且工期紧迫的情况,现场协调会甚至需要每天召开。在会上通报和检查当天的工程进度,确定薄弱环节,部署当天的赶工任务,以便为次日正常施工创造条件。对于某些未曾预料的突发变故或问题,监理工程师还可以通过发布紧急协调指令,督促有关单位采取应急措施维护施工的正常秩序。

6. 签发工程进度款支付凭证

总监理工程师应对承包单位申报的已完分项工程量进行核实,在质量监理人员通过检查验收后,签发工程进度款支付凭证。

7. 审批工程延期

造成工程进度拖延的原因来自两个方面:一是由于承包单位自身的原因;二是由于承包单位以外的原因。前者所造成的进度拖延,称为工期延误;而后者所造成的进度拖延称为工程延期。

(1) 工期延误。当出现工期延误时,监理工程师有权要求承包单位采取有效措施加快施工进度。如果经过一段时间后,实际进度没有明显改进,仍然落后于计划进度,而且显然将影响工程按期竣工时,监理工程师应要求承包单位修改进度计划,并提交监理工程师重新确认。监理工程师对修改后的施工进度计划的确认,并不是对工程延期的批准,而只是要求承包单位在合理的状态下施工。因此,监理工程师对进度计划的确认,并不能解除承包单位应负的一切责任,承包人需要承担赶工的全部额外开支和误期损失赔偿。

(2) 工程延期。如果由于承包单位以外的原因造成工期拖延,承包单位有权提出延长工期的申请。监理工程师应根据合同规定,审批工程延期时间。经监理工程师核实批准的工程延期时间,应纳入合同工期,作为合同工期的一部分,即新的合同工期应等于原定的合同工期加上监理工程师批准的工程延期时间。

监理工程师对于施工进度的推延,是否批准为工程延期,对承包单位和建设单位都十分重要。如果承包单位得到监理工程师批准的工程延期,不仅可以不赔偿由于工期延长而支付的误期损失费,而且还要由建设单位承担由于工期延长所增加的费用。因此,监理工程师应按照合同的有关规定,公正地区分工程延误和工程延期,并合理地批准工程延期时间。

8. 向建设方提供进度报告

监理工程师应随时整理进度资料,并做好工程记录,定期向建设方提交工程进度报告。

9. 督促承包人整理技术资料

监理工程师要根据工程进展情况,督促承包单位及时整理有关技术资料。

10. 审批竣工申请报告,协助组织竣工验收

工程完工后,监理工程师应在审批承包单位自行检查验收基础上组织对工程项目进行预验收,并在预验通过后出具工程质量评估报告,然后协助建设单位组织工程项目的竣工验收,填写竣工验收报告书。

11. 处理争议和索赔

在工程完工以后,监理工程师应将工程进度资料收集起来,进行归类、编目和建档,以便为工程延期的最终审批和处理争议索赔提供依据。在工程结算过程中,监理工程师要处理有关争议和索赔问题。

12. 工程移交

监理工程师应督促承包单位办理工程移交手续,颁发工程移交证书。在工程移交后的保修期内,还要处理验收后质量问题的原因及责任等争议问题,并督促责任单位及时修理。

五 施工阶段的安全生产控制

《建设工程安全生产管理条例》规定:建设单位、勘察单位、设计单位、施工承包单位、工程监理单位及其他与建设工程安全生产有关的单位,必须遵守安全生产法律、法规的规定,保证建设工程安全生产,依法承担建设工程安全生产责任,因此,工程监理单位和监理工程师不仅要对质量、进度和投资进行控制,还要增加对安全生产的控制,即对建设工程安全生产承担监理责任。

建设工程安全生产控制的主要任务是贯彻落实国家有关安全生产的方针、政策,督促施工承包单位按照建筑施工安全生产的法规和标准组织施工,落实各项安全生产的技术措施,消除施工中的冒险性、盲目性和随意性,减少不安全的隐患,杜绝各类伤亡事故地发生,实现安全生产。

1. 安全生产控制的审查

(1) 施工承包单位安全生产管理体系的检查

①施工承包单位应具备国家规定的安全生产许可证,并在其等级许可范围内承揽工程。

②施工承包单位应成立以企业法人代表为首的安全生产管理机构,依法对本单位的安全生产工作全面负责。

③施工承包单位的项目负责人应当由取得安全生产相应资质的人承担,在施工现场建立以项目经理为首的安全生产管理体系,对项目的安全施工负责。

④施工承包单位应当在施工现场配备专职安全生产管理人员,负责对施工现场的安全施工进行监督检查。

⑤工程实行总承包的,应由总包单位对施工现场的安全生产负责,总包单位和分包单位应对分包工程的施工安全承担连带责任,分包单位应当服从总包单位的安全生产管理。

(2) 施工承包单位安全生产管理制度的检查

①安全生产责任制。这是企业安全生产管理制度中的核心,是上至总经理,下至每个生产工人对安全生产所应负的职责。

②安全技术交底制度。施工的技术人员将有关安全施工的技术要求向施工作业班组、作业人员作出详细说明,并由双方签字落实。

③安全生产教育培训制度。施工承包单位应当对管理人员、作业人员,每年至少进行一次安全教育培训,并把教育培训情况记入个人工作档案。

④施工现场文明管理制度。

⑤施工现场安全防火、防爆制度。

⑥施工现场机械设备安全管理制度。
⑦施工现场安全用电管理制度。
⑧班组安全生产管理制度。
⑨特种作业人员安全管理制度。
⑩施工现场门卫管理制度。

（3）工程项目施工安全监督机制的检查
①施工承包单位应当制订切实可行的安全生产规章制度和安全生产操作规程。
②施工承包单位的项目负责人应当落实安全生产的责任制度和有关安全生产的规章制度和操作规程。
③施工承包单位的项目负责人应根据工程特点,组织制订安全施工措施,消除安全隐患,及时如实报告施工安全事故。
④施工承包单位应对工程项目进行定期与不定期的安全检查,并做好安全检查记录。
⑤在施工现场应采用专检和自检相结合的安全检查方法、班组间相互安全监督检查的方法。
⑥施工现场的专职安全生产管理人员在施工现场发现安全事故隐患时,应当及时向项目负责人和安全生产管理机构报告,对违章指挥、违章操作的应当立即制止。

（4）施工承包单位安全教育培训制度落实情况的检查
①施工承包单位主要负责人、项目负责人、专职安全管理人员应当经建设行政主管部门进行安全教育培训,并经考核合格后方可上岗。
②作业人员进入新的岗位或新的施工现场前应当接受安全生产教育培训,未经培训或培训考核不合格的不得上岗。
③施工承包单位在采用新技术、新工艺、新设备、新材料时应当对作业人员进行相应的安全生产教育培训。
④施工承包单位应当向作业人员以书面形式,告之危险岗位的操作规程和违章操作的危害,制订出保障施工作业人员安全和预防安全事故的措施。
⑤对垂直运输机械作业人员,安装拆卸、爆破作业人员,起重信号、登高架设作业人员等特种作业人员,必须按照国家有关规定,经过专门的安全作业培训,并取得特种作业操作资格证书,方可上岗作业。

（5）文明施工的检查
①施工承包单位应当在施工现场入口处、起重机械、临时用电设施、脚手架、出入通道口、电梯井口、楼梯口、空洞口、基坑边沿、爆破物及有害气体和液体存放处等危险部位设置明显的安全警告标志。在市区内施工,应当对施工现场实行封闭围挡。
②施工承包单位应当在施工现场建立消防安全责任制度,确定消防安全责任人,制订用火、用电和使用易燃、易爆材料等各项消防安全管理制度和操作规程,设置消防通道、消防水源,配备消防设施和灭火器材,并在施工现场入口处设置明显防火标志。
③施工承包单位应当根据不同施工阶段和周围环境及季节气候的变化,在施工现场采取相应的安全施工措施。

④施工承包单位对施工可能造成损害的毗邻建筑物、构筑物和地下管线,应当采取专项防护措施。

⑤施工承包单位应当遵守环保法律、法规,在施工现场采取措施,防止或减少粉尘、废水、废气、固体废物、噪音、振动和施工照明对人和环境的危害和污染。

⑥施工承包单位应当将施工现场的办公、生活区和作业区分开设置,并保持安全距离。办公生活区的选址应当符合安全性要求。职工饭食、饮水应当符合卫生标准,不得在尚未完工的建筑物内设员工集体宿舍。临建必须在建筑物20m以外,不得建在管道煤气和高压架空线路下方。

(6) 其他方面安全隐患的检查

①施工现场的安全防护用具、机械设备、施工机具及配件必须有专人保管,定期进行检查、维护和保养,建立相应的资料档案,并按国家有关规定及时报废。

②施工承包单位应当向作业人员提供安全防护用具和安全防护服装。

③作业人员有权对施工现场的作业条件、作业程序和作业方式中存在的安全问题提出批评、检举和控告,有权拒绝违章指挥和强令冒险作业。

④施工中发生危险及人身安全的紧急情况时,作业人员有权立即停止作业或者采取必要的紧急措施和撤离危险区域。

⑤作业人员应当遵守安全施工的强制性标准、规章制度和操作规程,正确使用安全防护用具、机械设备。

2. 安全生产技术措施的审查

该审查主要是检查施工组织设计中有无安全措施,对下列按要求其规模达到需论证标准的危险性较大的分部分项工程编制专项施工方案,并附具安全验算结果,经施工承包单位技术负责人、总监理工程师签字后实施,由专项安全生产管理人员进行现场监督。

(1) 基坑支护与降水工程专项措施。

(2) 土方开挖工程专项措施。

(3) 模板工程专项措施。

(4) 起重吊装工程专项措施。

(5) 脚手架工程专项措施。

(6) 拆除、爆破工程专项措施。

(7) 高处作业专项措施。

(8) 施工现场临时用电安全专项措施。

(9) 施工现场的防火、防爆安全专项措施。

(10) 国务院建设行政主管部门或者其他有关部门规定的其他危险性较大的工程。对上述所列工程中涉及深基坑、地下暗挖工程、高大模板工程的专项施工方案,施工承包单位还应当组织专家进行论证、审查。

3. 施工过程的安全生产控制

巡视检查是监理工程师在施工过程中进行安全与质量控制的重要手段。在巡视检查中应该加强对施工安全的督查,以防止安全事故地发生。

（1）高空作业情况

为防止高空坠落事故的发生，监理工程师应重点巡视现场，看施工组织设计中的安全措施是否落实。

①架设是否牢固。

②高空作业人员是否系保险带。

③是否采用防滑、防冻、防寒、防雷等措施，遇到恶劣天气不得高空作业。

④有无尚未安装栏杆的平台、雨棚、挑檐。

⑤孔、洞、口、沟、坎、井等部位是否设置防护栏杆，洞口下是否设置防护网。

⑥作业人员从安全通道上下楼，不得从架子攀登，不得随提升机、货运机上下。

⑦梯子底部坚实可靠，不得垫高使用，梯子上端应固定。

（2）安全用电情况

为防止触电事故的发生，监理工程师应该予以重视，不合格的要求整改。

①开关箱是否设置漏电保护。

②每台设备是否一机一闸。

③闸箱三相五线制连接是否正确。

④室内、室外电线，电缆架设高度是否满足规范要求。

⑤电缆埋地是否合格。

⑥检查、维护是否带电作业，是否挂标志牌。

⑦相关环境下用电电压是否合格。

⑧配电箱、电气设备之间的距离是否符合规范要求。

（3）脚手架、模板情况

为防止脚手架坍塌事故的发生，监理工程师对脚手架的安全应该引起足够重视，对脚手架的施工工序应该进行验收。其主要有：

①脚手架所用材料（钢管、卡子）质量是否符合规范要求。

②节点连接是否满足规范要求。

③脚手架与建筑物连接是否牢固、可靠。

④尖刀撑设置是否合理。

⑤扫地杆安装是否正确。

⑥同一脚手架所用钢管直径是否一致。

⑦脚手架安装、拆除队伍是否具有相关资质。

⑧脚手架底部基础是否符合规范要求。

（4）机械使用情况

由于使用过程中违规操作、机械故障等，会造成人员的伤亡。因此，对于机械安全使用情况，监理工程师应该进行验收，对于不合格的机械设备，应责令施工承包单位清出施工现场，不得使用，对没有资质的操作人员停止其操作行为。验收检查主要有：

①具有相关资质的操作人员身体情况、防护情况是否合格。

②机械上的各种安全防护装置和警示牌是否齐全。

③机械用电连接是否合格。
④起重机械荷载是否满足要求。
⑤机械作业现场是否合格。
⑥塔吊安装、拆卸方案是否编制合理。
⑦机械设备与操作人员、非操作人员的距离是否满足要求。

(5)安全防护情况

有了必要的防护措施就可以大大减少安全事故的发生,监理工程师对安全防护情况的检查验收主要有:

①防护是否到位,不同的工种应该有不同的防护装置,如:安全帽、安全带、安全网、防护罩、绝缘服等。

②自身安全防护是否合格,如:头发、衣服、身体状况等。

③施工现场周围环境的防护措施是否健全,如:高压线、地下电缆、运输道路以及沟、河、洞等对建设工程的影响。

④安全管理费用是否到位,能否保证安全防护的设置要求。

◁ 本 章 小 结 ▷

建设工程的目标系统主要包括质量控制、投资控制、进度控制及安全控制等目标,它们之间是对立统一的关系,而每一目标的控制都有各自不同的工作内容、方法和控制要点,应进行综合控制。为了实现所谓"三控制"的目标,通常要辅以有效的合同管理、信息管理,并需要协调好建设工程各方的关系。那么,这就要求学生在学习本章内容的同时,必须借助前面几章知识。同时,后面所介绍的合同管理也是建设工程监理工作的核心。学生在学习过程中应做到前后内容融会贯通,形成知识体系。

小 知 识

工作流程图:它是用图的形式反映一个组织系统中各项工作之间的逻辑关系,用以描述各项项目管理工作的流程,如投资控制工作流程图、进度控制工作流程图、质量控制工作流程图、合同管理工作流程图、信息管理工作流程图。工作流程图可视需要逐层细化,如钢筋混凝土工程中钢筋工程质量控制程序图。

◁ 思 考 题 ▷

1. 简述目标控制的基本流程。在每个控制流程中有哪些基本环节?
2. 何谓主动控制? 何谓被动控制? 应当如何认识它们之间的关系?
3. 目标控制的两个前提条件是什么? 如何做好这方面的工作?

4. 如何理解建设工程项目质量、投资、进度目标之间的关系？
5. 简述工地例会的作用及议程。
6. 监理工作程序应遵循哪些基本规定？
7. 简述施工组织设计审查的工作程序及基本要求。
8. 简述工程变更的控制程序。
9. 施工进度计划审查的内容有哪些？
10. 施工过程的质量控制的主要工作内容有哪些？

第六章 建设工程施工合同管理

【职业能力目标】

1. 处理一般合同纠纷及进行施工合同的管理;
2. 运用建设工程施工合同示范文本;
3. 填写示范文本协议条款内容。

【学习目标】

1. 了解建设工程合同的概念及施工合同中承发包双方的一般权利和义务;
2. 掌握建设工程施工合同示范文本的组成及施工合同的管理;
3. 熟悉建设工程施工合同示范文本中与工程质量、投资、进度等有关的条款。

第一节 建设工程施工合同概述

一、建设工程施工合同的概念和特点

1. 施工合同的概念

建设工程施工合同是发包人与承包人之间为完成商定的建设工程项目,确定双方权利和义务的协议;是指承包人按照发包人的要求,依据勘察、设计的有关资料、要求,进行建设、安装的合同。工程施工合同可分为施工合同和安装合同两种,《中华人民共和国合同法》(以下简称《合同法》)将它们合并称为工程施工合同。实践中,这两种合同还是有区别的。施工合同是指承包人从无到有、进行土木建设的合同。安装合同是指承包人在发包人提供基础设施、相关材料的基础上,进行安装的合同。一般来说,施工合同往往包含安装工程的部分,而安装合同虽然也有施工,但往往是辅助工作。

建设工程施工合同是建设工程的主要合同,是建设工程质量控制、进度控制、投资控制的主要依据。在市场经济条件下,建设市场主体之间相互的权利义务关系主要是通过合同确立的,因此,在建设领域加强对施工合同的管理具有十分重要的意义。

施工合同的当事人是发包人和承包人,双方是平等的民事主体。承发包双方签订施工合同,必须具备相应资质条件和履行施工合同的能力。对合同范围内的工程实施建设时,发包人

必须具备组织协调能力;承包人必须具备有关部门核定的资质等级并持有营业执照等证明文件。依照施工合同,承包方应完成一定的建筑、安装工程任务,发包人应提供必要的施工条件并支付工程价款。

目前,在建设工程施工合同中,我国实行的是以工程师为核心的管理体系。施工合同中的工程师是指监理单位委派的总监理工程师或发包人指定的履行合同的负责人,其具体身份和职责由双方在合同中约定。

2. 施工合同的特点

(1) 合同标的的特殊性

施工合同的标的是各类建筑产品,建筑产品是不动产。这就决定了每个施工合同的标的都是特殊的,相互间具有不可替代性。这还决定了施工生产的流动性。另外,建筑产品的类别庞杂,每一个建筑产品都需单独设计和施工(即使可重复利用的标准设计或重复使用图纸,也应采取必要的修改设计才能施工),即建筑产品是单体性生产,这也决定了施工合同标的的特殊性。

(2) 合同履行期限的长期性

建筑物的施工由于结构复杂、体积大、建筑材料类型多、工作量大,使得工期都较长,而合同履行期限肯定要长于施工工期,因为建设工程的施工应当在合同签订后才开始,且需加上合同签订后到正式开工前的一个较长的施工准备时间和工程全部竣工验收后,办理竣工结算及保修期的时间,在工程的施工过程中,还可能因为不可抗力、工程变更、材料供应不及时等原因而导致工期顺延。所有这些情况,决定了施工合同的履行期限具有长期性。

(3) 合同内容的多样性和复杂性

虽然施工合同的当事人只有两方,但其涉及的主体却有许多种。与大多数合同相比较,施工合同的履行期限长、标的额大,涉及的法律关系则包括了劳动关系、保险关系、运输关系等,具有多样性和复杂性。

(4) 合同监督的严格性

由于施工合同的履行对国家的经济发展、公民的工作和生活都有重大的影响,因此,国家对施工合同的监督是十分严格的。具体体现在以下三个方面:

① 对合同主体监督的严格性。
② 对合同订立监督的严格性。
③ 对合同履行监督的严格性。

3. 建设工程施工合同的作用

(1) 施工合同确定了建设工程施工项目管理的主要目标,是合同双方在工程中各种经济活动的依据。

(2) 施工合同是工程施工过程中双方的最高行为准则。

(3) 施工合同能协调并统一工程各参与者的行为。

(4) 施工合同是工程实施过程中双方解决争执的依据。

二 建设工程施工合同文件

1. 施工合同文件的内容

施工合同文件的内容包括双方一般义务与权利,施工组织设计与工期,质量与验收,合同价款与支付，履行的期限和地点，违约，索赔和争议，材料设备的供应，安全施工及专利技术使用，发现地下障碍和文物，工程分包，不可抗力，工程变更，工程竣工验收与决算等。

施工合同文件的作用：明确建设单位与施工单位在施工中的权利与义务，有利于工程施工的管理，有利于建筑市场的发展，是进行监理的依据和推行监理制度的需要。

2. 建设工程施工合同范本简介

根据有关建设工程的法律、法规，结合我国建设工程施工的实际情况，并借鉴了国际上广泛使用的 FIDIC 土木工程施工合同条件，原国家建设部、国家工商行政管理局于 1999 年 12 月 24 日发布了《建设工程施工合同（示范文本）》（GF 1999—0201），以下简称《施工合同文本》。该文本是各类公用建筑、民用建筑、工业厂房、交通设施及线路管道的施工和设备安装的合同样本。

《施工合同文本》由协议书、通用条款、专用条款三部分组成，并附有三个附件。附件一是承包人承揽工程项目一览表，附件二是发包人供应材料设备一览表，附件三是工程质量保修书。

(1) 协议书

协议书是《施工合同文本》中总纲性的文件，是发包人与承包人依照《合同法》《建筑法》及其他有关法律、行政法规，遵循平等、自愿、公平和诚实信用的原则，就建设工程施工中最重要的事项协商一致而订立的协议。

协议书主要包括以下十个方面的内容：

①工程概况，主要包括工程名称、工程地点、工程内容、工程立项批准文号、资金来源等。

②工程承包范围。

③合同工期，包括开工日期、竣工日期、合同工期总日历天数。

④质量标准。

⑤价款（分别用大、小写表示）。

⑥组成合同的文件。

⑦本协议书中有关词语含义与合同示范文本通用条款中分别赋予它们的定义相同。

⑧承包人向发包人承诺按照合同约定进行施工、竣工，并在质量保修期内承担工程质量保修责任。

⑨发包人向承包人按照合同约定的期限和方式支付合同价款及其他应当支付的款项。

⑩合同生效，包括合同订立时间（年、月、日）、合同订立地点、本合同双方约定的生效时间。

(2) 通用条款

通用条款是根据《合同法》《建筑法》《建设工程施工合同管理办法》等法律、法规，对承发包双方的权利义务作出的规定，除双方协商一致对其中的某些条款作出修改、补充或取消外，其余条款双方都必须履行。它是将建设工程施工合同中共性的一些内容总结编写的一份完整的合同文件。通用条款具有很强的通用性，基本适用于各类建设工程。通用条款共有 11 部分 47 条：

①词语定义及合同文件。

②双方一般的权利和义务。

③施工组织设计和工期。
④质量与检验。
⑤安全施工。
⑥合同价款与支付。
⑦材料设备供应。
⑧工程变更。
⑨竣工验收与结算。
⑩违约、索赔和争议。
⑪其他。

(3) 专用条款

考虑到建设工程的内容各不相同,工期、造价也随之变动,承包人、发包人各自的能力、施工现场的环境也不相同,通用条款不能完全适用于各个具体工程,因此配之以专用条款对其作必要的修改和补充,使通用条款和专用条款共同成为双方统一意愿的体现。专用条款的条款号与通用条款相一致,但主要是空格,由当事人根据工程的具体情况予以明确或者对通用条款进行修改。

(4) 附件

《施工合同文本》的附件则是对施工合同当事人的权利、义务的进一步明确,并且使得施工合同当事人的有关工作一目了然,便于执行和管理。

3. 施工合同文件的解释顺序

《施工合同文本》规定了施工合同文件的组成及解释顺序:

(1) 施工合同协议书。
(2) 中标通知书。
(3) 投标书及其附件。
(4) 施工合同专用条款。
(5) 施工合同通用条款。
(6) 标准、规范及有关技术文件。
(7) 图纸。
(8) 工程量清单。
(9) 工程报价单或预算书。

双方有关工程的洽商、变更等书面协议或文件均视为施工合同的组成部分。上述合同文件应能够互相解释、互相说明。当合同文件中出现不一致时,上面的顺序就是合同的优先解释顺序。当合同文件出现含糊不清或者当事人有不同理解时,按照合同争议的解决方式处理。

三 合同管理涉及的有关各方

1. 合同当事人

(1) 发包人

通用条款规定,发包人指在协议书中约定,具有工程发包主体资格和支付工程价款能力的当事人以及取得该当事人资格的合法继承人。

(2) 承包人

通用条款规定，承包人指在协议书中约定，被发包人接受具有工程施工承包主体资格的当事人以及取得该当事人资格的合法继承人。

从以上两个定义可以看出，施工合同签订后，当事人任何一方均不允许转让合同。因为承包人是发包人通过复杂的招标选中的实施者；发包人则是承包人在投标前出于对其信誉和支付能力的信任才参与竞争取得合同。因此，按照诚实信用原则，订立合同后，任何一方都不能将合同转让给第三者。所谓合法继承人是指因资产重组后，合并或分立后的法人或组织可以作为合同的当事人。

2. 工程师

《施工合同示范文本》定义的工程师包括监理单位委派的总监理工程师或者发包人指定的履行合同的代表两种情况。

(1) 监理单位委派的总监理工程师。发包人可以委托监理单位，全部或者部分负责合同的履行管理。监理单位委派的总监理工程师在施工合同中称为工程师。总监理工程师是经监理单位法定代表人授权，派驻施工现场监理组织的总负责人，行使监理合同赋予监理单位的权利和义务。全面负责受委托工程的监理工作。

发包人应当将委托的监理单位名称、工程师的姓名、监理内容及监理权限以书面形式通知承包人。除合同内有明确约定或经发包人同意外，负责监理的工程师无权解除承包人的任何义务。

(2) 发包人指定的履行合同的代表。发包人派驻施工场地履行合同的代表在施工合同中也称工程师。发包人代表是经发包人单位法定代表人授权，派驻施工现场的负责人，其姓名、职务、职责在专用条款内约定，但职责不得与监理单位委派的总监理工程师职责相互交叉。双方职责发生交叉或不明确时，由发包人明确双方职责，并以书面形式通知承包方。

施工过程中，如果发包人需要撤换工程师，应至少于易人前7天以书面形式通知承包人。后任继续履行合同文件的约定及前任的权利和义务，不得更改前任作出的书面承诺。

3. 建设行政主管部门

虽然发包人和承包人订立和履行合同属于当事人自主的市场行为，但建筑工程涉及国家和地区国民经济发展计划的实现，与人民生命财产的安全密切相关，因此必须符合法律和法规的有关规定。

(1) 建设行政主管机关对施工合同的监督管理

建设行政主管部门通过对建设活动的监督，主要从质量和安全的角度对工程项目进行管理，主要有以下职责。

①颁布规章

依据国家的法律颁布相应的规章，规范建筑市场有关各方的行为，包括推行合同范本制度。

②批准工程项目的建设

工程项目的建设，发包人必须履行工程项目报建手续，并取得批准。建设项目申请施工许可证应具备以下条件：

a. 已经办理该建筑工程用地批准手续。

b. 在城市规划区的建筑工程,已经取得建设工程规划许可证。

c. 施工场地已经基本具备施工条件,需要拆迁的,其拆迁进度符合施工要求。

d. 已经确定施工企业。按照规定应该招标的工程没有招标,应该公开招标的工程没有公开招标,或者肢解发包工程,以及将工程发包给不具备相应资质条件的,所确定的施工企业无效。

e. 已具备满足施工需要的施工图纸及技术资料,施工图设计文件已按规定进行了审查。

f. 有保证工程质量和安全的具体措施。施工企业编制的施工组织设计中有根据建筑工程特点制订的相应质量、安全技术措施,专业性较强的工程项目编制的专项质量、安全施工组织设计,并按照规定办理了工程质量、安全监督手续。

g. 按照规定应该委托监理的工程已委托监理单位。

h. 建设资金已经落实。建设工期不足一年的,到位资金原则上不得少于工程合同价的50%,建设工期超过1年的,到位资金原则上不得少于工程合同价的30%。建设单位应当提供银行出具的到位资金证明,有条件的可以实行银行付款保函或者其他第三方担保。

i. 法律、行政法规规定的其他条件。

③对建设活动实施监督

a. 对招标申请报送材料进行审查。

b. 对中标结果和合同的备案审查。

c. 对工程开工前报送的发包人指定的施工现场总代表人和承包人指定的项目经理的备案材料审查。

d. 竣工验收程序和鉴定报告的备案审查。

e. 竣工的工程资料备案等。

所谓备案是指这些活动由合同当事人在行政法规要求的条件下自主进行,并将报告或资料提交建设行政主管部门,行政主管部门审查未发现存在违法、违规情况,则当事人的行为有效,将其资料存档。如果发现有问题,则要求当事人予以改正。因此备案不同于批准,当事人享有更多的自主权。

(2)质量监督机构对合同履行的监督

工程质量监督机构是各级政府的职能部门,代表其政府部门行使工程质量监督权。工程招标工作完成后,领取开工证之前,发包人应到工程所在地的质量监督机构办理质量监督登记手续。质量监督机构对合同履行的工作的监督,分为对工程参建各方质量行为的监督和对建设工程的实体质量监督两个方面。

①对工程参建各方主体质量行为的监督

a. 对建设单位质量行为的监督主要包括。

(a)工程项目报建审批手续是否齐全。

(b)基本建设程序符合有关要求并按规定进行了施工图审查,以及按规定委托监理单位或建设单位自行管理的工程建立工程项目管理机构,配备了相应的专业技术人员。

(c)无明示或者暗示勘察、设计单位、监理单位、施工单位违反强制性标准、降低工程质量和迫使承包人任意压缩合理工期等行为。

(d)按合同规定,由建设单位采购的建材、构配件和设备必须符合质量要求。
b.对监理单位质量行为的监督主要包括:
(a)监理的工程项目有监理委托手续及合同,监理人员资格证书与承担的任务相符。
(b)工程项目的监理机构专业人员配套,责任制落实。
(c)现场监理采取旁站、巡视和平行检验等形式。
(d)制订监理规划,并按照监理规划进行监理。
(e)按照国家强制性标准或操作工艺对分项工程或工序及时进行验收签认。
(f)对现场发现的使用不合格材料、构配件、设备的现象和发生的质量事故,及时督促、配合责任单位调查处理。
c.对施工单位质量行为的监督主要包括:
(a)所承担的任务与其资质相符,项目经理与中标书中相一致,有施工承包手续及合同。
(b)项目经理、技术负责人、质检员等专业技术管理人员配套,并具有相应资格及上岗证书。
(c)有经过批准的施工组织设计或施工方案并能贯彻执行。
(d)按有关规定进行各种检测,对工程施工中出现的质量事故按有关文件要求及时如实上报和认真处理。
(e)无违法分包、转包工程项目的行为。
②对建设工程的实体质量的监督
实体质量监督以抽查方式为主,并辅以科学的检测手段。地基基础实体必须经监督检查后方可进行主体结构施工;主体结构实体必须经监督检查后方可进行后续工程施工。
a.地基及基础工程抽查的主要内容,包括:
(a)质量保证及见证取样送检检测资料。
(b)分项、分部工程质量或评定资料及隐蔽工程验收记录。
(c)地基检测报告和地基验槽记录。
(d)抽查基础砌体、混凝土和防水等施工质量。
b.主体结构工程抽查的主要内容包括:
(a)质量保证及见证取样送检检测资料。
(b)分项、分部工程质量评定资料及隐蔽工程验收记录。
(c)结构安全重点部位的砌体、混凝土、钢筋施工质量抽查情况和检测。
(d)混凝土构件、钢结构构件制作和安装质量。
c.竣工工程抽查的主要内容包括:
(a)工程质量保证资料及有见证取样检测报告。
(b)分项、分部和单位工程质量评定资料和隐蔽工程验收记录。
(c)地基基础、主体结构及工程安全检测报告和抽查检测。
(d)水、电、暖、气等工程重要部位、使用功能试验资料及使用功能抽查检测记录。
(e)工程观感质量。
③工程竣工验收的监督
建设工程质量监督机构在工程竣工验收监督时,重点对工程竣工验收的组织形式、验收程

序、执行验收规范情况实行监督。

(3) 金融机构对施工合同的管理

金融机构对施工合同的管理,是通过信贷管理、结算管理、当事人的账户管理进行的。金融机构还有义务协助执行已生效的法律文书,保护当事人的合法权益。

第二节　施工合同管理

一　施工进度管理

工程开工后,合同履行即进入施工阶段,直至工程竣工。这一阶段监理工程师进行进度管理的主要任务是控制施工工作按进度计划执行,确保施工任务在规定的合同工期内完成。

1. 按计划施工

开工后,承包人应按照监理工程师确认的进度计划组织施工,接受工程师对进度的检查监督。一般情况下,监理工程师每月均应检查一次承包人的进度计划执行情况,由承包人提交一份上月进度计划执行情况和本月的施工方案和措施。同时,监理工程师还应进行必要的现场实地检查。

2. 承包人修改进度计划

实际施工过程中,由于受到外界环境条件、人为条件、现场情况等的限制,经常出现与承包人开工前编制施工进度计划时预计的施工条件有出入的情况,导致实际施工进度与计划进度不符。不管实际进度是超前还是滞后于计划进度,只要与计划进度不符时,监理工程师都有权通知承包人修改进度计划,以便更好地进行后续施工的协调管理。承包人应当按照监理工程师的要求修改进度计划并提出相应措施,经监理工程师确认后执行。

因承包人自身的原因造成工程实际进度滞后于计划进度,所有的后果都应由承包人自行承担。监理工程师不对确认后的改进措施效果负责,这种确认并不是监理工程师对工程延期的批准,而仅仅是要求承包人在合理的状态下施工。因此,如果修改后的进度计划不能按期完工,承包人仍应承担相应的违约责任。

3. 暂停施工

(1) 监理工程师指示的暂停施工

①暂停施工的原因。在施工过程中,有些情况会导致暂停施工。虽然暂停施工会影响工程进度,但在监理工程师认为确有必要时,可以根据现场的实际情况发布暂停施工的指示。发出暂停施工指示的起因可能源于以下情况:

a. 外部条件的变化,如后续法规政策的变化导致工程停、缓建;地方法规要求在某一时段内不允许施工等。

b. 发包人应承担责任的原因,如发包人未能按时完成后续施工的现场或通道的移交工作;发包人订购的设备不能按时到货;施工中遇到了有考古价值的文物或古迹需要进行现场保护等。

c. 协调管理的原因,如同时在现场的几个独立承包人之间出现施工交叉干扰,监理工程师需要进行必要的协调。

d. 承包人的原因,如发现施工质量不合格;施工作业方法可能危及现场或毗邻地区建筑物或人身安全等。

②暂停施工的管理程序。不论发生上述何种情况,监理工程师应当以书面形式通知承包人暂停施工,并在发出暂停施工通知后的 48 小时内提出书面处理意见。承包人应当按照监理工程师的要求停止施工,并妥善保护已完工工程。

承包人实施监理工程师作出的处理意见后,可提出书面复工要求。监理工程师应当在收到复工通知后的 48 小时内给予相应的答复。如果监理工程师未能在规定的时间内提出处理意见,或收到承包人复工要求后 48 小时内未予答复,承包人可以自行复工。

停工责任在发包人,由发包人承担所发生的追加合同价款,赔偿承包人由此造成的损失,相应顺延工期;如果停工责任在承包人,由承包人承担发生的费用,工期不予顺延。如果因监理工程师未及时作出答复,导致承包人无法复工,由发包人承担违约责任。

(2)由于发包人不能按时支付的暂停施工

施工合同范本通用条款中对以下两种情况,给予了承包人暂时停工的权利:

①延误支付预付款。发包人不按时支付预付款,承包人在约定时间 7 天后向发包人发出预付通知。发包人收到通知后仍不能按要求预付,承包人可在发出通知后 7 天停止施工。发包人应从约定应付之日起,向承包人支付应付款的贷款利息。

②拖欠工程进度款。发包人不按合同规定及时向承包人支付工程进度款且双方又未达成延期付款协议时,导致施工无法进行。承包人可以停止施工,由发包人承担违约责任。

4. 工期延误

施工过程中,由于社会条件、人为条件、自然条件和管理水平等因素的影响,可能导致工期延误不能按时竣工。是否应给承包人合理延长工期,应依据合同责任来判定。

(1)可以顺延工期的条件

按照施工合同范本通用条件的规定,以下原因造成的工期延误,经监理工程师确认后工期相应顺延:

①发包人不能按专用条款的约定提供开工条件。

②发包人不能按约定日期支付工程预付款、进度款,致使工程不能正常进行。

③工程师未按合同约定提供所需指令、批准等,致使施工不能正常进行。

④设计变更和工程量增加。

⑤一周内非承包人原因停水、停电、停气造成停工累计超过 8 小时。

⑥不可抗力。

⑦专用条款中约定或监理工程师同意工期顺延的其他情况。

这些情况工期可以顺延的根本原因在于:这些情况属于发包人违约或者是应当由发包人承担的风险。反之,如果造成工期延误的原因是承包人的违约或者应当由承包人承担的风险,则工期不能顺延。

(2)工期顺延的确认程序

承包人在工期可以顺延的情况发生后 14 天内,应将延误的工期向监理工程师提出书面报告。监理工程师在收到报告后 14 天内予以确认答复,逾期不予答复,视为报告要求已经被确认。

监理工程师确认工期是否应予顺延，应当首先考察事件实际造成的延误时间，然后依据合同、施工进度计划、工期定额等进行判定。经监理工程师确认顺延的工期应纳入合同工期，作为合同工期的一部分。如果承包人不同意监理工程师的确认结果，则按合同规定的争议解决方式处理。

5. 发包人要求提前竣工

施工中如果发包人出于某种考虑要求提前竣工，应与承包人协商。双方达成一致后签订提前竣工协议，作为合同文件的组成部分。提前竣工协议应包括以下方面的内容。

(1) 提前竣工的时间。

(2) 发包人为赶工应提供的方便条件。

(3) 承包人在保证工程质量和安全的前提下，可能采取的赶工措施。

(4) 提前竣工所需的追加合同价款等。

承包人按照协议修订进度计划和制订相应的措施，监理工程师同意后执行。发包方为赶工提供必要的方便条件。

二 施工质量管理

监理工程师在施工过程中应采用巡视、旁站、平行检验等方式监督检查承包人的施工工艺和产品质量，对建筑产品的生产过程进行严格控制。

1. 工程质量标准

(1) 监理工程师对质量标准的控制

承包人施工的工程质量应当达到合同约定的标准。发包人对部分或者全部工程质量有特殊要求的，应支付由此增加的追加合同价款，对工期有影响的应给予相应顺延。

监理工程师依据合同约定的质量标准对承包人的工程质量进行检查，达到或超过约定标准的，给予质量认可（不评定质量等级）；达不到要求时，则予拒收。

(2) 不符合质量要求的处理

不论何时，监理工程师一经发现质量达不到约定标准的工程部分，均可要求承包人返工。承包人应当按照监理工程师的要求返工，直到符合约定标准。因承包人的原因达不到约定标准，由承包人承担返工费用，工期不予顺延。因发包人的原因达不到约定标准，由发包人承担返工的追加合同价款，工期相应顺延。因双方原因达不到约定标准，责任由双方分别承担。

如果双方对工程质量有争议，由专用条款约定的工程质量监督部门鉴定，所需费用及因此造成的损失，由责任方承担。双方均有责任的，由双方根据其责任分别承担。

2. 施工过程中的检查和返工

承包人应认真按照标准、规范和设计要求以及工程师依据合同发出的指令施工，随时接受工程师及其委派人员的检查检验，并为检查检验提供便利条件。工程质量达不到约定标准的部分，监理工程师一经发现，可要求承包人拆除和重新施工，承包人应按监理工程师及其委派人员的要求拆除和重新施工，承担由于自身原因导致拆除和重新施工的费用，工期不予顺延。

经过监理工程师检查检验合格后，又发现因承包人原因出现的质量问题，仍由承包人承担责任,赔偿发包人的直接损失,工期不应顺延。

监理工程师的检查检验原则上不应影响施工正常进行。如果实际影响了施工的正常进行,其后果责任由检验结果的质量是否合格来区分合同责任。检查检验不合格时,影响正常施工的费用由承包人承担。除此之外,影响正常施工的追加合同价款由发包人承担,相应顺延工期。

因监理工程师指令失误和其他非承包人原因发生的追加合同价款,由发包人承担。

3. 使用专利技术及特殊工艺施工

如果发包人要求承包人使用专利技术或特殊工艺施工,应负责办理相应的申报手续,承担申报、试验、使用等费用。

若承包人提出使用专利技术或特殊工艺施工,应首先取得监理工程师认可,然后由承包人负责办理申报手续并承担有关费用。

不论哪一方要求使用他人的专利技术,一旦发生擅自使用侵犯他人专利权的情况时,由责任者依法承担相应责任。

三 支付管理

1. 工程量计算

工程量计算就是甲、乙双方对已完成的各项实物工程量进行计算、审核及确认,以此作为工程进度款支付的依据。工程量计算必须严格按照实际施工图纸进行,注意计算工程量的项目、计量单位、计算规则应与合同约定一致。

承包人计量的已完成工程量必须经过工程师的确认才有效。

对承包人超出设计图纸范围和因承包人原因造成返工的工程量,监理工程师不予计量。

2. 工程款支付

工程款支付包括四种形式:工程预付款、工程进度款、竣工结算款和保修金。

(1) 工程预付款

工程预付款是在工程开工前,甲方预先付给乙方用来进行工程准备的一笔款项。实行工程预付款的,双方应当在专用条款内约定发包人向承包人预付工程款的时间和数额,开工后按约定的时间和比例逐次扣回。预付款的额度一般为合同额的 5% ~ 15%;预付款一般应在工程竣工前全部扣回,可采取当工程进展到某一阶段如完成合同额的 60% ~ 65% 时开始扣起,也可从每月的工程付款中扣回。

(2) 工程进度款

工程进度款是在工程施工过程中分期支付的合同价款,一般按工程形象进度即实际完成工程量确定支付款额。

在确认计量结果后 14 天内,发包人应向承包人支付工程进度款。按约定时间发包人应扣回的预付款,与工程进度款同期结算。

双方在专用条款中约定的可调价款、工程变更调整的合同价款及其他条款中约定的追加合同价款,应与工程进度款同期调整支付。

发包人超过约定的支付时间不支付工程进度款,承包人可向发包人提出要求付款的通知,发包人收到承包人通知后仍不能按要求付款,可与承包人协商签订延期协议,经承包人同意后可延期支付。协议应明确延期支付的时间和从计量结果确认后第 15 天起计算付款的贷款利息。

发包人不按合同约定支付工程进度款，双方又未达成延期付款协议，导致施工无法进行，承包人可停止施工，由发包人承担违约责任。

(3) 竣工结算款

竣工结算是指施工企业按照合同规定，在一个单位工程或单项建筑安装工程完工、验收、点交后，向建设单位办理的最后工程价款清算。竣工结算分为单位工程结算、单项工程结算、建设项目竣工总结算三种。

(4) 工程质量保修金

工程质量保修金已在工程质量保修书条款中说明。

3. 合同价款

招标工程的合同价款由发包人和承包人依据中标通知书的中标价格在协议书内约定。非招标工程的合同价款由发包人、承包人依据工程预算书在协议内约定。

合同价款在协议书内约定后，任何一方不得擅自改变。下列三种确定价款的方式双方可在专用条款中约定采用其中的一种：

(1) 固定价格合同。
(2) 可调价格合同。
(3) 成本加酬金合同。

4. 工程结算

在建设工程施工中，由于设计图纸变更或现场签订变更通知单，而造成施工项目和工程量调整，工程竣工时，最终完成的实际工程项目和工程量，便是建设工程的竣工结算。

工程竣工结算一般是由施工单位编制，如需要，建设单位审核同意后，按合同规定签章认可，最后通过建设银行办理工程价款的竣工结算。

工程竣工验收报告经发包人认可后 28 天内，承包人向发包人递交竣工结算报告及完整的结算资料，双方按照协议书约定的合同价款及专用条款约定的合同价款调整内容，进行工程竣工结算。

发包人接到承包人递交的竣工结算及结算资料 28 天内进行核实，给予确认或者提出修改意见。发包人确认竣工结算报告后通知经办银行向承包人支付竣工结算价款。承包人接到竣工结算价款后 14 天内将竣工工程交付发包人。

发包人收到竣工结算报告及结算资料后 28 天内无正当理由不支付工程竣工结算价款，从第 29 天起按承包人同期向银行贷款利率支付拖欠工程价款的利息，并承担违约责任。

发包人收到竣工结算报告及结算资料后 28 天内不支付工程竣工结算价款，承包人可以催告发包人支付结算价款。发包人在收到竣工结算报告及结算资料后 56 天内仍不支付的，承包人可以与发包人协议将该工程折价，也可以由承包人申请人民法院将该工程依法拍卖，承包人就该工程折价或者拍卖的价款优先受偿。

工程竣工验收报告经发包人认可后 28 天内，承包人未能向发包人递交竣工结算报告及完整的结算资料，造成工程结算不能正常进行或者工程竣工结算价款不能及时支付，发包人要求交付工程的，承包人应当交付；发包人不要求交付工程的，承包人承担保管责任。

发包人、承包人对工程竣工结算价款发生争议时，按有关争议的约定处理。

第三节　索赔的处理

一　索赔的概念

索赔是指在合同履行过程中,对于并非自己的过错,而是应由对方承担责任的情况造成的实际损失,向对方提出经济补偿和(或)工期顺延的要求。

一般来说,索赔是指在工程合同履行过程中,合同当事人一方不履行或未正确履行其义务,而使另一方受到损失,受损失的一方通过一定的合法程序向违约方提出经济或时间补偿的要求。

二　索赔的基本特征

(1)索赔作为一种合同赋予双方的具有法律意义的权利主张,其主体是双向的。在合同的实施过程中,不仅承包商可以向建设单位索赔,建设单位也同样可以向承包商索赔。

(2)索赔必须以法律或合同为依据。只有一方有违约或违法事实,受损方才能向违约方提出索赔。

(3)索赔必须建立在损害后果已客观存在的基础上,不论是经济损失或权利损害,没有损失的事实而提出索赔是不能成立的。经济损失是指因对方因素造成合同外的额外支出,如人工费、机械费、材料费、管理费等额外开支;权利损害是指虽然没有经济上的损失,但造成了一方权利上的损害,如由于恶劣气候条件对工程进度的不利影响,承包商有权要求工期延长等。

(4)索赔应采用明示的方式,即索赔应该有书面文件,索赔的内容和要求应该明确而肯定。

三　引起工程索赔的原因

引起工程索赔的原因非常多而且复杂,大致可以从以下六个方面进行分析。

1. 合同文件引起的索赔
(1)合同文件的组成问题引起索赔。
(2)合同缺陷引起的索赔。

2. 不可抗力和不可预见因素引起的索赔
(1)不可抗力的自然灾害。
(2)不可抗力的社会因素。
(3)不可预见的外界条件。
(4)施工中遇到地下文物或构筑物。

3. 建设单位方原因引起的索赔
(1)拖延提供施工场地及通道。
(2)拖延支付工程款。
(3)指定分包商违约。
(4)建设单位提前占有部分永久工程。

(5)建设单位要求加速施工。

(6)建设单位提供的原始资料和数据有差错。

4．监理工程师原因引起的索赔

(1)延误提供图纸或拖延审批图纸。

(2)重新检验和检查。

(3)工程质量要求过高。

(4)对承包商的施工进行不合理干预。

(5)暂停施工。

(6)提供的测量基准有差错。

(7)其他承包商的干扰。

5．价格调整引起的索赔

略。

6．法规变化引起的索赔

略。

（四）索赔程序

索赔程序是指从索赔事件产生到最终处理全过程所包括的工作内容和工作步骤。索赔工作实质上是承包人和建设单位在分担工程风险方面的重新分配过程，涉及双方的经济利益，是一项烦琐、细致、耗费精力和时间的过程。因此，合同双方必须严格按照合同规定办事，按合同规定的索赔程序工作，才能获得成功的索赔。

当一方向另一方提出索赔时，要有正当索赔理由，且有索赔事件发生时的有效证据。发包人未能按合同约定履行自己的各项义务或发生错误以及应由发包人承担责任的其他情况，造成工期延误和(或)承包人不能及时得到合同价款及承包人的其他经济损失，承包人可按下列程序以书面形式向发包人索赔：

(1)索赔事件发生后28天内，向监理工程师发出索赔意向通知。

(2)发出索赔意向通知后28天内，向监理工程师提出延长工期和(或)补偿经济损失的索赔报告及有关资料。

(3)监理工程师在收到承包人送交的索赔报告和有关资料后，于28天内给予答复，或要求承包人进一步补充索赔理由和证据。

(4)监理工程师在收到承包人送交的索赔报告和有关资料后28天内未予答复或未对承包人作进一步要求，视为该项索赔已经认可。

(5)当该索赔事件持续进行时，承包人应当阶段性向监理工程师发出索赔意向，在索赔事件结束后28天内，向监理工程师送交索赔的有关资料和最终索赔报告。索赔答复程序与(3)、(4)规定相同。

承包人未能按合同约定履行自己的各项义务，或发生错误，给发包人造成经济损失，发包人可按规定的时限向承包人提出索赔。

五 索赔工作主要步骤

1. 索赔的提出

(1) 索赔意向书

在工程实施过程中,一旦发生索赔事件,承包人应在规定的时间内及时向建设单位或监理工程师提出索赔意向通知,目的是要求建设单位及时采取措施消除或减轻索赔起因,以减少损失,并促使合同双方重视收集索赔事件的情况和证据,以利于索赔地处理。

索赔意向的提出是索赔工作程序中的第一步,其关键是抓住索赔机会,及时提出索赔意向。

我国建设工程施工合同条件及 FIDIC 合同条件都规定:承包人应在索赔事件发生后的28天内,将其索赔意向通知监理工程师。如果承包人没有在规定的期限内提出索赔意向或通知,承包人则会丧失在索赔中的主动和有利地位,建设单位和监理工程师也有权拒绝承包人的索赔要求,这是索赔成立的有效和必备条件之一。因此,承包人应避免合理的索赔要求由于未能遵守索赔时限的规定而导致无效。

(2) 索赔申请报告

承包人必须在合同规定的索赔时限内向建设单位或监理工程师提交正式的书面索赔报告,其内容一般应包括索赔事件的发生情况与造成损害的情况,索赔的理由和根据、索赔的内容和范围、索赔额度的计算依据与方法等,并附上必要的记录和证明材料。

我国建设工程施工合同条件和 FIDIC 合同条件都规定,承包人必须在发出索赔意向通知后的28天内或经监理工程师同意的其他合理时间内,向监理工程师提交一份详细的索赔报告。如果索赔事件对工程的影响持续时间长,则承包人还应向监理工程师每隔一段时期提交中间索赔申请报告,并在索赔事件影响结束后28天内,向建设单位或监理工程师提交最终索赔申请报告。

2. 索赔报告的审核

监理工程师根据建设单位的委托和授权,对承包人索赔报告的审核工作主要为判定索赔事件是否成立和核查承包商的索赔计算是否正确合理两方面,并在建设单位授权范围内作出自己独立的判断。

承包人索赔要求的成立必须同时具备下列四个条件:

(1) 与合同相比较已经造成了实际的额外费用增加或工期损失。
(2) 造成费用增加或工期损失的原因不是由于承包人自身的过失所造成。
(3) 这种经济损失或权利损害也不是应由承包人应承担的风险所造成。
(4) 承包人在合同规定的期限内提交了书面的索赔意向通知和索赔报告。

上述四个条件必须同时具备,承包人的索赔才能成立。其后监理工程师对索赔报告的审查分两步进行:

第一步,重点审查承包人的索赔要求是否有理有据,即承包人的索赔要求是否有合同依据,所受损失是否确属不应由承包人负责的原因造成,提供的证据是否足以证明索赔要求成立,是否需要提交其他补充材料等。

第二步,以公正的、科学的态度,审查并核算承包人的索赔值计算,分清责任,剔除承包人索赔值计算中的不合理部分,确定索赔金额和工期延长天数。

我国建设工程合同规定,监理工程师在收到承包人送交的索赔报告和有关资料后于 28 天内给予答复,或要求承包人进一步补充索赔理由和证据。监理工程师在收到承包人送交的索赔报告和有关资料后 28 天内未予答复或未对承包人作进一步要求,视为该索赔报告已经认可。

3. 索赔的处理

在经过认真分析研究,并与承包人、建设单位广泛讨论后,监理工程师应向建设单位和承包人提出自己的《索赔处理决定》。

监理工程师在《索赔处理决定》中应该简明地叙述索赔事件、理由和建议给予补偿的金额及(或)延长的工期。

监理工程师还需提出索赔评价报告,作为索赔处理决定的附件。该评价报告根据监理工程师所掌握的实际情况详细叙述索赔事实依据、合同及法律依据,论述承包人索赔的合理方面及不合理方面,详细计算应给予的补偿。索赔评价报告是监理工程师站在公正的立场上独立编制的。

通常,监理工程师的处理决定不是终局性的,对建设单位和承包人都不具有强制性的约束力。在收到监理工程师的索赔处理决定后,无论建设单位还是承包人,如果认为该处理决定不公正,都可以在合同规定的时间内提示监理工程师重新考虑。监理工程师不得拒绝这种要求。一般来说,对监理工程师的处理决定,建设单位不满意的情况很少,而承包人不满意的情况较多。承包人如果持有异议,他应该提供进一步的证明材料,向监理工程师进一步说明为什么其决定是不合理的。有时甚至需要重新提交索赔申请报告,对原报告做一些修正、补充或做进一步让步。如果监理工程师仍然坚持原来的决定,或承包人对监理工程师的新决定仍不满意,则可以按合同中的有关争议的约定处理。

4. 建设单位审查索赔处理

当监理工程师的索赔权限超过其权限范围时,必须报请建设单位批准。

建设单位首先根据事件发生的原因、责任范围、合同条款审核承包商的索赔申请和监理工程师的处理报告,再依据建设工程的目的、投资控制、竣工投产期要求以及针对承包人在施工中的缺陷或违反合同规定等的有关情况,决定是否批准监理工程师的处理意见。

索赔报告经建设单位批准后,监理工程师即可签发有关证书。

5. 承包人是否接受最终索赔处理

承包人接受最终的索赔处理决定,索赔事件的处理即告结束。如果承包人不同意,就会导致合同争议。应该强调,合同各方应该争取以友好协商的方式解决索赔问题,不要轻易提交仲裁。因为对工程争议的仲裁往往是非常复杂的,要花费大量的人力、物力、财力和时间,对建设工程会带来不利,有时甚至是严重的影响。

(六) 索赔报告及其编写

索赔报告的具体内容,随索赔事件的性质和特点而有所不同。但从报告的必要内容与文字方面而论,一个完整的索赔报告应包括以下四部分内容。

1. 总论部分

一般包括以下内容:

(1)序言。
(2)索赔事项概述。
(3)具体索赔要求。
(4)索赔报告编写及审核人员名单。总论部分的阐述要简明扼要、说明问题。

2. 根据部分

本部分主要说明自己具有的索赔权利,这是索赔能否成立的关键。根据部分的内容主要来自该工程项目的合同文件,并参照工程项目建设单位所在国的法律法规。该部分中承包人应引用合同中的具体条款,说明自己理应获得的经济补偿或工期延长。

根据部分的具体内容随各个索赔事件的特点而不同。一般来说,根据部分应包括以下内容:

(1)索赔事件的发生情况。
(2)已提交索赔意向书的情况。
(3)索赔事件的处理过程。
(4)索赔要求的合同依据。
(5)所附的证据资料。

在写法结构上,按照索赔事件发生、发展、处理和最终解决的过程来编写,并明确全文引用有关的合同条款,使建设单位和监理工程师能历史地、逻辑地了解索赔事件的始末,并充分认识该索赔事件的合理性和合法性。

3. 计算部分

索赔计算的目的,是以具体的计算方法和计算过程,说明自己应得到的经济补偿的款项或延长的时间。如果说根据部分的任务是解决索赔能否成立,则计算部分的任务就是决定应得到多少索赔款额或工期延长。

在款额计算部分,承包人应阐明下列问题:

(1)索赔款的要求总额。
(2)各项索赔款的计算,如额外开支的人工费、材料费、设备费、管理费和所失利润。
(3)指明各项开支的计算依据及证据资料。

承包人应注意采用合适的计算方法。至于采用哪一种计价法,应根据索赔事件的特点及自己所掌握的证据资料等因素来确定。其次,应注意每项开支款的合理性,并指出相应的证据资料的名称及编号。切忌采用笼统的计价方法和不实的开支款额。

4. 证据部分

证据部分应该包括索赔事件所涉及的一切证据资料,以及对这些证据的说明。证据是索赔报告的重要组成部分,没有翔实可靠的证据,索赔是不能成功的。

索赔证据资料的范围很广,可能包括工程项目实施过程中所涉及的有关政治、经济、技术、财务资料。如工程所在国(地)政治经济资料、施工现场记录报表及来往函件、工程财务报表等。

在引用证据时,要注意该证据的效力或可信程度。为此,对重要的证据资料最好附以文字证明或确认件。

索赔报告是具有法律效力的正规书面文件。对重大的索赔,最好在律师或索赔专家的指导下进行。编写索赔报告的一般要求有以下五个方面。

(1) 索赔事件应该真实

索赔报告中所提出的干扰事件,必须有可靠的证据来证明。对索赔事件的叙述,必须明确、肯定,不包含任何估计和猜测。

(2) 责任分析应清楚、准确、有根据

索赔报告应认真仔细分析事件的责任,明确指出索赔所依据的合同条款或法律文件,且说明承包人的索赔是完全按照合同规定程序进行的。

(3) 充分论证事件造成承包人的实际损失

索赔的原则是赔偿由事件引起的承包人所遭受的实际损失,所以索赔报告中应强调由于事件影响,使承包人在实施工程中所受到干扰的严重程度,以致工期拖延,费用增加;并充分论证事件影响与实际损失之间的直接因果关系。报告中还应说明承包人为了避免和减轻事件影响和损失已尽了最大的努力,采取了所能采取的措施及其成果。

(4) 索赔计算必须合理、正确

要采用合适的计算方法和数据,正确地计算出应取得的经济补偿款额或工期延长。计算应力求避免漏项或重复;不出现计算上的错误。

(5) 文字要精练、条理要清楚、语气要中肯

索赔报告必须简洁明了,条理清楚,结论明确,有逻辑性。索赔证据和索赔值的计算应详细、清晰,没有差错而又不显烦琐,语气措辞应中肯;在论述事件的责任及索赔根据时,所用词语要肯定,忌用大概、一定程度、可能等词汇;在提出索赔要求时,语气要恳切,忌用强硬或命令式的口气。

第四节　合同争议的解决

一　施工合同争议的解决方式

合同当事人在履行施工合同时发生争议,可以和解或者要求合同管理及其他有关主管部门调解。和解或调解不成的,双方可以在专用条款内约定以下一种方式解决争议:

(1) 双方达成仲裁协议,向约定的仲裁委员会申请仲裁。

(2) 向有管辖权的人民法院起诉。

二　争议发生后允许停止履行合同的情况

发生争议后,在一般情况下,双方都应继续履行合同,保持施工连续,保护好已完工程。只有出现下列情况时,当事人方可停止履行施工合同:

(1) 单方违约导致合同确已无法履行,双方协议停止施工。

(2) 调解要求停止施工,且为双方接受。

(3) 仲裁机关要求停止施工。

(4) 法院要求停止施工。

第五节　合同的解除

合同的解除是指合同生效成立后,在一定的条件下通过当事人的单方或者双方协议终止合同效力的行为。

一　合同解除的基本方式

合同解除有协议解除和单方解除两种基本方式。

1. 合同的协议解除

合同的协议解除是指当事人通过协议解除合同的形式。《合同法》第 93 条规定:"经当事人协商一致,可以解除合同。当事人可以约定一方解除合同的条件。解除合同的条件成立时,解除权人可以解除合同。"经当事人协商一致解除合同的,当然属于协议解除。而在约定的解除条件成立时的解除,也是以合同对解除权的约定为基础的,可以看作是一种特殊的协议解除。

2. 合同的单方解除

合同的单方解除(也可称法定解除)是指在具备法定事由时合同一方当事人通过行使解除权就可以终止合同效力。

《合同法》第 94 条规定:"有下列情形之一的,当事人可以解除合同:

(1) 因不可抗力致使不能实现合同目的。

(2) 在履行期限届满之前,当事人一方明确表示或者以自己的行为表明不履行主要债务。

(3) 当事人一方迟延履行主要债务,经催告后在合理期限内仍未履行。

(4) 当事人一方迟延履行债务或者有其他违约行为致使不能实现合同目的。

(5) 法律规定的其他情形。"

《合同法》第 97 条规定:"合同解除后,尚未履行的,终止履行;已经履行的,根据履行情况和合同性质,当事人可以请求恢复原状,或者采取补救措施,并有权要求赔偿损失。"

《合同法》第 98 条规定:"合同权利义务终止,不影响合同中结算和清理条款效力。"也就是说合同解除后结算和清理条款的效力不受影响。合同中结算和清理条款属于在权利义务终止时进行善后处理的条款,不同于当事人在合同中享有的实体权利义务条款,合同的终止不但不影响其法律效力,而且还可以作为处理合同终止后善后事宜的依据。

二　可以解除合同的情形

如出现以下情形,可以解除合同:

(1) 合同的协商解除。施工合同当事人协商一致,可以解除。

(2) 发生不可抗力时合同的解除。

(3) 当事人违约时合同的解除。包括:

①发包人不按合同约定支付工程款(进度款),双方又未达成延期付款协议,导致施工无法进行,承包人停止施工超过 56 天,发包人仍不支付工程款,承包人有权解除合同。

②承包人将其承包的全部工程转包给他人,或者肢解以后以分包的名义分别转包给他人,发包人有权解除合同。

③合同当事人一方的其他违约致使合同无法履行,合同双方可以解除合同。

(三) 当事人一方主张解除合同的程序

一方主张解除合同的,应向对方发出解除合同的书面通知,并在发出通知前 7 天告知对方。通知到达对方时解除合同。对解除合同有异议的,按照解决合同争议程序处理。

(四) 合同解除后的善后处理

(1)合同解除后,当事人双方约定的结算和清理条款仍然有效。

(2)承包人应当妥善做好已完工程和已购材料、设备的保护和移交工作,按照发包人要求,将自有机械设备和人员撤出施工场地。

(3)发包人应为承包人撤出提供必要条件,支付以上所发生的费用,并按合同约定支付已完工程价款。

(4)已经订货的材料、设备由订货方负责退货或解除订货合同,不能退还货款和退货,解除订货合同发生的费用由发包人承担。但未及时退货造成的损失由责任方承担。

(5)有过错的一方应当赔偿因合同解除给对方造成的损失,赔偿的金额按照解决合同争议的方式处理。

◀ 本 章 小 结 ▶

建设工程承包合同是以建设工程为核心的合同,是指工程承发包人之间,为完成约定的工程任务而签订的明确双方权利和义务关系的协议。合同是协调双方经济关系的手段,是保持市场正常运转的主要因素,合同确定了工程实施和工程管理的主要目标,并通过合同管理工作保证这些目标的实现。

建设工程施工合同管理是指工程项目合同在订立和履行过程中所进行的计划、组织、指挥、监督和协调等各项工作。合同管理是项目管理的核心。建设行政主管部门及相关部门对建设工程施工合同进行宏观监督管理。监理单位受建设单位委托对建设工程施工合同进行微观监督管理。建设工程施工合同管理应分阶段进行控制,一般分为施工准备阶段、施工过程阶段和竣工阶段三阶段控制。

建设工程项目监理从本质上来说,是属于建设单位方项目管理的范畴。施工合同作为建设工程的主要合同之一,监理工程师在工作中将会大量涉及施工合同有关条款的内容。因此,施工合同管理既是建设工程项目管理的核心,也是监理工作的核心。监理工程师必须熟悉施工合同的内容，掌握合同管理的手段，依据合同对工程质量、投资、进度进行控制。

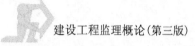

　　订立建设工程施工合同应当遵守国家法律、法规和国家计划，以及平等、自愿、公平及诚实信用原则。订立施工合同前应做好合同文本分析、合同风险分析等准备工作；订立时应经过要约和承诺两个阶段。

　　索赔是在合同实施过程中，合同当事人一方因对方违约，或其他过错，或无法防止的外因而受到损失时，要求对方给予赔偿或补偿的要求，包括要求经济补偿和工期延长两种情况。索赔应当是双向的，即施工索赔和反索赔。索赔是合同和法律赋予受损者的权利。索赔可以促进双方内部管理，保证合同正确、完全履行。索赔具有客观真实性、合法性和合理性。在建设工程的各个阶段，都有可能发生索赔，但在施工阶段的索赔发生较多。引起施工索赔的因素很多，有发包人及监理工程师违约、合同变更与合同的缺陷、不可抗力因素、国家政策法规的变更、合同中断及解除、第三方因素等。进行索赔时应有有力的证据，按照一定的索赔程序，对费用和工期索赔额进行科学合理的计算，抓住时机，及时索赔。

　　建设工程施工合同履行的过程是一个工程从准备、施工、竣工、试运行直到维修结束的全过程。合同履行必须遵循全面履行与实际履行的原则，认真执行合同中的每一条款。准备阶段的工作是：成立项目经理部、进行施工准备、办理保险与保函、筹措资金、学习合同文件等，具备开工条件后，向当地基建主管部门提出开工报告。如果违反合同的当事人拒绝承担违约责任，合同对方可以通过司法途径强制其承担。承担违反合同民事责任的方式有：继续履行、采取补救措施、支付违约金、赔偿损失、定金制裁等。提供担保的，若一方违约后，另一方可按双方约定的担保条款，要求第三方承担相应的责任。合同争议的解决方式有：和解或调解、仲裁、诉讼。在一定的条件下，合同没有履行或者没有完全履行，当事人也可以依法解除合同。

思 考 题

1. 试述建设工程施工合同的概念和特点。
2. 简述《建设工程施工合同(示范文本)》的组成。
3. 试述构成建设工程施工合同的文件和优先解释顺序。
4. 引起索赔的因素有哪些？施工索赔应遵循什么程序？
5. 简述施工合同争议的解决方式。
6. 什么情况下施工合同可以解除？

第七章 建设工程文件档案资料管理

【职业能力目标】

1. 建设工程档案资料验收与移交；
2. 建设工程监理文件档案资料管理；
3. 建设工程监理表格体系和主要文件档案。

【学习目标】

1. 了解建设工程文件档案资料管理的基本概念及意义；
2. 掌握建设工程档案资料的验收与移交基本程序；建设工程监理的文件档案管理方法和分类；建设工程监理表格体系和主要文件档案；
3. 熟悉建设工程文件档案资料的概念与特征；建设工程文件档案资料管理职责；建设工程档案编制质量要求与组卷方法。

第一节 建设工程文件档案资料管理概述

一、建设工程文件档案资料概念与特征

1. 建设工程文件档案资料概念

(1) 建设工程文件

建设工程文件是在建设工程过程中形成的各种形式的信息记录，主要包括工程准备阶段文件、监理文件、施工文件、竣工图和竣工验收文件，也可简称为工程文件。

①工程准备阶段文件

工程准备阶段文件是指工程开工以前，在立项、审批、征地、勘察、设计、招投标等工程准备阶段形成的文件。

②监理文件

监理文件是指监理单位在工程设计、施工等阶段监理过程中形成的文件。

③施工文件
施工文件即施工单位在工程施工过程中形成的文件。
④竣工图
竣工图是指工程竣工验收后,真实反映建设工程项目施工结果的图样。
⑤竣工验收文件
竣工验收文件是指建设工程项目竣工验收活动中形成的文件。
(2)建设工程档案
建设工程档案是在建设工程活动中直接形成的具有归档保存价值的文字、图表、声像等各种形式的历史记录,也可简称工程档案。
(3)建设工程文件档案资料
建设工程文件和档案组成建设工程文件档案资料。
(4)建设工程文件档案资料载体
建设工程文件档案载体主要包括:
①纸质载体:以纸张为基础的载体形式。
②缩微品载体:以胶片为基础,利用缩微技术对工程资料进行保存的载体形式。
③光盘载体:以光盘为基础,利用计算机技术对工程资料进行存储的形式。
④磁性载体:以磁性记录材料(磁带、磁盘等)为基础,对工程资料的电子文件、声音、图像进行存储的方式。

2. 建设工程文件档案资料特征

建设工程文件档案资料有以下方面的特征:
(1)分散性和复杂性
建设工程周期长,生产工艺复杂,建筑材料种类多,建筑技术发展迅速,影响建设工程因素多种多样,建设工程阶段性强并且相互穿插,由此导致了建设工程文件档案资料的分散性和复杂性。这个特征决定了建设工程文件档案资料是多层次、多环节、相互关联的复杂系统。
(2)继承性和时效性
随着建筑技术、施工工艺、新材料以及建筑企业管理水平的不断提高和发展,文件档案资料可以被继承和积累。新的工程在施工过程中可以吸取以前的经验,避免重犯以往的错误。同时,建设工程文件档案资料有很强的时效性,文件档案资料的价值会随着时间的推移而衰减,有时文件档案资料一经生成,就必须传达到有关部门,否则会造成严重后果。
(3)全面性和真实性
建设工程文件档案资料只有全面反映项目的各类信息才更有实用价值,因此它必须形成一个完整的系统。有时只言片语地引用往往会起到误导作用。另外,建设工程文件档案资料必须真实反映工程情况,包括发生的工程事故和存在的隐患。真实性是对所有文件档案资料的共同要求,但在建设领域对这方面要求更为迫切。
(4)随机性
建设工程文件档案资料产生于建设工程的整个过程中,工程开工、施工、竣工等各个阶段、各个环节都会产生各种文件档案资料。部分建设工程文件档案资料的产生有规律性(如各类报批文件),但还有相当一部分文件档案资料产生是由具体工程事件引发的,因此建设工程文件档案资料是有随机性的。

（5）多专业性和综合性

建设工程文件档案资料依附于不同的专业对象而存在，又依赖不同的载体而流动。涉及包括建筑、市政、公用、消防、保安等多种专业，也涉及电子学、力学、声学、美学等多种学科，并同时综合了质量、进度、造价、合同、组织协调等多方面内容。

3. 工程文件归档范围

（1）对与建设工程有关的重要活动、记载建设工程主要过程和现状、具有保存价值的各种载体的文件，均应收集齐全，整理立卷后归档。

（2）工程文件的具体归档范围按照《建设工程文件归档规范》（GB/T 50328—2014）的相关要求执行。

（3）声像资料的归档范围和质量要求应符合现行行业标准《城建档案业务管理规范》（CJJ/T 158—2011）的要求。

（4）不属于归档范围、没有保存价值的工程文件，文件形成单位可自行组织销毁。

二 建设工程文件档案资料管理职责

建设工程档案资料的管理涉及建设单位、监理单位、施工单位等以及地方城建档案管理部门。对于一个建设工程而言，归档有三方面含义：

（1）建设、勘察、设计、施工、监理等单位将本单位在建设工程过程中形成的文件向本单位档案管理机构移交。

（2）勘察、设计、施工、监理等单位将本单位在建设工程过程中形成的文件向建设单位档案管理机构移交。

（3）建设单位按照《建设工程文件归档规范》（GB/T 50328—2014）的要求，将汇总的该建设工程文件档案向地方城建档案管理部门移交。

对于建设工程文件档案资料管理，各参建单位的职责如下：

1. 共同职责

（1）工程各参建单位填写的建设工程档案应以施工及验收规范、工程合同、设计文件、工程施工质量验收统一标准等为依据。

（2）工程档案资料应随工程进度及时收集、整理，并应按专业归类，认真书写，字迹清楚，项目齐全、准确、真实，无未了事项。表格应采用统一格式，特殊要求需增加的表格应统一归类。

（3）工程档案资料应分级管理，建设工程项目各单位技术负责人负责本单位工程档案资料的全过程组织工作并负责审核，各相关单位档案管理员负责工程档案资料的收集、整理工作。

（4）对工程档案资料进行涂改、伪造、随意抽撤或损毁、丢失等，应按有关规定予以处罚，情节严重的应依法追究法律责任。

2. 建设单位职责

（1）在工程招标及与勘察、设计、监理、施工等单位签订协议、合同时，应对工程文件的套数、费用、质量、移交时间等提出明确要求。

(2) 收集和整理工程准备阶段、竣工验收阶段形成的文件,并应进行立卷归档。

(3) 负责组织、监督和检查勘察、设计、施工、监理等单位的工程文件的形成、积累和立卷归档工作;也可委托监理单位监督、检查工程文件的形成、积累和立卷归档工作。

(4) 收集和汇总勘察、设计、施工、监理等单位立卷归档的工程档案。

(5) 在组织工程竣工验收前,应提请当地城建档案管理部门对工程档案进行预验收;未取得工程档案验收认可文件,不得组织工程竣工验收。

(6) 对列入当地城建档案管理部门接收范围的工程,应在工程竣工验收3个月内,向当地城建档案管理部门移交一套符合规定的工程文件。

(7) 必须向参与建设工程的勘察设计、施工、监理等单位提供与建设工程有关的原始资料,原始资料必须真实、准确、齐全。

(8) 可委托承包单位、监理单位组织工程档案的编制工作;负责组织竣工图的绘制工作,也可委托承包单位、监理单位、设计单位完成,收费标准按照所在地相关文件执行。

3. 监理单位职责

按照《建设工程监理规范》(GB/T 50319—2013)第7章"施工阶段监理资料的管理"和第8章8.3中"设备采购监理与设备监造的监理资料"的要求进行工程文件的管理,但由于对设计监理没有相关的文件规范工程资料管理工作,可参照各地相关规定、规范执行。

(1) 应设专人负责监理资料的收集、整理和归档工作,在项目监理部,监理资料的管理应由总监理工程师负责,并指定专人具体实施,监理资料应在各阶段监理工作结束后及时整理归档。

(2) 监理资料必须及时整理、真实完整、分类有序。在设计阶段,对勘察、测绘、设计单位的工程文件的形成、积累和立卷归档进行监督、检查;在施工阶段,对施工单位的工程文件的形成、积累、立卷归档进行监督、检查。

(3) 可以按照委托监理合同的约定,接受建设单位的委托,监督、检查工程文件的形成积累和立卷归档工作。

(4) 编制的监理文件的套数、提交内容、提交时间,应按照现行《建设工程文件归档规范》(GB/T 50328—2014)和各地城建档案管理部门的要求编制移交清单,经双方签字、盖章后及时移交建设单位,由建设单位收集和汇总。监理公司档案部门需要的监理档案,按照《建设工程监理规范》(GB/T 50319—2013)的要求,及时由项目监理部提供。

4. 施工单位职责

(1) 实行技术负责人负责制,逐级建立、健全施工文件管理岗位责任制,配备专职档案管理员,负责施工资料的管理工作。工程项目的施工文件应设专门的部门(专人)负责收集和整理。

(2) 建设工程实行总承包的,由总承包单位负责收集、汇总各分包单位形成的工程档案,各分包单位应将本单位形成的工程文件整理、立卷后及时移交总承包单位。建设工程项目由几个单位承包的,各承包单位负责收集、整理、立卷其承包项目的工程文件,并及时向建设单位移交,各承包单位应保证归档文件的完整、准确、系统,能够全面反映建设工程活动的全过程。

(3) 可按照施工合同的约定,接受建设单位的委托进行工程档案的组织、编制工作。

(4)按要求在竣工前将施工文件整理汇总完毕,再移交建设单位进行工程竣工验收。

(5)负责编制的施工文件的套数不得少于地方城建档案管理部门要求,但应有完整施工文件移交建设单位及自行保存,保存期可根据工程性质以及地方城建档案管理部门有关要求确定。如建设单位对施工文件的编制套数有特殊要求的,可另行约定。

5.地方城建档案管理部门职责

(1)负责接收和保管所辖范围应当永久和长期保存的工程档案和有关资料。

(2)负责对城建档案工作进行业务指导,监督和检查有关城建档案法规的实施。

(3)列入向本部门报送工程档案范围的工程项目,其竣工验收应有本部门参加并负责对移交的工程档案进行验收。

三 建设工程归档文件质量要求与立卷要求

1.建设工程归档文件质量要求

(1)归档的纸质工程文件应为原件。

(2)工程文件的内容及其深度应符合国家现行有关工程勘察、设计、施工、监理等标准的规定。

(3)工程文件的内容必须真实、准确,应与工程实际相符合。

(4)工程文件应采用碳素墨水、蓝黑墨水等耐久性强的书写材料,不得使用红色墨水、纯蓝墨水、圆珠笔、复写纸、铅笔等易褪色的书写材料。计算机输出文字和图件应使用激光打印机,不应使用色带式打印机、水性墨打印机和热敏打印机。

(5)工程文件应字迹清楚,图样清晰,图表整洁,签字盖章手续应完备。

(6)工程文件中文字材料幅面尺寸规格宜为 A4 幅面(297mm×210mm)。图纸宜采用国家标准图幅。

(7)工程文件的纸张应采用能长期保存的韧力大、耐久性强的纸张。

(8)所有竣工图均应加盖竣工图章[《建设工程文件归档规范》(GB/T 50328—2014)中的图 4.2.8],并应符合有关规定:

①竣工图章的基本内容应包括:"竣工图"字样、施工单位、编制人、审核人、技术负责人、编制日期、监理单位、现场监理、总监理工程师。

②竣工图章尺寸应为:50mm×80mm。

③竣工图章应使用不易褪色的印泥,应盖在图标栏上方空白处。

(9)竣工图的绘制与改绘应符合国家现行有关制图标准的规定。

(10)归档的建设工程电子文件应采用《建设工程文件归档规范》(GB/T 50328—2014)中的表 4.2.10 所列开放式文件格式或通用格式进行存储。专用软件产生的非通用格式的电子文件应转换成通用格式。

(11)归档的建设工程电子文件应包含元数据,保证文件的完整性和有效性。元数据应符合现行行业标准《建设电子档案元数据标准》(CJJ/T 187—2012)的规定。

(12)归档的建设工程电子文件应采用电子签名等手段,所载内容应真实和可靠。

(13)归档的建设工程电子文件的内容必须与其纸质档案一致。

(14)离线归档的建设工程电子档案载体,应采用一次性写入光盘,光盘不应有磨损、划伤。

(15)存储移交电子档案的载体应经过检测,应无病毒、无数据读写故障,并应确保接收方能通过适当设备读出数据。

2. 工程文件的立卷要求

(1)立卷的流程、原则和方法

①立卷流程。

a. 对属于归档范围的工程文件进行分类,确定归入案卷的文件材料。

b. 对卷内文件材料进行排列、编目、装订(或装盒)。

c. 排列所有案卷,形成案卷目录。

②立卷原则。

a. 立卷应遵循工程文件的自然形成规律和工程专业的特点,保持卷内文件的有机联系,便于档案的保管和利用。

b. 工程文件应按不同的形成、整理单位及建设程序,按工程准备阶段文件、监理文件、施工文件、竣工图、竣工验收文件分别进行立卷,并可根据数量多少组成一卷或多卷。

c. 一项建设工程由多个单位工程组成时,工程文件应按单位工程立卷。

d. 不同载体的文件应分别立卷。

③立卷方法。

a. 工程准备阶段文件应按建设程序、形成单位等进行立卷。

b. 监理文件应按单位工程、分部工程或专业、阶段等进行立卷。

c. 施工文件应按单位工程、分部(分项)工程进行立卷。

d. 竣工图应按单位工程分专业进行立卷。

e. 竣工验收文件应按单位工程分专业进行立卷。

f. 电子文件立卷时,每个工程(项目)应建立多级文件夹,应与纸质文件在案卷设置上一致,并应建立相应的标识关系。

g. 声像资料应按建设工程各阶段立卷,重大事件及重要活动的声像资料应按专题立卷,声像档案与纸质档案应建立相应的标识关系。

④施工文件的立卷应符合下列要求:

a. 专业承(分)包施工的分部、子分部(分项)工程应分别单独立卷。

b. 室外工程应按室外建筑环境和室外安装工程单独立卷。

c. 当施工文件中部分内容不能按一个单位工程分类立卷时,可按建设工程立卷。

⑤不同幅面的工程图纸,应统一折叠成 A4 幅面(297mm×210mm)。应图面朝内,首先沿标题栏的短边方向以 W 形折叠,然后再沿标题栏的长边方向以 W 形折叠,并使标题栏露在外面。

⑥案卷不宜过厚,文字材料卷厚度不宜超过 20mm,图纸卷厚度不宜超过 50mm。

⑦案卷内不应有重份文件。印刷成册的工程文件宜保持原状。

⑧建设工程电子文件的组织和排序可按纸质文件进行。

(2)卷内文件排列

①卷内文件应按《建设工程文件归档规范》(GB/T 50328—2014)的附录 A 和附录 B 的类别和顺序排列。

②文字材料应按事项、专业顺序排列。同一事项的请示与批复、同一文件的印本与定稿、主体与附件不应分开,并应按批复在前、请示在后,印本在前、定稿在后,主体在前、附件在后的顺序排列。

③图纸应按专业排列,同专业图纸应按图号顺序排列。

④当案卷内既有文字材料又有图纸时,文字材料应排在前面,图纸应排在后面。

(3)案卷编目

①编制卷内文件页号应符合下列规定:

a. 卷内文件均应按有书写内容的页面编号。每卷单独编号,页号从"1"开始。

b. 页号编写位置单面书写的文件在右下角;双面书写的文件,正面在右下角,背面在左下角。折叠后的图纸一律在右下角。

c. 成套图纸或印刷成册的文件材料,自成一卷的,原目录可代替卷内目录,不必重新编写页码。

d. 案卷封面、卷内目录、卷内备考表不编写页号。

②卷内目录的编制应符合下列规定:

a. 卷内目录排列在卷内文件首页之前,式样宜符合《建设工程文件归档规范》(GB/T 50328—2014)的相关要求。

b. 序号应以一份文件为单位编写,用阿拉伯数字从"1"依次标注。

c. 责任者应填写文件的直接形成单位或个人。有多个责任者时,应选择两个主要责任者,其余用"等"代替。

d. 文件编号应填写文件形成单位的发文号或图纸的图号,或设备、项目代号。

e. 文件题名应填写文件标题的全称。当文件元标题时,应根据内容拟写标题,拟写标题外应加"[ ]"符号。

f. 日期应填写文件的形成日期或文件的起止日期,竣工图应填写编制日期。日期中"年"应用四位数字表示,"月"和"日"应分别用两位数字表示。

g. 页次应填写文件在卷内所排的起始页号,最后一份文件应填写起止页号。

h. 备注应填写需要说明的问题。

③卷内备考表的编制应符合下列规定:

a. 卷内备考表应排列在卷内文件的尾页之后,式样宜符合本规范的相关要求。

b. 卷内备考表应标明卷内文件的总页数、各类文件页数或照片张数及立卷单位对案卷情况的说明。

c. 立卷单位的立卷人和审核人应在卷内备考表上签名,年、月、日应按立卷、审核时间填写。

④案卷封面的编制应符合下列规定:

a. 案卷封面应印刷在卷盒、卷夹的正表面,也可采用内封面形式。案卷封面的式样宜符合本规范相关的要求。

b. 案卷封面的内容应包括档号、案卷题名、编制单位、起止日期、密级、保管期限、本案卷所属工程的案卷总量、本案卷在该工程案卷总量中的排序。

c. 档号应由分类号、项目号和案卷号组成。档号由档案保管单位填写。

d. 案卷题名应简明、准确地揭示卷内文件的内容。

e. 编制单位应填写案卷内文件的形成单位或主要责任者。

f. 起止日期应填写案卷内全部文件形成的起止日期。

g. 保管期限应根据卷内文件的保存价值在永久保管、长期保管、短期保管三种保管期限中选择划定。当同一案卷内有不同保管期限的文件时,该案卷保管期限应从长。

h. 密级应在绝密、机密、秘密三个级别中选择划定。当同一案卷内有不同密级的文件时,应以高密级为本卷密级。

⑤编写案卷题名,应符合下列规定:

a. 建筑工程案卷题名应包括工程名称(含单位工程名称)、分部工程或专业名称及卷内文件概要等内容;当房屋建筑有地名管理机构批准的名称或正式名称时,应以正式名称为工程名称,建设单位名称可省略;必要时可增加工程地址内容。

b. 道路、桥梁工程案卷题名应包括工程名称(含单位工程名称)、分部工程或专业名称及卷内文件概要等内容;必要时可增加工程地址内容。

c. 地下管线工程案卷题名应包括工程名称(含单位工程名称)、专业管线名称和卷内文件概要等内容;必要时可增加工程地址内容。

d. 卷内文件概要应符合《建设工程文件归档规范》(GB/T 50328—2014)附录 A 中所列案卷内容(标题)的要求。

e. 外文资料的题名及主要内容应译成中文。

⑥案卷脊背应由档号、案卷题名构成,由档案保管单位填写;式样宜符合本规范相关的规定。

⑦卷内目录、卷内备考表、案卷内封面宜采用 70g 以上白色书写纸制作,幅面应统一采用 A4 幅面。

(4)案卷装订与装具

①案卷可采用装订与不装订两种形式。文字材料必须装订。装订时不应破坏文件的内容,并应保持整齐、牢固,便于保管和利用。

②案卷装具可采用卷盒、卷夹两种形式,并应符合下列规定:

a. 卷盒的外表尺寸应为 310mm×220mm,厚度可为 20mm、30mm、40mm、50mm。

b. 卷夹的外表尺寸应为 310mm×220mm,厚度宜为 20~30mm。

c. 卷盒、卷夹应采用无酸纸制作。

(5)案卷目录编制

①案卷应按《建设工程文件归档规范》(GB/T 50328—2014)附录 A 和附录 B 的类别和顺序排列。

②案卷目录的编制应符合下列规定:

a. 案卷目录式样宜符合《建设工程文件归档规范》(GB/T 50328—2014)附录 G 的要求。

b. 编制单位应填写负责立卷的法人组织或主要责任者。

c. 编制日期应填写完成立卷工作的日期。

3. 工程文件归档

(1)归档应符合下列规定:

①归档文件范围和质量应符合《建设工程文件归档规范》(GB/T 50328—2014)第4章的规定。

②归档的文件必须经过分类整理,并应符合本规范的相关规定。

(2)电子文件归档应包括在线式归档和离线式归档两种方式。可根据实际情况选择其中一种或两种方式进行归档。

(3)归档时间应符合下列规定:

①根据建设程序和工程特点,归档可分阶段分期进行,也可在单位或分部工程通过竣工验收后进行。

②勘察、设计单位应在任务完成后,施工、监理单位应在工程竣工验收前,将各自形成的有关工程档案向建设单位归档。

(4)勘察、设计、施工单位在收齐工程文件并整理立卷后,建设单位、监理单位应根据城建档案管理机构的要求,对归档文件完整、准确、系统情况和案卷质量进行审查。审查合格后方可向建设单位移交。

(5)工程档案的编制不得少于两套,一套应由建设单位保管,一套(原件)应移交当地城建档案管理机构保存。

(6)勘察、设计、施工、监理等单位向建设单位移交档案时,应编制移交清单,双方签字、盖章后方可交接。

(7)设计、施工及监理单位需向本单位归档的文件,应按国家有关规定和本规范相关的要求立卷归档。

(四) 建设工程档案验收与移交

(1)列入城建档案管理机构档案接收范围的工程,竣工验收前,城建档案管理机构应对工程档案进行预验收。

(2)城建档案管理机构在进行工程档案预验收时,应查验下列主要内容:

①工程档案齐全、系统、完整,全面反映工程建设活动和工程实际状况。

②工程档案已整理立卷,立卷符合《建设工程文件归档规范》(GB/T 50328—2014)的规定。

③竣工图的绘制方法、图式及规格等符合专业技术要求,图面整洁,盖有竣工图章。

④文件的形成、来源符合实际,要求单位或个人签章的文件,其签章手续完备。

⑤文件的材质、幅面、书写、绘图、用墨、托裱等符合要求。

⑥电子档案格式、载体等符合要求。

⑦声像档案内容、质量、格式符合要求。

(3)列入城建档案管理机构接收范围的工程,建设单位在工程竣工验收后3个月内,必须向城建档案管理机构移交一套符合规定的工程档案。

(4)停建、缓建建设工程的档案,可暂由建设单位保管。

(5)对改建、扩建和维修工程,建设单位应组织设计、施工单位对改变部位据实编制新的工程档案,并应在工程竣工验收后3个月内向城建档案管理机构移交。

(6)当建设单位向城建档案管理机构移交工程档案时,应提交移交案卷目录,办理移交手续,双方签字、盖章后方可交接。

五 建设工程档案的分类

1. 工程准备阶段文件

(1) 立项文件

由建设单位在建设工程前期形成并收集汇编,包括:项目建议书;项目建议书审批意见及前期工作通知书;可行性研究报告及附件;可行性研究报告审批意见;关于立项有关的会议纪要、领导讲话;专家建议文件;调查资料及项目评估研究等资料。

(2) 建设用地、征地、拆迁文件

由建设单位在建设工程前期形成并收集汇编,包括:选址申请及选址规划意见通知书;用地申请报告及县级以上人民政府城乡建设用地批准书;拆迁安置意见、协议、方案;建设用地规划许可证及其附件;划拨建设用地文件;固有土地使用证等资料。

(3) 勘察、测绘、设计文件

由建设单位委托勘察、测绘、设计有关单位完成,建设单位统一收集汇编,包括:工程地质勘察报告,水文地质勘察报告,自然条件、地震调查,建设用地钉桩通知单(书),地形测量和拨地测量成果报告,申报的规划设计条件和规划设计条件通知书,初步设计图纸和说明,技术设计图纸和说明,审定设计方案通知书及审查意见,有关行政主管部门批准文件或取得的有关协议,施工图及其说明,设计计算书,政府有关部门对施工图设计文件的审批意见。

(4) 招投标及合同文件

由建设单位和勘察设计单位、承包单位、监理单位签订的有关合同、文件,主要包括:勘察设计招投标文件、勘察设计承包合同、施工招投标文件、施工承包合同、工程监理招投标文件、委托监理合同。

(5) 开工审批文件

由建设单位在建设工程前期形成并收集汇编,包括:建设项目列入年度计划的申报文件,建设项目列入年度计划的批复文件或年度计划项目表,规划审批申报表及报送的文件和图纸,建设工程规划许可证及其附件,建设工程开工审查表,建设工程施工许可证、投资许可证、审计证明、缴纳绿化建设费等证明,工程质量监督手续。

(6) 财务文件

由建设单位自己或委托设计、监理、咨询服务有关单位完成,在建设工程前期形成并收集汇编,包括:工程投资估算材料、工程设计概算材料、施工图预算材料、施工预算。

(7) 建设、施工、监理机构及负责人

由建设单位在建设工程前期形成并收集汇编,包括:建设单位工程项目管理部、工程项目监理部、工程施工项目经理部及各自负责人名单。

2. 监理文件

(1) 一般性文件

监理规划。由监理单位的项目监理部在建设工程施工前期形成并收集汇编,包括:监理规划、监理实施细则、监理部总控制计划等。

(2)其他文件

①监理月报中的有关质量问题记录。在监理全过程中形成监理月报中的相关内容。

②监理会议纪要中的有关质量问题记录。在监理全过程中形成,有关的例会和专题会议记录中的内容。

③进度控制文件。在建设全过程监理中形成,包括:工程开工/复工报审表,工程延期报审与批复,工程暂停令。

④质量控制文件。在建设全过程监理中形成。包括:施工组织设计(方案)报审表。工程质量报验申请表,工程材料/构配件设备报审表,工程竣工报验单,不合格项目处置记录,质量事故报告及处理结果。

⑤造价控制文件。在建设全过程监理中形成,包括:工程款支付申请表,工程款支付证书,工程变更费用报审与签认。

⑥分包资质文件。在工程施工期中形成,包括:分包单位资质报审表,供货单位资质材料,试验等单位资质材料。

⑦监理通知及回复文件。在建设全过程监理中形成,包括:有关进度控制的,有关质量控制的,有关造价控制的监理通知及回复等。

⑧合同及其他事项管理文件。在建设全过程监理中形成,包括:费用索赔报告及审批,工程及合同变更,合同争议、违约报告及处理意见。

⑨监理工作总结文件。在建设全过程监理中形成,包括:专题总结、月报总结、工程竣工总结、质量评估报告。

3. 施工文件

施工文件包括建筑安装工程和市政基础设施工程两类。建筑安装工程中又有土建(建筑与结构)工程、机电(电气、给排水、消防、采暖、通风、空调、燃气、建筑智能化、电梯)工程和室外(室外安装、室外建筑环境)工程。市政基础设施工程中又有施工技术准备、施工现场准备,工程变更、洽商记录、原材料、成品、半成品、构配件设备出厂质量合格证及试验报告,施工试验记录,施工记录,预检记录,隐蔽工程检查(验收)记录,工程质量检查验收记录,功能性试验记录,质量事故及处理记录,竣工测量资料等12类文件。

(1)建筑安装工程

①土建(建筑与结构)工程。

a. 施工技术准备文件:施工组织设计,技术交底,图纸会审记录,施工预算的编制和审查,施工日志。

b. 施工现场准备:控制网设置资料,工程定位测量资料,基槽开挖线测量资料,施工安全措施,施工环保措施。

c. 地基处理记录:地基钎探记录和钎探平面布点图,验槽记录和地基处理记录,桩基施工记录,试桩记录。

d. 工程图纸变更记录:设计会议会审记录,设计变更记录,工程洽商记录。

e. 施工材料预制构件质量证明文件及复试试验报告:砂、石、砖、水泥、钢筋、防水材料、隔热保温材料、防腐材料、轻集料试验汇总表,砂、石、砖、水泥、钢筋、防水材料、隔热保温材料、防腐材料、轻集料出厂证明文件,砂、石、砖、水、泥、钢筋、防水材料、隔热自保温水材料、防腐材料、轻集料复试试验报告,预制构件(钢、混凝土)出厂合格证、试验记录,工程物资选样送审表,进场物资批次汇总表,工程物资进场报验表。

f.施工试验记录:土壤(素土、灰土)干密度、击实试验报告,砂浆配合比通知单,砂浆(试块)抗压强度试验报告,混凝土抗渗试验报告,商品混凝土出厂合格证、复试报告,钢筋接头(焊接)试验报告,防水工程试水检查记录,楼地面、屋面坡度检查记录,土壤、砂浆、混凝土、钢筋连接、混凝土抗渗试验报告汇总表。

g.隐蔽工程检查记录:基础和主体结构钢筋工程,钢结构工程,防水工程,高程控制。

h.施工记录:工程定位测量检查记录,预检工程检查记录,冬季施工混凝土搅拌测温记录,冬季施工混凝土养护测温记录,烟道、垃圾道检查记录,沉降观测记录,结构吊装记录,现场施工预应力记录,工程竣工测量,新型建筑材料,施工新技术。

i.工程质量事故处理记录。

j.工程质量检验记录:检验批质量验收记录,分项工程质量验收记录,基础、主体工程验收记录,幕墙工程验收记录,分部(子分部)工程质量验收记录。

②机电(电气、给排水、消防、采暖、通风、空调、燃气、建筑智能化、电梯)工程。

a.一般施工记录:施工组织设计、技术交底、施工日志。

b.图纸变更记录:图纸会审、设计变更、工程洽商。

c.设备、产品质量检查、安装记录:设备、产品质量合格证、质量保证书,设备装箱单、商检证明和说明书、开箱报告,设备安装记录,设备试运行记录,设备明细表。

d.预检记录。

e.隐蔽工程检查记录。

f.施工试验记录:电气接地电阻、绝缘电阻、综合布线、有线电视末端等测试记录,楼宇自控、监视、安装、视听、电话等系统调试记录,变配电设备安装、检查、通电、满负荷测试记录,给排水、消防、采暖、通风、空调通球、阀门等试验记录,电气照明、动力、给排水、消防、采暖、通风、空调、燃气等系统调试、试运行记录;电梯接地电阻、绝缘电阻测试记录,空载、半载、满载、超载试运行记录,平衡、运速、噪声调整试验报告。

g.质量事故处理记录。

h.工程质量检验记录:检验批质量验收记录,分项工程质量验收记录,分部(子分部)工程质量验收记录。

③室外(室外安装、室外建筑环境)工程。

a.室外安装(给水、雨水、污水、热力、燃气、电信、电力、照明、电视、消防等)施工文件。

b.室外建筑环境(建筑小品、水景、道路、园林绿化等)施工文件。

(2)市政基础设施工程

①施工技术准备。施工组织设计,技术交底,图纸会审记录,施工预算的编制和审查。

②施工现场准备。工程定位测量资料,工程定位测量复核记录,导线点、水准点测量复核记录,工程轴线、定位桩、高程测量复核记录,施工安全措施,施工环保措施。

③设计变更、洽商记录设计变更通知单,洽商记录。

④原材料、成品、半成品、构配件设备出厂质量合格证及试验报告。砂、石、砌块、水泥、钢筋(材)、石灰、沥青、涂料、混凝土外加剂、防水材料、粘接材料、防腐保温材料、焊接材料等试

验汇总表、质量合格证书和出厂检(试)验报告及现场复试报告,水泥、石灰、粉煤灰混合料、沥青混合料、商品混凝土等试验报告、出厂合格证、现场复试报告和试验汇总表,混凝土预制构件、管材、管件、钢结构构件等出厂合格证、相应的施工技术资料、试验汇总表,厂站工程的成套设备、预应力张拉设备、各类地下管线井室设施、产品等出厂合格证书和安装使用说明、汇总表,设备开箱记录。

⑤施工试验记录。

a. 砂浆、混凝土试块强度、钢筋(材)焊接、填土、路基强度试验等汇总表。

b. 道路压实度、强度试验记录:回填土、路床压实度试验及土质的最大干密度和最佳含水率试验报告,石灰类、水泥类、二灰类无机混合料基层的标准击实试验报告,道路基层混合料强度试验记录,道路面层压实度试验记录。

c. 混凝土试块强度试验记录:混凝土配合比通知单,混凝土试块强度试验报告,混凝土试块抗渗、抗冻试验报告,混凝土试块强度统计、评定记录。

d. 砂浆试块强度试验记录:砂浆配合比通知单,砂浆试块强度试验报告,砂浆试块强度统计、评定记录。

e. 钢筋(材)连接试验报告。

f. 钢管、钢结构安装及焊缝处理外观质量检查记录。

g. 桩基础试(检)验报告。

h. 工程物资选样送审记录、进场报验记录。

i. 进场物资批次汇总记录。

⑥施工记录。

a. 地基与基槽验收记录:地基勘探记录及钎探位置图,地基与基槽验收记录,地基处理记录及示意图。

b. 桩基施工记录:桩基位置平面示意图、打桩记录、钻孔桩钻进记录及成孔质量检查记录、钻孔(挖孔)桩混凝土浇灌记录。

c. 构件设备安装和调试记录:钢筋混凝土预制构件、钢结构等吊装记录,厂(场)、站工程大型设备安装调试记录。

d. 预应力张拉记录:预应力张拉记录表、预应力张拉孔道压浆记录、孔位示意图。

e. 沉井工程下沉观测记录。

f. 混凝土浇灌记录。

g. 管道、箱涵等工程项目推进记录。

h. 构筑物沉降观测记录。

i. 施工测温记录。

j. 预制安装水池壁板缠绕钢丝应力测定记录。

k. 预检记录:模板预检记录,大型构件和设备安装前预检记录,设备安装位置检查记录,管道安装检查记录,补偿器冷拉及安装情况记录,支(吊)架位置、各部位连接方式等检查记录,供水、供热、供气管道吹(冲)洗记录,保温、防腐、油漆等施工检查记录。

l. 隐蔽工程检查(验收)记录。

m. 工程质量检查评定记录:工序工程质量评定记录,部位工程质量评定记录,分部工程质量评定记录。

n. 功能性试验记录：道路工程的弯沉试验记录，桥梁工程的动、静载试验记录，无压力管道的严密性试验，压力管道的强度试验、严密试验、通球试验等记录，水池满水试验、消化池气密性试验记录，电气绝缘电阻、接地电阻测试记录，电气照明、动力试运行记录，供热管网、燃气管网等试运行记录，燃气储罐总体试验记录，电讯、宽带网等试运行记录。

o. 质量事故及处理记录：工程质量事故报告，工程质量事故处理记录。

p. 竣工测量资料：建筑物、构筑物竣工测量记录及测量示意图，地下管线工程竣工测量记录。

⑦竣工图。竣工图包括建筑安装工程竣工图和市政基础设施工程竣工图两类。建筑安装工程竣工图包括综合竣工图和专业竣工图两大类。市政基础设施工程竣工图包括：道路、桥梁、隧道、铁路、公路、航空、水运、地下铁道等轨道交通，地下人防、水利防灾、排水、供水、供热、供气、电力、电信等地下管线，高压架空输电线，污水处理，垃圾处理处置，场、厂、站工程等13大类文件。

⑧竣工验收文件。竣工验收文件包括工程竣工总结，竣工验收记录，财务文件，声像、缩微、电子档案。

a. 工程竣工总结：工程概况表，工程竣工总结。

b. 竣工验收记录：由建设单位委托长期进行的工程沉降观测记录。

（a）建筑安装工程有：单位（子单位）工程质量竣工验收记录，竣工验收证明书，竣工验收报告，竣工验收备案表（包括各专项验收认可文件），工程质量保修书。

（b）市政基础设施工程有：单位工程质量评定表及报验单，竣工验收证明书，竣工验收报告，竣工验收备案表（包括各专项验收认可文件），工程质量保修书。

c. 财务文件：决算文件，交付使用财产总表和财产明细表。

d. 声像、微缩、电子档案：工程照片，录音、录像材料，微缩品，光盘，磁盘。

第二节 建设工程监理文件档案资料管理

建设工程监理文件档案资料管理，是建设工程信息管理的一项重要工作。它是监理工程师实施建设工程监理，进行目标控制的基础性工作。在监理组织机构中必须配备专门的人员负责监理文件和档案的收发、管理、保存工作。

一 建设工程监理文件档案资料管理基本概念及意义

1. 监理文件档案资料管理的基本概念

所谓建设工程监理文件档案资料的管理，是指监理工程师受建设单位委托，在进行建设工程监理的工作期间，对建设工程实施过程中形成的与监理相关的文件和档案进行收集积累、加工整理、立卷归档和检索利用等一系列工作。建设工程监理文件档案资料管理的对象是监理文件档案资料，它们是建设工程监理信息的主要载体之一。

2. 监理文件档案资料管理的意义

监理文件档案资料管理的意义主要在于以下三个方面：

（1）对监理文件档案资料进行科学管理，可以为建设工程监理工作的顺利开展创造良好的前提条件。建设工程监理的主要任务是进行工程项目的目标控制，而控制的基础是信息。如果没有信息，监理工程师就无法实施有效地控制。在建设工程实施过程中产生的各种信息，经过收集、加工和传递，以监理文件档案资料的形式进行管理和保存，会成为有价值的监理信息资源，它是监理工程师进行建设工程目标控制的客观依据。

（2）对监理文件档案资料进行科学管理，可以极大地提高监理工作效率。监理文件档案资料经过系统、科学的整理归类，形成监理文件档案资料库，当监理工程师需要时，就能及时有针对性地提供完整的资料，从而迅速地解决监理工作中的问题。反之，如果文件档案资料分散管理，就会导致混乱，甚至散失，最终影响监理工程师的正确决策。

（3）对监理文件档案资料进行科学管理，可以为建设工程档案的归档提供可靠保证。监理文件档案资料的管理，是把监理过程中各项工作中形成的全部文字、声像、图纸及报表等文件资料进行统一管理和保存，从而确保文件和档案资料的完整性。一方面，在项目建成竣工以后，监理工程师可将完整的监理资料移交建设单位，作为建设项目的工程监理档案；另一方面，完整的工程监理文件档案资料是建设工程监理单位具有重要历史价值的资料，监理工程师可从中获得宝贵的监理经验，有利于不断提高建设工程监理工作水平。

3. 建设工程监理文件档案资料的传递流程

项目监理部的信息管理部门是专门负责建设工程项目信息管理工作的，其中包括监理文件档案资料的管理。因此在工程全过程中形成的所有资料，都应统一归口传递到信息管理部门，进行集中加工、收发和管理。

首先，在监理组织内部，所有文件档案资料都必须先送交信息管理部门，进行统一整理分类，归档保存，然后由信息管理部门根据总监理工程师或其授权监理工程师的指令和监理工作的需要，分别将文件档案资料传递给有关的监理工程师。当然任何监理人员都可以随时自行查阅经整理分类后的文件和档案。其次，在监理组织外部，在发送或接收建设单位、设计单位、施工单位、材料供应单位及其他单位的文件档案资料时，也应由信息管理部门负责进行，这样使所有的文件档案资料的进出只有一个通道，从而在组织上保证监理文件档案资料的有效管理。

文件档案资料的管理和保存，主要由信息管理部门中的资料管理人员负责。作为资料管理人员，必须熟悉各项监理业务，通过分析研究监理文件档案资料的特点和规律，对其进行系统、科学的管理，使其在建设工程监理工作中得到充分利用。除此之外，监理资料管理人员还应全面了解和掌握建设工程进展和监理工作开展的实际情况，结合对文件档案资料的整理分析，编写有关专题材料，对重要文件资料进行摘要综述，包括编写监理工作月报、工程建设周报等。

（二）建设工程监理文件档案资料管理

建设工程监理文件档案资料管理主要内容是：监理文件档案资料收、发文与登记；监理文件档案资料传阅；监理文件档案资料分类存放；监理文件档案资料归档、借阅、更改与作废。

1. 监理文件和档案收文与登记

所有收文应在收文登记表上进行登记（按监理信息分类别进行登记）。应记录文件名称、文件摘要信息、文件的发放单位(部门)、文件编号以及收文日期,必要时应注明接收文件的具体时间,最后由项目监理部负责收文人员签字。

监理信息在有追溯性要求的情况下,应注意核查所填部分内容是否可追溯。如材料报审表中是否明确注明该材料所使用的具体部位,以及该材料质保证明的原件保存处等。

如不同类型的监理信息之间存在相互对照或追溯关系时(如:监理工程师通知单和监理工程师通知回复单),在分类存放的情况下,应在文件和记录上注明相关信息的编号和存放处。

资料管理人员应检查文件档案资料的各项内容填写和记录真实完整,签字认可人员应为符合相关规定的责任人员,并且不得以盖章和打印代替手写签认。文件档案资料以及存储介质质量应符合要求,所有文件档案必须使用符合档案归档要求的碳素墨水填写或打印生成,以适应长时间保存的要求。

有关建设工程照片及声像资料等应注明拍摄日期及所反映建设工程部位等摘要信息。收文登记后应交给项目总监或由其授权的监理工程师进行处理,重要文件内容应在监理日志中记录。

部分收文如涉及建设单位的建设工程指令或设计单位的技术核定单以及其他重要文件,应将复印件在项目监理部专栏内予以公布。

2. 监理文件档案资料传阅与登记

由建设工程项目监理部总监理工程师或其授权的监理工程师确定文件、记录是否需传阅,如需传阅应确定传阅人员名单和范围,并注明在文件传阅纸上,随同文件和记录进行传阅。也可按文件传阅纸样式刻制方形图章,盖在文件空白处,代替文件传阅纸。每位传阅人员阅后应在文件传阅纸上签名,并注明日期。文件和记录传阅期限不应超过该文件的处理期限。传阅完毕后,文件原件应交还信息管理人员归档。

3. 监理文件资料发文与登记

发文由总监理工程师或其授权的监理工程师签名,并加盖项目监理部图章,对盖章工作应进行专项登记。如为紧急处理的文件,应在文件首页标注"急件"字样。

所有发文按监理信息资料分类和编码要求进行分类编码,并在发文登记表上登记。登记内容包括:文件资料的分类编码、发文文件名称、摘要信息、接收文件的单位(部门)名称、发文日期(强调时效性的文件应注明发文的具体时间)。收件人收到文件后应签名。

发文应留有底稿,并附一份文件传阅纸,信息管理人员根据文件签发人指示确定文件责任人和相关传阅人员。文件传阅过程中,每位传阅人员阅后应签名并注明日期。发文的传阅期限不应超过其处理期限。重要文件的发文内容应在监理日志中予以记录。

项目监理部的信息管理人员应及时将发文原件归入相应的资料柜(夹)中,并在目录清单中予以记录。

4. 监理文件档案资料分类存放

监理文件档案经收/发文、登记和传阅工作程序后,必须使用科学的分类方法进行存放,这样既可满足项目实施过程查阅、求证的需要,又方便项目竣工后文件和档案的归档和移交。项目监理部应备有存放监理信息的专用资料柜和用于监理信息分类归档存放的专用资料夹。在大中型项目中应采用计算机对监理信息进行辅助管理。

信息管理人员则应根据项目规模规划各资料柜和资料夹内容。具体实施可参考下例,但不一定机械地按顺序将每个文件夹与各类文件一一对应。例如,合同类文件(A类)和勘察设计文件(B类)数量比较少可合并存放在一个文件夹内;工程质量控制申报审批文件(H类)中建筑材料、构配件、设备报审文件的数量较多,可单独存放在一个文件夹内,在某些大项目中,甚至可以考虑按材料、设备分类存放在多个文件夹内。某些文件内容比较多(如监理规划、施工组织设计)不宜存放在文件夹中,可在文件夹内附目录上说明文件编号和存放地点,然后将有关文件保存在指定位置。

文件档案资料应保持清晰,不得随意涂改记录,保存过程中应保持记录介质的清洁和不破损。

项目建设过程中文件和档案的具体分类原则应根据工程特点制订,监理单位的技术管理部门可以明确本单位文件档案资料管理的框架性原则,以便统一管理并体现出企业的特色。下文推荐的施工阶段监理文件和档案分类方法供监理工程师在具体项目操作中予以参考。需要注意的是,下文提出的分类方法在监理开展工作过程中使用,与本章第一节中第五部分中的监理文件分类方法有所区别,后者指的是项目竣工后监理单位应交给建设单位以及地方城建档案管理部门的资料,而这些资料只是监理工作之中需要和产生文件和档案的一小部分。

【例】 某监理单位监理文件档案资料的基本内容及编号

(1)委托监理合同(包括监理招投标文件)(A-1)
(2)建设工程施工合同(包括施工招投标文件)(A-2)
(3)工程分包合同,各类建设单位与第三方签订的涉及监理业务的合同(A-3)
(4)有关合同变更的协议文件(A-4)
(5)工程暂停及复工文件(A-5)
(6)费用索赔处理的文件(A-6)
(7)工程延期及工程延误处理文件(A-7)
(8)合同争议调解的文件(A-8)
(9)违约处理文件(A-9)

文件档案资料按类保存,A为"类号",-1、-2、-3、…为"分类号"。如委托监理合同(A-1)中"A"为类号,"-1"为分类号。每类文件保存在一个文件夹(柜)中,文件夹(柜)中设分页纸(分隔器)以保存各分类文件。

监理信息的分类可按照本部分内容定出框架,同时应考虑所监理工程项目的施工顺序、施工承包体系、单位工程的划分以及质量验收工作程序并结合自身监理业务工作的开展情况进行分类的编排,原则上可考虑按承包单位、按专业施工部位、按单位工程等进行划分,以保证监理信息检索和归档工作的顺利进行。

信息管理部门应注意建立适宜的文件档案资料存放地点,防止文件档案资料受潮霉变及虫害侵蚀。

资料夹装满或工程项目某一分部或单位工程结束时,资料应转存至档案袋,袋面应以相同编号标识。

如资料缺项时,类号、分类号不变,资料可空缺。

5. 监理文件档案资料归档

监理文件档案资料归档内容、组卷方法以及监理档案的验收、移交和管理工作,应根据《建设工程监理规范》(GB/T 50319—2013)及《建设工程文件归档规范》(GB/T 50328—

2014)并参考工程项目所在地区建设工程行政主管部门、建设监理行业主管部门、地方城市建设档案管理部门的规定执行。

对一些需连续产生的监理信息,如对其有统计要求,在归档过程中应对该类信息建立相关的统计汇总表格以便进行核查和统计,并及时发现错漏之处,从而保证该类监理信息的完整性。

监理文件档案资料的归档保存中应严格按照保存原件为主、复印件为辅和按照一定顺序归档的原则。如在监理实践中出现作废和遗失等情况,应明确地记录作废和遗失原因、处理的过程。

如采用计算机对监理信息进行辅助管理的,当相关的文件和记录经相关责任人员签字确定、正式生效并已存入项目部相关资料夹中时,计算机管理人员应将储存在计算机中的相关文件和记录改变其文件属性为"只读",并将保存的目录记录在书面文件上以便于进行查阅。在项目文件档案资料归档前不得将计算机中保存的有效文件和记录删除。

按照《建设工程文件归档规范》(GB/T 50328—2014),监理文件有6大类27个,要求在不同的单位归档保存,现分述如下:

(1)监理管理文件

①监理规划(建设单位、监理单位、城建档案馆必须归档保存)。

②监理实施细则(建设单位、监理单位、城建档案馆必须归档保存,施工单位选择性保存)。

③监理月报(监理单位归档保存,建设单位选择性保存)。

④监理会议纪要(建设单位、监理单位归档保存,施工单位选择性保存)。

⑤监理工作日志(监理单位归档保存)。

⑥监理工作总结(监理单位、城建档案馆归档保存)。

⑦工作联系单(建设单位归档保存,监理单位、施工单位选择性保存)。

⑧监理工程师通知单(建设单位归档保存,监理单位、施工单位、城建档案馆选择性保存)。

⑨监理工程师通知回复单(建设单位归档保存,监理单位、施工单位、城建档案馆选择性保存)。

⑩工程暂停令(建设单位、城建档案馆归档保存,监理单位、施工单位选择性保存)。

⑪工程复工报审表(建设单位、监理单位、施工单位、城建档案馆归档保存)。

(2)进度控制文件

①工程开工报审表(建设单位、监理单位、施工单位、城建档案馆归档保存)。

②施工进度计划报审表(建设单位归档保存,监理单位、施工单位选择性保存)。

(3)质量控制文件

①质量事故报告及处理资料(建设单位、监理单位、施工单位、城建档案馆归档保存)。

②旁站监理记录(监理单位归档保存,建设单位、施工单位选择性保存)。

③见证取样和送检人员备案表(建设单位、监理单位、施工单位归档保存)。

④见证记录(建设单位、监理单位、施工单位归档保存)。

⑤工程技术文件报审表(施工单位选择性保存)。

(4)造价控制文件

①工程款支付报审表(建设单位归档保存,监理单位、施工单位选择性保存)。

②工程款支付证书(建设单位归档保存,监理单位、施工单位选择性保存)。

③工程变更费用报审表(建设单位归档保存,监理单位、施工单位选择性保存)。

④费用索赔申请表(建设单位归档保存,监理单位、施工单位选择性保存)。

⑤费用索赔审批表(建设单位归档保存,监理单位、施工单位选择性保存)。

(5)工期管理文件

①工程延期申请表(建设单位、监理单位、施工单位、城建归档馆归档保存)。

②工程延期审批表(建设单位、监理单位、城建归档馆归档保存)。

(6)监理验收文件

①竣工移交证书(建设单位、监理单位、施工单位、城建归档馆归档保存)。

②监理资料移交书(建设单位、监理单位归档保存)。

项目监理部存放的文件和档案原则上不得外借,如政府部门、建设单位或施工单位确有需要,应经过总监理工程师或其授权的监理工程师同意,并在信息管理部门办理借阅手续。监理人员在项目实施过程中需要借阅文件和档案时,应填写文件借阅单,并明确归还时间。信息管理人员办理有关借阅手续后,应在文件夹的内附目录上作特殊标记,避免其他监理人员查阅该文件时,因找不到文件引起工作混乱。

监理文件档案的更改应由原制定部门相应责任人执行,涉及审批程序的,由原审批责任人执行。若指定其他责任人进行更改和审批时,新责任人必须获得所依据的背景资料。监理文件档案更改后,由信息管理部门填写监理文件档案更改通知单,并负责发放新版本文件,以及在发放过程中必须保证项目参建单位中所有相关部门都得到相应文件的有效版本。文件档案换发新版时,应由信息管理部门负责将原版本收回作废。考虑到日后有可能出现追溯需求,信息管理部门可以保存作废文件的样本以备查阅。

第三节　建设工程监理表格体系和主要文件档案

一　建设工程监理的表格体系

根据最新颁布的《建设工程监理规范》(GB/T 50319—2013),建设工程监理基本表式分为三大类,即:a类表——工程监理单位用表(共8个表);b类表——施工单位报审、报验用表(共14个表);c类表——通用表(共3个表)。

1. 工程监理单位用表(A类表)

(1)总监理工程师任命书(表A.0.1)

建设工程监理合同签订后,工程监理单位法定代表人要通过《总监理工程师任命书》委派有类似建设工程监理经验的注册监理工程师担任总监理工程师。

《总监理工程师任命书》需要由工程监理单位法定代表人签字,并加盖单位公章。

(2)工程开工令(表A.0.2)

建设单位代表在施工单位报送的《工程开工报审表》(表B.0.2)上签字同意开工后,总监理工程师可签发《工程开工令》,指令施工单位开工。

《工程开工令》需要由总监理工程师签字,并加盖执业印章。

《工程开工令》应明确具体开工日期,并作为施工单位计算工期的起始日期。

(3)监理通知单(表 A.0.3)

《监理通知单》是项目监理机构在日常监理工作中常用的指令性文件。项目监理机构在建设工程监理合同约定的权限范围内,针对施工单位出现的各种问题所发出的指令、提出的要求等,除另有规定外,均应采用《监理通知单》。监理工程师现场发出的口头指令及要求,也应采用《监理通知单》予以确认。

施工单位发生下列情况时,项目监理机构应发出监理通知:

①在施工过程中出现不符合设计要求、工程建设标准、合同约定。

②使用不合格的工程材料、构配件和设备。

③在工程质量、造价、进度等方面存在违规等行为。

《监理通知单》可由总监理工程师或专业监理工程师签发,对于一般问题可由专业监理工程师签发,对于重大问题应由总监理工程师或经其同意后签发。

(4)监理报告(表 A.0.4)

当项目监理机构对工程存在安全事故隐患发出《监理通知单》《工程暂停令》而施工单位拒不整改或不停止施工时,项目监理机构应及时向有关主管部门报送《监理报告》。项目监理机构报送《监理报告》时,应附相应《监理通知单》或《工程暂停令》等证明监理人员履行安全生产管理职责的相关文件资料。

(5)工程暂停令(表 A.0.5)

建设工程施工过程中出现《建设工程监理规范》规定的停工情形时,总监理工程师应签发《工程暂停令》。

《工程暂停令》中应注明工程暂停的原因、部位和范围、停工期间应进行的工作等。《工程暂停令》需要由总监理工程师签字,并加盖执业印章。

(6)旁站记录(表 A.0.6)

项目监理机构监理人员对关键部位、关键工序的施工质量进行现场跟踪监督时,需要填写《旁站记录》。

"关键部位、关键工序的施工情况"应记录所旁站部位(工序)的施工作业内容、主要施工机械、材料、人员和完成的工程数量等内容及监理人员检查旁站部位施工质量的情况。

"发现的问题及处理情况"应说明旁站所发现的问题及其采取的处置措施。

(7)工程复工令(表 A.0.7)

当导致工程暂停施工的原因消失、具备复工条件时,建设单位代表在《工程复工报审表》(表 B.0.3)上签字同意复工后,总监理工程师应签发《工程复工令》指令施工单位复工;或者工程具备复工条件而施工单位未提出复工申请的,总监理工程师应根据工程实际情况直接签发《工程复工令》指令施工单位复工。

《工程复工令》需要由总监理工程师签字,并加盖执业印章。

(8)工程款支付证书(表 A.0.8)

项目监理机构收到经建设单位签署审批意见的《工程款支付报审表》(表 B.0.11)后,总监理工程师应向施工单位签发《工程款支付证书》,同时抄报建设单位。

《工程款支付证书》需要由总监理工程师签字,并加盖执业印章。

2. 施工单位报审、报验用表(B类表)

(1)施工组织设计或(专项)施工方案报审表(表B.0.1)

施工单位编制的施工组织设计、施工方案、专项施工方案经其技术负责人审查后,需要连同《施工组织设计或(专项)施工方案报审表》一起报送项目监理机构。

先由专业监理工程师审查后,再由总监理工程师审核签署意见。

《施工组织设计或(专项)施工方案报审表》需要由总监理工程师签字,并加盖执业印章。对于超过一定规模的危险性较大的分部分项工程专项施工方案,还需要报送建设单位审批。

(2)工程开工报审表(表B.0.2)

单位工程具备开工条件时,施工单位需要向项目监理机构报送《工程开工报审表》。

同时具备下列条件时,由总监理工程师签署审查意见,并报建设单位批准后,总监理工程师方可签发《工程开工令》:

①设计交底和图纸会审已完成。

②施工组织设计已由总监理工程师签认。

③施工单位现场质量、安全生产管理体系已建立,管理及施工人员已到位,施工机械具备使用条件,主要工程材料已落实。

④进场道路及水、电、通信等已满足开工要求。

《工程开工报审表》需要由总监理工程师签字,并加盖执业印章。

(3)工程复工报审表(表B.0.3)

当导致工程暂停施工的原因消失、具备复工条件时,施工单位需要向项目监理机构报送《工程复工报审表》。

总监理工程师签署审查意见,并报建设单位批准后,总监理工程师方可签发《工程复工令》。

(4)分包单位资格报审表(表B.0.4)

施工单位按施工合同约定选择分包单位时,需要向项目监理机构报送《分包单位资格报审表》及相关证明材料。《分包单位资格报审表》由专业监理工程师提出审查意见后,由总监理工程师审核签认。

(5)施工控制测量成果报验表(表B.0.5)

施工单位完成施工控制测量并自检合格后,需要向项目监理机构报送《施工控制测量成果报验表》及施工控制测量依据和成果表。专业监理工程师审查合格后予以签认。

(6)工程材料、构配件、设备报审表(表B.0.6)

施工单位在对工程材料、构配件、设备自检合格后,应向项目监理机构报送《工程材料、构配件、设备报审表》及相关质量证明材料和自检报告。专业监理工程师审查合格后予以签认。

(7)_____报验、报审表(表B.0.7)

该表主要用于隐蔽工程、检验批、分项工程的报验,也可用于为施工单位提供服务的试验室的报审。专业监理工程师审查合格后予以签认。

(8)分部工程报验表(表B.0.8)

分部工程所包含的分项工程全部自检合格后,施工单位应向项目监理机构报送《分部工程报验表》及分部工程质量控制资料。在专业监理工程师验收的基础上,由总监理工程师签署验收意见。

(9)监理通知回复单(表 B.0.9)

施工单位在收到《监理通知单》(表 A.0.3)后,按要求进行整改、自查合格后,应向项目监理机构报送《监理通知回复单》。

项目监理机构收到施工单位报送的《监理通知回复单》后,一般可由原发出《监理通知单》的专业监理工程师进行核查,认可整改结果后予以签认。重大问题可由总监理工程师进行核查签认。

(10)单位工程竣工验收报审表(表 B.0.10)

单位(子单位)工程完成后,施工单位自检符合竣工验收条件后,应向项目监理机构报送《单位工程竣工验收报审表》及相关附件,申请竣工验收。

总监理工程师在收到《单位工程竣工验收报审表》及相关附件后,应组织专业监理工程师进行审查并签署预验收意见。《单位工程竣工验收报审表》需要由总监理工程师签字,并加盖执业印章。

(11)工程款支付报审表(表 B.0.11)

该表适用于施工单位工程预付款、工程进度款、竣工结算款等的支付申请。项目监理机构对施工单位的申请事项进行审核并签署意见,经建设单位批准后方可作为总监理工程师签发《工程款支付证书》(表 A.0.8)的依据。

(12)施工进度计划报审表(表 B.0.12)

该表适用于施工总进度计划、阶段性施工进度计划的报审。

施工进度计划在专业监理工程师审查的基础上,由总监理工程师审核签认。

(13)费用索赔报审表(表 B.0.13)

施工单位索赔工程费用时,需要向项目监理机构报送《费用索赔报审表》。项目监理机构对施工单位的申请事项进行审核并签署意见,经建设单位批准后方可作为支付索赔费用的依据。

《费用索赔报审表》需要由总监理工程师签字,并加盖执业印章。

(14)工程临时或最终延期报审表(表 B.0.14)

施工单位申请工程延期时,需要向项目监理机构报送《工程临时或最终延期报审表》。

项目监理机构对施工单位的申请事项进行审核并签署意见,经建设单位批准后方可延长合同工期。

《工程临时或最终延期报审表》需要由总监理工程师签字,并加盖执业印章。

3.通用表(C类表)

(1)工作联系单(C.0.1)

该表用于项目监理机构与工程建设有关方(包括建设、施工、监理、勘察、设计等单位和上级主管部门)之间的日常工作联系。

有权签发《工作联系单》的负责人有:建设单位现场代表、施工单位项目经理、工程监理单位项目总监理工程师、设计单位本工程设计负责人及工程项目其他参建单位的相关负责人等。

(2)工程变更单(C.0.2)

施工单位、建设单位、工程监理单位提出工程变更时,应填写《工程变更单》,由建设单位、设计单位、监理单位和施工单位共同签认。

(3)索赔意向通知书(C.0.3)

施工过程中发生索赔事件后,受影响的单位依据法律法规和合同约定,向对方单位声明或告知索赔意向时,需要在合同约定的时间内报送《索赔意向通知书》。

二 基本表式应用说明

1. 基本要求

(1)应依照合同文件、法律法规及标准等规定的程序和时限签发、报送、回复各类表。

(2)应按有关规定,采用碳素墨水、蓝黑墨水书写或黑色碳素印墨打印各类表,不得使用易褪色的书写材料。

(3)应使用规范语言,法定计量单位,公历年、月、日填写各类表。各类表中相关人员的签字栏均须由本人签署。由施工单位提供附件的,应在附件上加盖骑缝章。

(4)各类表在实际使用中,应分类建立统一编码体系。各类表式应连续编号,不得重号、跳号。

(5)各类表中施工项目经理部用章的样章应在项目监理机构和建设单位备案,项目监理机构用章的样章应在建设单位和施工单位备案。

2. 由总监理工程师签字并加盖执业印章的表式

(1)A.0.2 工程开工令。

(2)A.0.5 工程暂停令。

(3)A.0.7 工程复工令。

(4)A.0.8 工程款支付证书。

(5)B.0.1 施工组织设计或(专项)施工方案报审表。

(6)B.0.2 工程开工报审表。

(7)B.0.10 单位工程竣工验收报审表。

(8)B.0.11 工程款支付报审表。

(9)B.0.13 费用索赔报审表。

(10)B.0.14 工程临时或最终延期报审表。

3. 需要建设单位审批同意的表式

(1)B.0.1 施工组织设计或(专项)施工方案报审表(仅对超过一定规模的危险性较大的分部分项工程专项施工方案)。

(2)B.0.2 工程开工报审表。

(3)B.0.3 工程复工报审表。

(4)B.0.12 施工进度计划报审表。

(5)B.0.13 费用索赔报审表。

(6)B.0.14 工程临时或最终延期报审表。

4. 需要工程监理单位法定代表人签字并加盖工程监理单位公章的表式

只有"总监理工程师任命书(表 A.0.1)"。

5. 需要由施工项目经理签字并加盖施工单位公章的表式
"工程开工报审表(表B.0.2)"和"单位工程竣工验收报审表(表B.0.10)"。

6. 其他说明

对于涉及工程质量方面的基本表式,由于各行业、各部门的专业要求不同,各类工程的质量验收应按相关专业验收规范及相关表式要求办理。

如没有相应表式,工程开工前,项目监理机构应根据工程特点、质量要求、竣工及归档组卷要求,与建设单位、施工单位进行协商,定制工程质量验收相应表式。

项目监理机构应事前使施工单位、建设单位明确定制各类表式的使用要求。

三 建设工程监理主要文件资料分类及编制要求

1. 建设工程监理主要文件资料分类

建设工程监理主要文件资料包括:

(1) 勘察设计文件、建设工程监理合同及其他合同文件。

(2) 监理规划、监理实施细则。

(3) 设计交底和图纸会审会议纪要。

(4) 施工组织设计、(专项)施工方案、施工进度计划报审文件资料。

(5) 分包单位资格报审会议纪要。

(6) 施工控制测量成果报验文件资料。

(7) 总监理工程师任命书,工程开工令、暂停令、复工令,开工或复工报审文件资料。

(8) 工程材料、构配件、设备报验文件资料。

(9) 见证取样和平行检验文件资料。

(10) 工程质量检验报验资料及工程有关验收资料。

(11) 工程变更、费用索赔及工程延期文件资料。

(12) 工程计量、工程款支付文件资料。

(13) 监理通知单、工程联系单与监理报告。

(14) 第一次工地会议、监理例会、专题会议等会议纪要。

(15) 监理月报、监理日志、旁站记录。

(16) 工程质量或安全生产事故处理文件资料。

(17) 工程质量评估报告及竣工验收监理文件资料。

(18) 监理工作总结。

除了上述监理文件资料外,在设备采购和设备监造中还会形成监理文件资料,内容详见《建设工程监理规范》(GB/T 50319—2013)第8.2.3条和8.3.14条规定。

2. 建设工程监理文件资料编制要求

《建设工程监理规范》(GB/T 50319—2013)明确规定了监理规划、监理实施细则、监理月报、监理日志和监理工作总结及工程质量评估报告等的编制内容和要求。

(1) 监理日志

由总监理工程师根据工程实际情况指定专业监理工程师负责记录。

监理日志的主要内容包括:天气和施工环境情况;当日施工进展情况,包括工程进度情况、工程质量情况、安全生产情况等;当日监理工作情况,包括旁站、巡视、见证取样、平行检验等情况;当日存在的问题及协调解决情况;其他有关事项。

(2)监理例会会议纪要

会议纪要由项目监理机构根据会议记录整理,主要内容包括:

①会议地点及时间。

②会议主持人。

③与会人员姓名、单位、职务。

④会议主要内容、决议事项及其负责落实单位、负责人和时限要求。

⑤其他事项。

对于监理例会上意见不一致的重大问题,应将各方的主要观点,特别是相互对立的意见记入"其他事项"中。

会议纪要的内容应真实准确,简明扼要,经总监理工程师审阅,与会各方代表会签,发至有关各方并应有签收手续。

(3)监理月报

监理月报由总监理工程师组织编写、签认后报送建设单位和本监理单位。报送时间由监理单位与建设单位协商确定。

监理月报应包括以下主要内容:

①本月工程实施情况

a.工程进展情况。实际进度与计划进度的比较,施工单位人、机、料进场及使用情况,本期在施部位的工程照片等。

b.工程质量情况。分部分项工程验收情况,工程材料、设备、构配件进场检验情况,主要施工、试验情况,本月工程质量分析。

c.施工单位安全生产管理工作评述。

d.已完工程量与已付工程款的统计及说明。

②本月监理工作情况

a.工程进度控制方面的工作情况。

b.工程质量控制方面的工作情况。

c.安全生产管理方面的工作情况。

d.工程计量与工程款支付方面的工作情况。

e.合同及其他事项管理工作情况。

f.监理工作统计及工作照片。

③本月工程实施的主要问题分析及处理情况

a.工程进度控制方面的主要问题分析及处理情况。

b.工程质量控制方面的主要问题分析及处理情况。

c.施工单位安全生产管理方面的主要问题分析及处理情况。

d.工程计量与工程款支付方面的主要问题分析及处理情况。

e.合同及其他事项管理方面的主要问题分析及处理情况。

④下月监理工作重点：
　a. 工程管理方面的监理工作重点。
　b. 项目监理机构内部管理方面的工作重点。
(4) 工程质量评估报告
①工程质量评估报告编制的基本要求
　a. 工程质量评估报告的编制应文字简练、准确、重点突出、内容完整。
　b. 工程竣工预验收合格后，由总监理工程师组织专业监理工程师编制工程质量评估报告，编制完成后，由项目总监理工程师及监理单位技术负责人审核签认并加盖监理单位公章后报建设单位。工程质量评估报告应在正式竣工验收前提交给建设单位。
②工程质量评估报告的主要内容
　a. 工程概况。
　b. 工程参建单位。
　c. 工程质量验收情况。
　d. 工程质量事故及其处理情况。
　e. 竣工资料审查情况。
　f. 工程质量评估结论。
(5) 监理工作总结
当监理工作结束时，项目监理机构应向建设单位和工程监理单位提交监理工作总结。
监理工作总结由总监理工程师组织项目监理机构监理人员编写，由总监理工程师审核签字，并加盖工程监理单位公章后报建设单位。
监理工作总结应包括以下内容：
①工程概况。包括：
　a. 工程名称、等级、建设地址、建设规模、结构形式以及主要设计参数。
　b. 工程建设单位、设计单位、勘察单位、施工单位（包括重点的专业分包单位）、检测单位等。
　c. 工程项目主要的分部、分项工程施工进度和质量情况。
　d. 监理工作的难点和特点。
②项目监理机构。监理过程中如有变动情况，应予以说明。
③建设工程监理合同履行情况。
④监理工作成效。
⑤监理工作中发现的问题及其处理情况。
⑥说明与建议。

◀ 本 章 小 结 ▶

建设工程文件是指在建设工程中形成的各种形式的信息记录。建设工程档案指在建设工程中直接形成的具有归档保存价值的文件、图表、声像等各种形式的历史记录。建设工程监理文件档案资料的管理,是监理工程师实施建设工程监理,进行目标控制的基础性工作。建设工程监理在施工阶段的基本表式应按照《建设工程监理规范》(GB/T 50319—2013)附表执行。

小知识

何为工程资料的四性？工程资料的四性即合法性、准确性、真实性和完整性。合法性是指：资料中签字印章齐全,真实有效；资料内容不得侵害国家利益,不得与现行法律和法规相抵触。准确性是指：工程资料里反映的技术性文字和数据准确无误,能直接计算出工程量,直至确定工程造价。真实性是指：资料反映的内容必须是工程的实际情况,且经建设、监理、施工等相关部门共同认定,任何一方不得擅自涂改、仿造。完整性是指：工程资料必须是全面的,没有遗漏,能完整反映整个工程实际内容。

◀ **思 考 题** ▶

1. 什么是建设工程文件？什么是建设工程档案？建设工程文件档案资料有何特征？
2. 建设工程监理文件档案如何进行分类？
3. 监理工作基本表式有哪几类？使用时的注意事项有哪些？
4. 建立资料管理的内容有哪些？
5. 建设监理规范规定的监理资料有哪些？
6. 监理工作总结应包括哪些内容？
7. 工程竣工验收时,档案验收的程序是什么？重点验收内容是什么？

附录一
建设工程监理案例分析

监理工程师的业务内容所体现的是工程技术理论与工程管理理论的应用,具有很强的实践性特点。因此,要求监理工程师具备较丰富的实践经验。建设工程监理案例分析是综合运用建设工程监理的基本原理、基本程序和基本方法,以及建设工程监理的有关法律、法规和监理规范等解决建设工程监理实际问题。通过案例分析,可以加强监理人员对建设工程监理的基本理论知识的融会贯通。同时,提高监理人员分析、判断、推理的能力,培养其解决实际问题的方法与策略。

案 例 一

【背景】 某业主开发建设一栋20层综合大楼,委托A监理公司进行该工程施工阶段监理工作。经过工程招标,业主选择了B建筑公司总承包工程施工任务。B建筑公司自行完成该大楼主体结构的施工。获得业主许可后,B建筑公司将水电、暖通工程分包给C安装公司,装饰工程分包给D装修公司。在该工程中,监理单位进行了如下工作:

(1)总监理工程师组建了项目监理机构,采用了直线制监理组织形式,设立了总监办公室,任命了总监理工程师代表。

(2)总监理工程师组织制订了监理规划,在监理规划中明确,监理机构的工作任务之一是做好与业主、承包商的协调工作。

(3)总监理工程师要求专业监理工程师在编制监理实施细则时,制订旁站监理方案,明确旁站监理的范围和旁站监理人员职责。此方案报送一份给业主,另抄送工程所在地的建设行政主管部门或其委托的工程质量监督机构。

(4)在监理机构制定的旁站监理方案中,旁站监理人员的职责有:

①核查进场材料、构配件、设备等的质量检验报告等,并可在现场监督施工单位进行检验。

②做好旁站监理记录和监理日志,保存旁站监理的原始资料。

【问题1】 在施工阶段,项目监理机构与施工单位的协调工作应注意哪些内容?

【参考答案】
协调工作的主要内容有:与承包商项目经理关系的协调;进度问题的协调;质量问题的协调;对承包商违约行为的处理;合同争议的协调;对分包单位的协调;处理好人际关系。

【问题2】 总监理工程师应如何确定适宜本工程实际的直线制监理组织形式,并画出图示。

【参考答案】

答案如附图1所示。

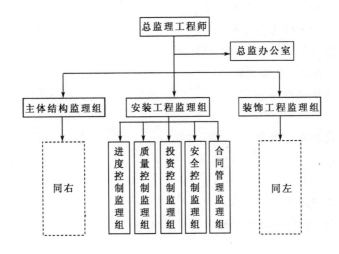

附图1 按专业内容分解的直线制监理组织形式

【问题3】 指出监理机构中关于旁站监理方案制订、报送及其内容的不妥之处并改正。

【参考答案】

(1)在编制监理实施细则时,制订旁站监理方案不妥。应在编制监理规划时,制订旁站监理方案。

(2)旁站监理方案的内容不妥。还应明确旁站监理的内容和程序。

(3)旁站监理方案的报送不妥。还应抄送施工单位,并做施工交底。

【问题4】 旁站监理方案中旁站监理人员的职责是否全面？若不全面,请补充其缺项。

【参考答案】

旁站监理人员的职责不全面。其缺项有：

(1)检查施工单位现场质检人员到岗、特殊工种人员持证上岗以及施工机械、建筑材料准备情况。

(2)在现场跟班监督关键部位、关键工序的施工执行施工方案以及建设工程强制性标准情况。

案 例 二

【背景】 某监理单位承接了一工程项目施工阶段监理工作。该建设单位要求监理单位必须在监理进场后的一个月内提交监理规划。监理单位因此立即着手编制工作。

(1)为了使编制工作顺利地在要求时间内完成,监理单位认为首先必须明确以下问题：

①编制建设工程监理规划的重要性。

②监理规划由谁来组织编制。

③规定其编制的程序和步骤。

(2)收集制订编制监理规划的依据资料：

①施工承包合同资料。
②建设规范、标准。
③反映项目法人对项目监理要求的资料。
④反映监理项目特征的有关资料。
⑤关于项目承包单位、设计单位的资料。

(3) 监理规划编制如下基本内容:
①各单位之间的协调程序。
②工程概况。
③监理工作范围和工作内容。
④监理工作程序。
⑤项目监理工作责任。
⑥工程基础施工组织等。

【问题1】 建设工程监理规划的重要性是什么?
【参考答案】
监理规划是监理工作的指导性文件,是监理组织有序地开展监理工作的依据和基础。

【问题2】 在一般情况下,监理规划应由谁来组织编制?
【参考答案】
监理规划由监理单位在总监理工程师的主持下负责编写制订。

【问题3】 在所收集的制订监理规划的资料中哪些是必要的?你认为还应补充哪些方面的资料?
【参考答案】
第②、③、④条是必要的。还应补充的资料是:反映项目建设条件的有关资料;反映当地建设政策、法规方面的资料。

【问题4】 在所编制的监理规划与监理大纲之间有何关系?
【参考答案】
监理规划是在监理大纲的基础上编写的;监理规划包括的内容与深度比监理大纲更为具体和详细。

【问题5】 所编制的监理规划内容中,哪些内容应该编入监理规划中?并请进一步说明它们包括那些具体内容。
【参考答案】
应该编入的内容有第②、③、④条。
工程概况应包括:工程名称、建设地址;工程项目组成及建筑规模;主要建筑结构类型;预计工程投资总额;预计项目工期;工程质量等级;主体工程设计单位及施工总承包单位名称;工程特点的简要描述。

【问题6】 建设单位要求编制完成的时间合理吗?
【参考答案】
不合理。应在召开第一次工地会议前报送建设单位。

案 例 三

【背景】 某机械厂总装车间建设项目,是一座典型的钢筋混凝土装配式单层工业厂房。基坑采用放坡大开挖;混凝土灌注桩基和杯型基础;预制钢筋混凝土柱、屋架、吊车梁;屋架和吊车梁用后张法就地施加预应力;外购屋面板;钢支撑结构。建设单位与某监理单位签订了委托监理合同,与施工单位签订了施工合同。

项目总监理工程师主持编制了监理规划,上报监理单位审批。监理单位技术负责人建议总监修改或补充完善监理规划中如下内容:

1. 修改和完善旁站监理有关内容

(1)旁站监理范围和内容:厂房基础工程的混凝土灌注桩和杯型基础混凝土浇筑;厂房主体结构工程的柱、屋架、吊车梁混凝土浇筑,柱、屋架、吊车梁、屋面板吊装,钢支撑安装。

(2)旁站监理程序:监理单位制订旁站监理方案,并送施工单位;施工单位在需要实施旁站的关键部位、关键工序进行施工前24小时书面通知监理机构,监理机构安排旁站人员按旁站监理方案实施监理。

(3)旁站监理人员主要职责有:

①检查施工单位有关人员的上岗证和到岗情况。

②检查机械、材料准备情况。

③检查旁站部位、工序有否执行强制性标准和施工方案。

④核查进场材料、构配件、设备、商品混凝土的质量检测报告,监督施工单位的检验或委托第三方复验。

(4)旁站人员发现施工单位有违反强制性标准的行为时,应立即报告监理工程师或总监理工程师处理。

(5)凡旁站监理人员未在旁站监理记录上签字的,不得进行下一道工序施工。

……

2. 规划中关于竣工验收阶段的监理工作

(1)认真审查施工单位提交的竣工资料,并提出监理意见。

(2)总监理工程师组织监理工程师对工程质量进行全面检查,并提出整改意见,督促及时整改。

(3)工程预验收合格后,由总监理工程师签署竣工报验单,并向业主提出由总监理工程师签字的工程质量评估报告。

(4)协助建设单位在竣工报验单签署后21天内组织施工验收。

(5)参加由建设单位组织的竣工验收,并签署监理意见。

……

3. 规划中有关监理资料及档案管理制度的内容

(1)监理资料由项目总监理工程师负责管理,由某信息管理工程师具体实施。

(2)监理资料必须及时整理、真实完整、分类有序。

(3)监理资料应在各阶段监理工作结束后及时归档。

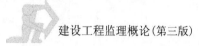

(4)监理档案的编制质量和组卷方法应满足国家有关规定。

(5)每位监理工程师都应当正确无误地填写和签发"监理单位用表(B类表)"。

(6)每一个监理人员都应熟悉要在不同单位归档保存的10大类监理文件。

……

【问题1】 在施工旁站监理各条内容中,有哪些不恰当?错误的请改正,不完整的请补充。

【参考答案】

(1)旁站监理内容不完整。应补充土方回填,混凝土屋架和吊车梁的预应力张拉。

(2)旁站程序不恰当。旁站监理方案还应送建设单位和工程质量监督机构。

(3)旁站监理人员职责不完整。应补充做好旁站监理记录和监理日志,保存旁站监理的原始资料。

(4)错误。应改为旁站监理人员有权责令施工单位立即整改。

(5)不恰当。应改为凡旁站监理人员和施工单位现场质检人员未在旁站记录上签字的,不得进行下一道工序施工。

【问题2】 竣工验收阶段的监理工作中,有哪些错误?并请改正。

【参考答案】

第(3)、(4)错误。其中(3)应改为工程质量评估报告要由总监理工程师和监理单位技术负责人审核签字;其中(4)应改为28天内组织竣工验收。

【问题3】

(1)对照监理单位资料和档案管理的职责,请对规划内容进行补充。

(2)在监理用表(B类表)中,哪些必须由项目总监理工程师签发?请写出应由建设单位永久保存,监理单位长期保存,并送档案管理部门保存的两个监理文件。监理规划如何归档保存?

【参考答案】

(1)应补充:对施工单位工程文件的形成、积累、立卷归档进行监督、检查;监理文件应按规定套数、内容在各阶段监理工作后及时移交建设单位汇总。

(2)工程暂停令、工程款支付证书、工程临时延期审批表、工程最终延期审批表和费用索赔审批表必须由总监理工程师签发;工程延期报告及审批和合同争议、违约报告及处理意见两个文件要由建设单位永久保存,监理单位长期保存,并送档案管理部门保存;监理规划应由建设单位长期保存,监理单位短期保存,并送档案管理部门保存。

案 例 四

【背景】 某房产公司开发一框架结构高层写字楼工程项目,在委托设计单位完成施工图设计后,通过招标方式选择监理单位和施工单位。

中标的施工单位在投标书中提出了桩基础工程、防水工程等的分包计划。在签订施工合同时,业主考虑到过多分包可能会影响工期,只同意桩基础工程的分包,而施工单位坚持都应分包。

在施工过程中,房产公司根据预售客户的要求,对某楼层的使用功能进行调整(工程变更)。

在主体结构施工完成时,由于房产公司资金周转出现了问题,无法按施工合同及时支付施工单位的工程款。施工单位由于未得到房产公司的付款,从而也没有按分包合同规定的时间向分包单位付款。

由于该工程的钢筋混凝土工程比较多,项目监理部在总监理工程师的指导下,十分注重现场监理人员旁站监理工作的组织和实施,确保了工程质量和工期。

【问题1】 该房产公司应先选定监理单位还是先选定施工单位?为什么?

【参考答案】

房产公司应选定监理单位,因为:

(1)先选定监理单位,可以协助业主进行招标,有利于优选出最佳的施工单位。

(2)根据《建设工程委托监理合同(示范文本)》和有关规定引申出应先选定监理单位。

【问题2】 房产公司不同意桩基础工程以外其他分包的做法有道理吗?为什么?

【参考答案】

无道理。因为投标书是要约,房产公司合法地向施工单位发出的中标通知书即为承诺,房产公司应根据投标书和中标通知书为依据签订合同。

【问题3】 根据施工合同示范文本和监理规范,项目监理机构对房产公司提出的工程变更按什么程序处理?

【参考答案】

根据《建设工程施工合同(示范文本)》,应在工程变更前14天以书面形式向施工单位发出变更的通知。根据《建设工程监理规范》,项目监理机构应按下列程序处理工程变更:

(1)建设单位应将拟提出的工程变更提交总监理工程师,由总监理工程师组织专业监理工程师审查;审查同意后由建设单位转交设计单位编制设计变更文件;当工程变更涉及安全、环保等内容时,应按规定经有关部门审定。

(2)项目监理机构应了解实际情况和收集与工程变更有关的资料。

(3)总监理工程师根据设计情况、设计变更文件和有关资料,按照施工合同的有关条款,在指定专业监理工程师完成一些具体工作后,对工程变更的费用和工期作出评估。

(4)总监理工程师就工程变更的费用和工期与承包单位和建设单位进行协调。

(5)总监理工程师签发工程变更单。

(6)项目监理机构应根据工程变更单监督承包单位实施。

【问题4】 施工单位由于未得到房产公司的付款,从而也没有按分包合同规定的时间向分包单位付款。这样做妥当吗?为什么?

【参考答案】

不妥。因为建设单位根据施工合同与施工单位进行结算,分包单位根据分包合同与施工单位进行结算,两者在付款上没有前因后果关系,施工单位未得到房产公司的付款不能成为不向分包单位付款的理由。

【问题5】 旁站监理人员的主要职责有哪些?

【参考答案】

(1)检查施工企业现场质检人员到岗、特殊工种人员持证上岗以及施工机械、建筑材料准备情况。

(2)在现场跟班监督关键部位、关键工序的施工执行施工方案以及建设工程强制性标准情况。

(3)检查进场建筑材料、建筑构配件、设备和商品混凝土的质量检验报告等,并可在现场监督施工企业进行检验或者委托具有资格的第三方进行复验。

(4)做好旁站监理记录和监理日志,保存旁站监理的原始资料。

案 例 五

【背景】 某工程项目业主与监理单位及承包商分别签订了施工阶段监理合同和工程施工合同。由于工期紧张,在设计单位仅交付地下室的施工图时,业主要求承包商进场施工,同时向监理单位提出对设计图纸质量把关的要求,在此情况下:

【事件1】监理单位为满足业主要求,由项目土建监理工程师向业主直接编制报送了监理规划,其部分内容如下:

(1)工程概况。

(2)监理工作范围和目标。

(3)监理组织。

(4)设计方案评选方法及组织设计协调工作的监理措施。

(5)因设计图纸不全,拟按进度分阶段编写基础、主体、装修工程的施工监理措施。

(6)对施工合同进行监督管理。

(7)施工阶段监理工作制度。

……

【问题1】 你认为监理规划是否有不妥之处?为什么?

【参考答案】

(1)编制监理规划的过程有不妥之处。建设工程监理规划应由总监理工程师组织编写,试题所给背景材料中是由土建监理工程师直接向业主报送。

(2)本工程项目是施工阶段监理,监理规划中编写的"(4)设计方案评选方法及组织设计协调工作的监理措施"等内容是设计阶段监理规划应编制的内容,不应该编写在施工阶段监理规划中。

(3)"(5)因设计图纸不全,拟按进度分阶段编写基础、主体、装修工程的施工监理措施"不妥,施工图不全不应影响监理规划的完整编写。

【事件2】由于承包人不具备防水施工技术,故合同约定:地下防水工程可以分包。在承包人未确定防水分包单位的情况下,建设单位为保证工期和工程质量,自行选择了一家专业承包防水施工业务的施工单位,承担防水工程施工任务(尚未签订正式合同),并书面通知总监理工程师和承包人,已确定分包单位进场时间,要求配合施工。

【问题2】

(1)你认为以上哪些做法不妥?

(2)总监理工程师接到业主通知后应如何处理?

【参考答案】

(1) 所给工程背景材料中的不妥之处:建设单位违背了承包合同的约定,在未事先征得监理工程师同意的情况下,自行确定了分包单位。也未事先与承包单位进行充分协商,而是确定了分包单位以后才通知承包单位。并在没有正式签订分包合同情况下,即确定分包单位的进场作业时间。

(2) 当总监理工程师接到业主通知后:首先应及时与建设单位沟通,签发该分包意向无效的书面监理通知,尽可能采取措施阻止分包单位进场,避免问题进一步复杂化。总监理工程师应对建设单位意向的分包单位进行资质审查,若资质审查合格,可与承包人协商,建议承包人与该合格的防水分包单位签订防水分包合同;若资质审查不合格,总监理工程师应与建设单位协商,建议由承包人另选合格的防水分包单位。总监理工程师应及时将处理结果报告建设单位备案。

案 例 六

【背景】 某监理公司承担了一项综合写字楼工程实施阶段的监理任务,总监理工程师发现监理分解目标往往不能落实,总监理工程师及时组织召开了项目监理部专题工作会议,让大家针对存在的问题进行讨论。经过大家认真地分析和讨论,会议结束时总监理工程师总结了大家的意见,提出三条应尽快解决的问题:

(1) 纠正目标控制的不规范行为,制订目标控制基本程序框图。
(2) 处理好主动控制和被动控制的关系,不可偏废任何一面,应将主动控制和被动控制相结合。
(3) 目标控制的措施不可单一,应采取综合性措施进行控制。

若总监理工程师责成你具体落实这三件事。

【问题】
(1) 请你绘出目标控制框图。
(2) 请讲述主动控制与被动控制的关系,并给出两者关系的示意图。
(3) 你认为:"综合措施"的基本内容是什么?

【参考答案】

(1) 目标控制流程框图如附图 2 所示。

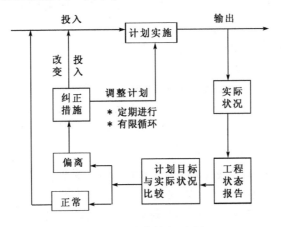

附图 2 目标控制流程框图

（2）主动控制与被动控制是控制实现项目目标必须采用的控制方式，两者应紧密结合起来，在重点做好主动控制的同时，必须在实施过程中进行定期连续的被动控制，两者关系示意图如附图3所示。

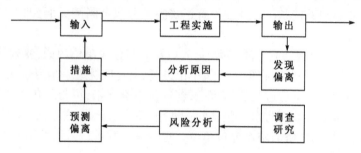

附图3　主动控制与被动控制关系示意图

（3）目标控制的综合措施包括：

①组织措施

这包括落实目标控制的组织机构和人员，明确监理人员任务和职能分工、权力、责任，建立考核、考评体系，采取激励措施发挥、调动人员积极性、创造性和工作潜力。

②技术措施

这包括对技术方案的论证、分析、采用，科学试验与检验，技术开发创新与技术总结等。

③经济措施

技术、经济的可行性分析，论证、优化以及工程概预算审核资金使用计划、付款等的审查，未完工程投资预测等。

④合同措施

协助业主进行工程组织管理模式和合同结构选择与分析，合同签订、变更履行等的管理，依据合同条款建立相互约束机制。

案 例 七

【背景】　某监理单位承担了一项大型石油化工工程项目施工阶段的监理任务，合同签订后，监理单位任命了总监理工程师，总监理工程师上任后计划重点抓好三件事：

（1）抓监理组织机构建设，并绘制了监理组织机构设立与运行程序框图（附图4）。

（2）落实各类人员工作职责。

①确定项目监理机构人员的分工和岗位职责。

②主持编写项目监理规划、审批项目监理实施细则，并负责组织项目监理机构的日常工作。

③审查分包单位的资质，并提出审核意见。

④审查承包单位提交涉及本专业的计划、方案、申请、变更，并向总监理工程师提出报告。

⑤主持监理工作会议，签发项目监理机构的文件和指令。

⑥检查承包单位投入工程项目的人力、材料、主要设备及其使用、运行状况，并做好检查记录。

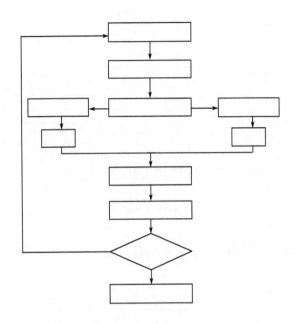

附图4 空白的监理组织机构设立与运行程序框图

⑦负责本专业分项工程验收及隐蔽工程验收。

⑧按设计图及有关标准,对承包单位的工艺过程或施工工序进行检查和记录,对加工制作及工序施工质量检查结果进行记录。

⑨主持或参与工程质量事故的调查。

⑩核查进场材料、设备、构配件的原始凭证、检测报告等质量证明文件及其质量情况,根据实际情况认为有必要时对进场材料、设备、构配件进行平行检验,合格时予以签认。

⑪组织编写并签证监理月报、监理工作阶段报告、专题报告和项目监理工作总结。

⑫负责本专业的工程计量工作,审核工程计量的数据和原始凭证。

⑬做好监理日志和有关的监理记录。

(3) 抓监理规划编制工作。

【问题1】 请协助总监理工程师完成监理组织建立与运行程序流程框图。

【参考答案】

答案如附图5所示。

【问题2】 以上所列监理职责中哪些属于总监理工程师?哪些属于监理工程师?哪些属于监理员?

【参考答案】

各类人员职责:

总监职责:①②③⑤⑨⑪

监理工程师职责:④⑦⑩⑫

监理员职责:⑥⑧⑬

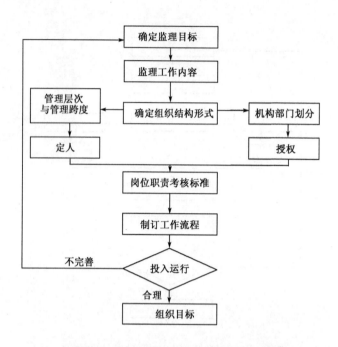

附图5　监理组织机构设立与运行程序框图

【问题3】　监理规划的编制应符合什么要求？应编制什么内容？

【参考答案】

（1）监理规划的编制应符合如下要求：

①监理规划内容构成的统一。

②监理规划具体内容应针对工程项目特征。

③监理规划的表达应规范化、标准化、格式化。

④监理规划由总监理工程师主持编制。

⑤监理规划应把握项目运行脉搏。

⑥监理规划可分阶段编写。

⑦监理规划编制完成后应由监理单位审核批准和业主认可后实施。

（2）监理规划的内容为：

①工程项目概况。

②监理工作范围。

③监理工作内容。

④监理工作目标。

⑤监理工作依据。

⑥项目监理机构的组织形式。

⑦项目监理机构的人员配备计划。

⑧项目监理机构的人员岗位职责。

⑨监理工作程序。

⑩监理工作方法及措施。

⑪监理工作制度。
⑫监理设施。

案 例 八

【背景】 某工程项目建设单位与监理单位签订了施工阶段委托监理合同。委托监理合同签订后第20天,监理单位将监理机构的组织形式、人员构成及对总监理工程师和总监理工程师代表的任命书通知了建设单位。监理机构组织形式如附图6所示。

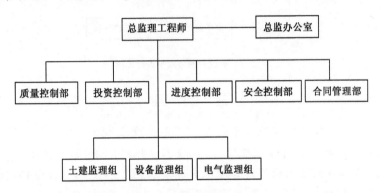

附图6 监理机构组织形式图

在监理工作开展过程中,总监理工程师因尚兼任其他两项工程的总监理工程师,故委托本工程总监理工程师代表主持编写监理规划、签发工程款支付证书,调解建设单位与承包单位合同争议等事宜。

建设单位对监理机构组织形式及总监理工程师的工作安排提出如下意见,要求监理单位整改:

(1)考虑到该监理单位是某科研机构的监理公司,技术专家较多,希望发挥职能机构的专业管理作用,专家参加管理,减轻总监理工程师负担;

(2)总监理工程师应亲自处理重大监理问题,不应将总监理工程师工作委托总监理工程师代表去做。

【问题1】 根据附图5所示,监理单位采用的是何种监理组织形式?
【参考答案】
监理单位采用的是直线职能制监理组织形式。

【问题2】 根据建设单位意见,监理单位应改为何种监理组织形式?画出更改后的监理组织形式示意图。
【参考答案】
答案如图附图7所示。
根据建设单位意见,应改为职能制监理组织形式。

【问题3】 建设单位提出的第(2)条整改意见是否合理?
【参考答案】
合理。根据《建设工程监理规范》(GB/T 50319—2013)规定,主持编写规划、签发工程款支付证书,调解建设单位与承包单位的合同争议等工作,应是总监理工程师的职责;总监理工程师不得将上述工作委托给总监理工程师代表。因此,监理单位应接受建设单位意见予以改正。

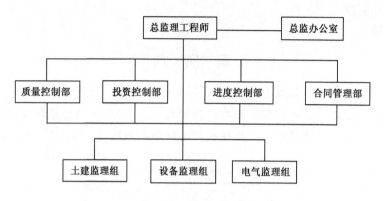

附图7 更改后的监理组织形式图

案 例 九

【背景】 某建设工程单位与监理单位签订了施工阶段监理合同。施工开始前的一段时间,建设单位要求监理单位提交监理规划,总监理工程师解释说:本工程目前只有±0.000以下工程施工图,±0.000以上工程设计单位尚未出施工图,资料不全不好编写监理规划;若要急用,只能用监理大纲暂先代替一下,建设单位驻场代表也就同意了。

【问题1】 设计图纸不全是否影响监理规划的编写,为什么?

【参考答案】

设计图纸不全不影响监理规划的编写,监理规划的编写应把握工程项目的运行脉搏。随着工程施工的进展,监理规划需要不断地根据收集、掌握的工程信息,进行补充、修改完善;一气呵成监理规划是不符合实际的,也是不科学的。因此,监理规划的编写需要一个过程,可见图纸不全不影响监理规划的编写。

【问题2】 监理规划与监理大纲是两份不同的监理文件,请具体说明二者的不同点。

【参考答案】

(1)作用不同

监理大纲的作用:承揽监理任务;为今后开展监理工作提供方案;为编写规划提供直接依据。

监理规划的作用:指导项目监理机构全面开展监理工作;监理主管机构对监理单位实施监督的依据;建设单位确认监理单位履行监理合同的依据;监理单位的存档资料。

(2)编写时间不同

监理大纲是在建设单位要求的投标时间之前编写的。

监理规划应在签订监理委托合同及收到设计文件后开始编写。

(3)编写主持人不同

监理规划的编写应由总监理工程师主持、专业监理工程师参加编制。

监理大纲编写主持人为监理单位指定人员或该单位的技术管理部门。

(4)编写依据

①国家颁布的工程建设有关的法律、法规和政策。这是工程建设相关法律、法规的最高层次。不论在任何地区或任何部门进行工程建设,都必须遵守国家颁布的工程建设相关方面的

法律、法规、政策。

②工程所在地或所属部门颁布的工程建设相关的法律、法规、规定和政策。一项建设工程必然是在某一地区实施的,也必然是归属于某一部门的,这就要求工程建设必须遵守建设工程所在地颁布的工程建设相关的法律、法规、规定和政策,同时也必须遵守工程所属部门颁布的工程建设相关法律、法规、规定和政策。

③工程建设的各种标准、规范。工程建设的各种标准、规范也具有法律地位,也必须遵守和执行。

政府批准的工程建设文件包括四个方面:
①政府工程建设主管部门批准的可行性研究报告、立项批文。
②政府规划部门确定的规划条件、土地使用条件、环境保护要求、市政管理规定。
③建设工程监理合同。

在编写监理规划时,必须依据建设工程监理合同以下内容:
监理单位和监理工程师的权利和义务,监理工作范围和内容,有关建设工程监理规划方面的要求。
④其他建设工程合同。

案 例 十

【背景】 某工程项目的一工业厂房于1998年3月15日开工,1998年11月15日竣工,验收合格后即投入使用。2001年2月,该厂房供热系统的供热管道部分出现漏水,业主进行了停产检修,经检查发现漏水的原因是原施工单位所用管材管壁太薄,与原设计文件要求不符。监理单位进一步查证施工单位向监理工程师报验的材料与其在工程上实际使用的管材不相符。如果全部更换厂房供热管道需工程费人民币30万元,同时造成该厂部分车间停产,损失人民币20万元。

业主就此事件提出如下要求:
(1)要求施工单位全部返工更换厂房供热管道,并赔偿停产损失的60%(计人民币12万元)。
(2)要求监理公司对全部返工工程免费监理,并对停产损失承担连带赔偿责任,赔偿停产损失的40%(计人民币8万元)。

施工单位对业主的要求答复如下:
该厂房供热系统已超过国家规定的保修期,不予保修,也不同意返工,更不同意赔偿停产损失。

监理单位对业主的要求答复如下:
监理工程师已对施工单位报验的管材进行了检查,符合质量标准,已履行了监理职责。施工单位擅自更换管材,由施工单位负责,监理单位不承担任何责任。

【问题1】 依据现行法律和行政法规,请指出业主的要求和施工单位、监理单位的答复中各有哪些错误?为什么?

【参考答案】
业主要求施工单位"赔偿停产损失的60%(计人民币12万元)"是错误的,应由施工单位赔偿全部损失(计人民币 20 万元)。业主要求监理单位"承担连带赔偿责任"也是错误的,依据有关法规监理单位对因施工单位的责任引起的损失不应负连带赔偿责任。业主对监理单位"赔偿停产损失的 40%(计人民币 8 万元)"计算方法错误,按照委托监理合同示范文本,监理单位赔偿总额累计不超过监理报酬总额(扣除税金)。

施工单位"不予保修"答复错误,因施工单位使用不合格材料造成的工程质量不合格,不应有保修期限的规定而不承担责任。施工单位"不予返工"的答复错误,按现行法律规定,对不合格工程施工单位应予返工。"更不同意支付停产损失"的答复也是错误的,按现行法律,工程质量不合格造成的损失应由责任方赔偿。

监理单位答复"已履行了职责"不正确,在监理过程中监理工程师对施工单位使用的工程材料擅自更换的控制有失职。监理单位答复"不承担任何责任"也是错误的,监理单位应承担相应的监理失职责任。

【问题 2】 简述施工单位和监理单位各应承担什么责任?为什么?

【参考答案】

依据现行法律、法规,施工单位应承担全部责任。因施工单位故意违约,造成工程质量不合格。依据现行法律、法规(如《建设工程质量管理条例》第六十七条),因监理单位未能及时发现管道施工过程中的问题,但监理单位未与施工单位故意串通、弄虚作假,也未将不合格材料按照合格材料签字,监理单位只承担失职责任。

案例十一

【背景】 某工程项目,建设单位(发包人)根据建设工程管理的需要,将该工程分成三个标段进行施工招标。分别由 A、B、C 三家公司承担施工任务。通过招标建设单位将三个标段的施工监理任务委托具有专业监理甲级资质的 M 监理公司一家承担。M 监理公司确定了总监理工程师,成立了项目监理部。监理部下设综合办公室兼管档案、合同部监管投资和进度、质监部兼管工地实验与检测等三个业务管理部门,设立 A、B、C 三个标段监理组,监理组设组长一人负责监理组监理工作,并配有相应数量的专业监理工程师及监理员。

【问题 1】 M 公司对此监理任务非常重视,公司经理专门召开该项目监理工作会议,着重讲了如何贯彻公司内部管理制度和开展监理工作的基本原则,请回答监理企业的内部管理规章制度应有哪些(答出其中四项即可)?建设工程监理实施的基本原则是什么?

【参考答案】

(1)企业内部管理制度有:

①组织管理制度。

②人事管理制度。

③劳动合同管理制度。

④财务管理制度。

⑤经营管理制度。

⑥项目监理机构管理制度。

⑦设备管理制度。

⑧科技管理制度。

⑨档案文书管理制度。
(2)建设工程监理实施的原则有:
①公正、独立、自主的原则。
②权责一致的原则。
③总监理工程师负责制的原则。
④严格监理、热情服务原则。
⑤综合效益原则。

【问题2】 在确定了总监理工程师和监理机构之后,开展监理工作的程序是什么?
【参考答案】
(1)编制建设工程监理规划。
(2)制定各专业监理实施细则。
(3)规范化地开展监理工作。
(4)参与验收,签署建设工程监理意见。
(5)向业主提交建设工程监理档案资料。
(6)监理工作总结。

【问题3】 为了充分发挥业务部门和监理组的作用,使监理机构具有机动性,应选择何种监理组织并说明理由,请绘出监理组织形式图。
【参考答案】
(1)应选择矩阵制监理组织形式,理由是这种形式既发挥了纵向职能系统的作用,又发挥了横向子项监理组的作用,把上下左右集权与分权实行最优的结合,有利于解决复杂问题,且有较大的机动性和适应性。
(2)监理组织形式如附图8所示。

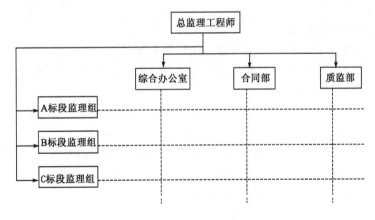

附图8 监理组织形式示意图

【问题4】 请说明该项目监理规划应由谁负责编制?谁审批?需要编写几个监理规划,为什么?
【参考答案】
(1)监理规划由项目总监理工程师主持编写,监理企业技术负责人审批。

(2)应按监理合同编写一个监理规划。

【问题5】 在下面的监理资料中,哪些资料是需要送地方城建档案馆保存?
(1)施工合同和委托监理合同。
(2)勘察设计文件。
(3)监理规划。
(4)监理实施细则。
(5)施工组织设计(方案)报审表。
(6)监理月报中的有关质量问题。
(7)监理日志。
(8)不合格项目通知。

【参考答案】
监理规划;监理实施细则;监理月报中的有关质量问题;不合格项目通知。

案 例 十 二

【背景】 某建设单位投资建设一个工程项目,该工程是列入城建档案管理部门接受范围的工程。该工程由 A、B、C 三个单位工程组成,各单位工程开工时间不同。该工程由一家承包单位承包,建设单位委托某监理公司进行施工阶段监理。

【问题1】 监理工程师在审核承包单位提交的"工程开工报审表"时,要求承包单位在"工程开工报审表"中注明各单位工程开工时间。监理工程师审核后认为具备开工条件时,由总监理工程师或由经授权的总监理工程师代表签署意见,报建设单位。监理单位的以上作法有何不妥?应该如何做?监理工程师在审核"工程开工报审表"时,应从哪些方面进行审核?

【参考答案】
监理单位的做法不妥之处有:
(1)"要求承包单位在工程开工报审表中注明各单位工程开工时间"不妥。
(2)"由总监理工程师或由经授权的总监理工程师代表签署意见"不妥。
监理单位应该:
(1)要求承包单位在每个单位工程开工前都应填报一次工程开工报审表。
(2)由总监理工程师签署意见,不得由总监理工程师代表签署。
监理工程师在审核"工程开工报审表"时应从以下六方面进行审核:
①工程所在地建设行政主管部门已签发施工许可证。
②征地拆迁工作已能满足工程进度的需要。
③施工组织设计已获总监理工程师批准。
④测量控制桩、线已查验合格。
⑤承包单位项目经理部现场管理人员已到位,机具、施工人员已进场,主要工程材料已落实。
⑥施工现场道路、水、电、通信等已满足开工要求。

【问题2】 建设单位在组织工程验收前,应组织监理、施工、设计各方进行工程档案的预验收。建设单位的这种做法是否正确？为什么？

【参考答案】

建设单位的这种做法不正确。

原因：建设单位在组织工程竣工验收前，应提请城建档案管理部门对工程档案进行预验收。

【问题3】 监理单位在进行本工程的监理文件档案资料归档时，将下列监理文件作短期保存：①监理大纲。②监理实施细则。③监理总控制计划等。④预付款报审与支付。

以上四项监理文件中，哪些不应由监理单位作短期保存？监理单位作短期保存的监理文件应有哪些？

【参考答案】

不应由监理单位作短期保存的有：监理大纲和预付款报审与支付。

监理单位作短期保存的监理文件有：监理规划；监理实施细则；监理总控制计划等；专题总结；月报总结。

案例十三

【背景】 某监理单位承担了国内某工程的施工监理任务，该工程由甲施工单位总包，经业主同意，甲施工单位选择了乙施工单位作为分包单位。

【事件1】 监理工程师在审图时发现，基础工程的设计有部分内容不符合国家的工程质量标准，因此，总监理工程师立即致函设计单位要求改正，设计单位研究后，口头同意了总监理工程师的改正要求，总监理工程师随即将更改的内容写成监理指令通知甲施工单位执行。

【问题1】 请指出上述总监理工程师行为的不妥之处并说明理由。

【参考答案】

总监不应直接致函设计单位，因监理并未承担设计监理任务。发现的问题应向业主报告，由业主向设计提出更改要求。总监理工程师不应在取得设计变更文件之前签发变更指令，总监理工程师也无权代替设计单位进行设计变更。

【事件2】 在施工到工程主体时，甲施工单位认为，变更部分主体设计可以使施工更方便、质量更容易得到保证，因而向监理工程师提出了设计变更的要求。

【问题2】 按《建设工程监理规范》（GB/T 50319—2013），监理工程师应按什么程序处理施工单位提出的设计变更要求？

【参考答案】

(1)总监理工程师组织专业监理工程师审查施工单位提出的工程变更申请，提出审查意见。对涉及工程设计文件修改的工程变更，应由建设单位转交原设计单位修改工程设计文件。必要时，项目监理机构应建议建设单位组织设计、施工等单位召开论证工程设计文件的修改方案的专题会议。

(2)总监理工程师组织专业监理工程师对工程变更费用及工期影响作出评估。

(3)总监理工程师组织建设单位、施工单位等共同协商确定工程变更费用及工期变化，会签工程变更单。

(4)项目监理机构根据批准的工程变更文件监督施工单位实施工程变更。

【事件3】 施工过程中，监理工程师发现乙施工单位分包的某部位存在质量隐患，因此，总监理工程师同时向甲、乙施工单位发出了整改通知。甲施工单位回函称：乙施工单位分包的工程是经建设单位同意进行分包的，所以甲单位不承担该部分工程的质量责任。

【问题3】 甲施工单位的答复有何不妥？为什么？总监理工程师的整改通知应如何签发？为什么？

【参考答案】

甲施工单位答复的不妥之处：工程分包不能解除承包人的任何责任与义务，分包单位的任何违约行为导致工程损害或给业主造成的损失，承包人承担连带责任。

总监理工程师的整改通知应发给甲施工单位，不应直接发给乙施工单位，因乙施工单位和业主没有合同关系。

【事件4】 监理单位在检查时发现，甲施工单位在施工中，所使用的材料和报验合格的材料有差异，若继续施工，该部位将被隐蔽。因此，总监理工程师立即向甲施工单位下达了暂停施工的指令（因甲施工单位的工作对乙施工单位有影响，乙施工单位也被迫停工），同时，将该材料进行了有监理见证的抽检。抽检报告出来后，证实材料合格，可以使用，总监理工程师随即指令施工单位恢复了正常施工。

【问题4】 总监理工程师签发本次暂停令是否妥当？程序上有无不妥之处？请说明理由。

【参考答案】

总监理工程师有权签发本次暂停令，因合同有相应的授权。程序有不妥之处，监理工程师应在签发暂停令后24小时内向建设单位报告。

案例十四

【背景】 某工程将要竣工，为了通过竣工验收，质检部门要求先进行工程档案验收，建设单位要求监理单位组织工程档案验收，施工单位提出请监理工程师告诉他们，应该如何准备档案验收。

【问题1】 工程档案应该由谁主持验收？

【参考答案】

在组织工程竣工验收前，工程档案由建设单位汇总后，由建设单位主持，监理、施工单位参加，提请当地城建档案机构对工程档案进行预验收，并取得工程档案验收认可文件。

【问题2】 工程档案由谁编制，由谁进行审查？

【参考答案】

工程档案由参建各单位各自形成有关的工程档案，并向建设单位归档。建设单位根据城建档案管理机构要求，按照《建设工程文件归档规范》（GB/T 50328—2014）对档案文件完整、准确、系统情况和案卷质量进行审查，并接受城建档案管理机构的监督、检查、指导。

【问题3】 工程档案如何分类？

【参考答案】

工程档案按照《建设工程文件归档规范》（GB/T 50328—2014）附录A中建设工程文件归档范围和保管期限表可以分为：工程准备阶段文件、监理文件、施工文件、竣工图、竣工验收文件五类。

【问题4】 工程档案应该准备几套？

【参考答案】

工程档案一般不宜少于两套,具体由建设单位与勘察、设计、施工、监理等单位签订协议、合同时,对套数、费用、质量、移交时间等提出明确要求。

【问题5】 分包单位如何形成工程文件?向谁移交?

【参考答案】

分包单位应独立完成所分包部分工程的工程文件,把形成的工程档案交给总承包单位,由总承包单位汇总各分包单位的工程档案并检查后,再向建设单位移交。

案 例 十 五

【背景】 某工程施工中,施工单位对将要施工的某分部工程,提出疑问,认为原设计选用图集有问题,且设计图不够详细,无法进行下一步施工。监理单位组织召开了技术方案讨论会,会议由总监理工程师主持,建设、设计、施工单位参加。

【问题1】 会议纪要由谁整理?

【参考答案】

会议纪要由监理部的资料员根据会议记录,负责整理。

【问题2】 会议纪要主要内容有什么?

【参考答案】

会议纪要主要内容有:会议地点及时间;主持人和参加人员姓名、单位、职务;会议主要内容、决议事项及其落实单位、负责人、时限要求;其他事项。

【问题3】 会议上出现不同意见时,纪要中应该如何处理?

【参考答案】

会议上有不同意见时,特别有意见不一致的重大问题时,应该将各方主要观点,特别是相互对立的意见记入"其他事项中"。

【问题4】 纪要写完后如何处理?

【参考答案】

纪要写完后,首先由总监理工程师审阅,再给各方参加会议负责人审阅是否如实记录他们的观点,有出入要根据当时发言记录修改,没有不同意见时分别签字认可,全部签字完毕,会议纪要分发给各有关单位,并应有签收手续。

【问题5】 归档时该会议纪要是否应该列入监理文件?保存期是哪类?

【参考答案】

该会议纪要属于有关质量问题的纪要,应该列入归档范围,放入监理文件档案中,移交给建设单位、城建档案管理部门,属于长期保存的档案。

案 例 十 六

【背景】 某化工总厂投资建设一项乙烯工程。项目立项批准后,建设单位委托一监理公司对工程的实施阶段进行监理。双方拟订设计方案竞赛、设计招标和设计过程各阶段的监理任务时,建设单位方提出了初步的委托意见,内容如下:

(1)编制设计方案竞赛文件。

(2) 发布设计竞赛公告。
(3) 对参赛单位进行资格审查。
(4) 组织对参赛设计方案的评审。
(5) 决定工程设计方案。
(6) 编制设计招标文件。
(7) 对投标单位进行资格审查。
(8) 协助建设单位选择设计单位。
(9) 签订过程设计合同。
(10) 工程设计合同实施过程中的管理。
……

【问题】 从监理工作的性质和监理工程师的责权角度出发,监理单位在与建设单位进行合同委托内容磋商时,对以上内容应提出哪些修改建议?

【参考答案】
监理单位在与建设单位进行合同委托内容磋商时,应向建设单位讲明有哪些内容关系到投资方的切身利益,即对工程项目有重大影响,必须由建设单位自行决策确定,监理工程师可以提出参考意见,但不能代替建设单位决策。

第(5)条"决定工程设计方案"不妥。因工程项目的方案关系到项目的功能、投资和最终效益,故设计方案的最终确定应由建设单位决定,监理工程师可以通过组织专家进行综合评审,提出推荐意见,说明优缺点,提交建设单位决策。

第(9)条"签订工程设计合同"不妥。工程设计合同应由建设单位与设计单位签订,监理工程师可以通过设计招标,协助建设单位择优选设计单位,提出推荐意见,协助建设单位起草设计委托合同,但不能替代建设单位签订设计合同,即设计合同中的甲方——建设单位作为当事人一方承担合同中甲方的责、权、利,是监理工程师代替不了的。

案例十七

【背景】 某工程项目,经过有关部门批准后,决定由业主自行组织施工公开招标。该工程项目为政府的公共工程,已经列入地方的年度固定投资计划,概算已经主管部门批准,但征地工作尚未完成,施工图及有关技术资料齐全。因估计除本市施工企业参加投标外,还可能有外省市施工企业参加投标,因此建设单位委托咨询公司编制了两个标底,准备分别用于对本市和外省市施工企业投标的评定。建设单位要求将技术标和商务标分别封装。某承包人在封口处加盖了本单位的公章,并由项目经理签字后,在投标截止时间的前1天将投标文件报送建设单位,当天下午,该承包人又递交了一份补充资料,声明将原报价降低了5%,但是建设单位的有关人员认为,一个承包人不得递交2份投标文件,因而拒收承包商的补充材料。开标会议由市招标管理机构主持,市公证处有关人员到会。开标前,市公证处人员对投标单位的资质进行了审查,确认所有投标文件均有效后正式开标。建设单位在评标之前组建了评标委员会,成员共8人,其中建设单位人员5人,招标工作主要内容如下:

(1) 发投标邀请函。
(2) 发放招标文件。

(3)进行资格后审。
(4)召开投标质疑会议。
(5)组织现场勘察。
(6)接受投标文件。
(7)开标。
(8)确定中标单位。
(9)评标。
(10)发出中标通知书。
(11)签订施工合同。

【问题1】 招标活动中有哪些不当之处？
【参考答案】
(1)因征地工作尚未完成，因此不能进行施工招标。
(2)一个工程不能编制两个标底，只能编制一个标底。
(3)在招标中，建设单位违反了招投标法的规定，以不合理的条件排斥了潜在的投标人。
(4)承包人的投标文件若由项目经理签字，应由法定代表人签发授权委托书。
(5)在投标截止日期之前的任何一天，承包人都可以递交投标文件，也可以对投标文件作出补充与修正，建设单位不得拒收。
(6)开标工作应由建设单位主持，而不应由招投标管理机构主持。
(7)市公证处人员无权对投标单位的资质进行审查。
(8)评标委员会必须是5人以上的单数，而且建设单位方面的专家最多占1/3，本项目评标委员会不符合要求。

【问题2】 招标工作的内容是否正确？如果不正确请改正，并排出正确顺序。
【参考答案】
招标工作内容中的不正确之处为：
(1)不应发布投标邀请函，因为是公开招标，应改为发招标公告。
(2)应进行资格预审，而不能进行资格后审。
施工招标的正确排序为：
(1)→(3)→(2)→(5)→(4)→(6)→(7)→(9)→(8)→(10)→(11)。

案 例 十 八

【背景】 某工程项目建设单位委托了一监理单位进行监理，在委托监理任务之前，建设单位与施工单位已经签订施工合同。监理单位在执行合同中陆续遇到一些问题需要进行处理，若你作为监理工程师，对遇到的下列问题，请提出处理意见。

【问题1】 ①在施工招标文件中，按工期定额计算，工期为550天。但在施工合同中，开工日期为1997年12月15日，竣工日期为1999年7月20日，日历天数为581天，请问监理的工期目标应为多少天？为什么？
②施工合同中规定，业主给施工单位供应图纸7套，施工单位在施工重要求建设单位再提供3套图纸，施工图纸的费用应由谁来支付？

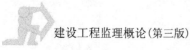

【参考答案】

①按照合同文件的解释顺序,协议条款与招标文件在内容上有矛盾时,应以协议条款为准。故监理的工期目标应为581天。

②合同规定业主供应图纸7套,施工单位再要3套图纸,超出合同规定,故增加的图纸费用应由施工单位支付。

【问题2】 ①在基槽开挖土方完成后,施工单位未按施工组织设计对基槽四周进行围栏防护,建设单位代表进入施工现场不慎掉入基坑摔伤,由此发生的医疗费用应由谁来支付,为什么?

②在结构施工中,施工单位需要在夜间浇筑混凝土,经建设单位同意并办理了有关手续。按地方政府有关规定,在晚上11点以后一般不得施工,若有特殊情况需施工,应给受影响居民补贴,此项费用应由谁承担?

【参考答案】

①在基槽开挖土方后,在四周设置围栏,按合同文件规定是施工单位的责任。未设围栏而发生人员摔伤事故,所以发生的医疗费用应由施工单位支付。

②夜间施工已经建设单位同意,并办理了有关手续,应由建设单位承担有关费用。

【问题3】 在结构工程中,由于建设单位供电线路事故原因,造成施工现场连续停电3天。停电后施工单位为了减少损失,经过调剂,工人尽量安排其他生产工作。但现场一台塔吊,两台混凝土搅拌机停止工作,施工单位按规定时间就停工情况和经济损失向监理工程师提出赔偿报告,要求索赔工期和费用,监理工程师应该如何批复?

【参考答案】

由于施工单位以外的原因造成连续停电,在一周内超过8小时。施工单位又按规定提出索赔。监理工程师应批复工期顺延。由于工人已安排进行其他生产工作,监理工程师应批复因改换工作引起的生产效率低的费用。造成施工机械停止工作,监理工程师应按合同约定批复机械设备租赁费或折旧费的补偿。

案 例 十 九

【背景】 某国修建一座核电站,按国际惯例采用FIDIC合同条件签订合同。在施工建设中,发现高程产生差错,监理工程师书面发出暂时停工指令。事件发生15天后,承包人根据重新放线复查的结果,用正式函件通知监理工程师,声明对此事要求索赔,并在事件发生后35天承包人再次提交了索赔的论证资料和索赔款数。监理工程师根据FIDIC合同条件有关条款及索赔程序进行了处理。

【问题】

(1)监理工程师认为承包人第二次提交的索赔论证报告,超过了28天的时效,不予索赔。是否正确?

(2)监理工程师审查索赔事实应做哪些查证工作?各作何处理?

(3)若监理工程师批准承包人的费用索赔,则这类费用:

①如果由于监理工程师提供的有差错的资料而导致承包人的工作量大大增加,由此而产生费用索赔是否应包括利润?

②如果承包人按照监理工程师提供的有差错的放线资料已经实施了,承包人对已完工程进行改正或补救而增加的费用是否应包括利润?

【参考答案】

(1)不正确。

(2)监理工程师应做的工作及相应的处理如下:

①应检查承包人对地面桩(或控制点)的保护工作及有关资料。若属保护不善,则应由承包人承担纠正差错的费用。

②应检查承包人施工放线的方法、仪器和精度。因此而导致的差错,由承包人负责。

③由于监理工程师提供资料的差错,应批准费用索赔。

(3)费用索赔:

①不应包括利润;

②应包括利润。

附录二
建设工程监理规范（GB/T 50319—2013）

1 总 则

1.0.1 为规范建设工程监理与相关服务行为，提高建设工程监理与相关服务水平，制订本规范。

1.0.2 本规范适用于新建、扩建、改建建设工程监理与相关服务活动。

1.0.3 实施建设工程监理前，建设单位应委托具有相应资质的工程监理单位，并以书面形式与工程监理单位订立建设工程监理合同，合同中应包括监理工作的范围、内容、服务期限和酬金，以及双方的义务、违约责任等相关条款。

在订立建设工程监理合同时，建设单位将勘察、设计、保修阶段等相关服务一并委托的，应在合同中明确相关服务的工作范围、内容、服务期限和酬金等相关条款。

1.0.4 工程开工前，建设单位应将工程监理单位的名称，监理的范围、内容和权限及总监理工程师的姓名书面通知施工单位。

1.0.5 在建设工程监理工作范围内，建设单位与施工单位之间涉及施工合同的联系活动，应通过工程监理单位进行。

1.0.6 实施建设工程监理应遵循下列主要依据：
（1）法律法规及工程建设标准。
（2）建设工程勘察设计文件。
（3）建设工程监理合同及其他合同文件。

1.0.7 建设工程监理应实行总监理工程师负责制。

1.0.8 建设工程监理宜实施信息化管理。

1.0.9 工程监理单位应公平、独立、诚信、科学地开展建设工程监理与相关服务活动。

1.0.10 建设工程监理与相关服务活动，除应符合本规范外，尚应符合国家现行有关标准的规定。

2 术 语

2.0.1 工程监理单位 construction project management enterprise

依法成立并取得建设主管部门颁发的工程监理企业资质证书，从事建设工程监理与相关服务活动的服务机构。

2.0.2 建设工程监理 construction project management

工程监理单位受建设单位委托,根据法律法规、工程建设标准、勘察设计文件及合同,在施工阶段对建设工程质量、进度、造价进行控制,对合同、信息进行管理,对工程建设相关方的关系进行协调,并履行建设工程安全生产管理法定职责的服务活动。

2.0.3 相关服务 related services

工程监理单位受建设单位委托,按照建设工程监理合同约定,在建设工程勘察、设计、保修等阶段提供的服务活动。

2.0.4 项目监理机构 project management department

工程监理单位派驻工程负责履行建设工程监理合同的组织机构。

2.0.5 注册监理工程师 registered project management engineer

取得国务院建设主管部门颁发的《中华人民共和国注册监理工程师注册执业证书》和执业印章,从事建设工程监理与相关服务等活动的人员。

2.0.6 总监理工程师 chief project management engineer

由工程监理单位法定代表人书面任命,负责履行建设工程监理合同、主持项目监理机构工作的注册监理工程师。

2.0.7 总监理工程师代表 representative of chief project management engineer

经工程监理单位法定代表人同意,由总监理工程师书面授权,代表总监理工程师行使其部分职责和权力,具有工程类注册执业资格或具有中级及以上专业技术职称、3年及以上工程实践经验并经监理业务培训的人员。

2.0.8 专业监理工程师 specialty project management engineer

由总监理工程师授权,负责实施某一专业或某一岗位的监理工作,有相应监理文件签发权,具有工程类注册执业资格或具有中级及以上专业技术职称、2年及以上工程实践经验并经监理业务培训的人员。

2.0.9 监理员 site supervisor

从事具体监理工作,具有中专及以上学历并经过监理业务培训的人员。

2.0.10 监理规划 project management planning

项目监理机构全面开展建设工程监理工作的指导性文件。

2.0.11 监理实施细则 detailed rules for project management

针对某一专业或某一方面建设工程监理工作的操作性文件。

2.0.12 工程计量 engineering measuring

根据工程设计文件及施工合同约定,项目监理机构对施工单位申报的合格工程的工程量进行的核验。

2.0.13 旁站 key works supervising

项目监理机构对工程的关键部位或关键工序的施工质量进行的监督活动。

2.0.14 巡视 patrol inspecting

项目监理机构对施工现场进行的定期或不定期的检查活动。

2.0.15 平行检验 parallel testing

项目监理机构在施工单位自检的同时,按有关规定、建设工程监理合同约定对同一检验项目进行的检测试验活动。

2.0.16 见证取样 sampling witness

项目监理机构对施工单位进行的涉及结构安全的试块、试件及工程材料现场取样、封样、送检工作的监督活动。

2.0.17 工程延期 construction duration extension

由于非施工单位原因造成合同工期延长的时间。

2.0.18 工期延误 delay of construction period

由于施工单位自身原因造成施工期延长的时间。

2.0.19 工程临时延期批准 approval of construction duration temporary extension

发生非施工单位原因造成的持续性影响工期事件时所作出的临时延长合同工期的批准。

2.0.20 工程最终延期批准 approval of construction duration final extension

发生非施工单位原因造成的持续性影响工期事件时所作出的最终延长合同工期的批准。

2.0.21 监理日志 daily record of project management

项目监理机构每日对建设工程监理工作及施工进展情况所做的记录。

2.0.22 监理月报 monthly report of project management

项目监理机构每月向建设单位提交的建设工程监理工作及建设工程实施情况等分析总结报告。

2.0.23 设备监造 supervision of equipment manufacturing

项目监理机构按照建设工程监理合同和设备采购合同约定,对设备制造过程进行的监督检查活动。

2.0.24 监理文件资料 documentation of project management

工程监理单位在履行建设工程监理合同过程中形成或获取的,以一定形式记录、保存的文件资料。

3 项目监理机构及其设施

3.1 一般规定

3.1.1 工程监理单位实施监理时,应在施工现场派驻项目监理机构。项目监理机构的组织形式和规模,可根据建设工程监理合同约定的服务内容、服务期限,以及工程特点、规模、技术复杂程度、环境等因素确定。

3.1.2 项目监理机构的监理人员应由总监理工程师、专业监理工程师和监理员组成,且专业配套、数量应满足建设工程监理工作需要,必要时可设总监理工程师代表。

3.1.3 工程监理单位在建设工程监理合同签订后,应及时将项目监理机构的组织形式、人员构成及对总监理工程师的任命书面通知建设单位。

总监理工程师任命书应按本规范表 A.0.1 的要求填写。

3.1.4 工程监理单位调换总监理工程师时,应征得建设单位书面同意;调换专业监理工程师时,总监理工程师应书面通知建设单位。

3.1.5 一名总监理工程师可担任一项建设工程监理合同的总监理工程师。当需要同时担任多项建设工程监理合同的总监理工程师时,应经建设单位书面同意,且最多不得超过三项。

3.1.6 施工现场监理工作全部完成或建设工程监理合同终止时,项目监理机构可撤离施工现场。

3.2 监理人员职责

3.2.1 总监理工程师应履行下列职责：
(1)确定项目监理机构人员及其岗位职责。
(2)组织编制监理规划,审批监理实施细则。
(3)根据工程进展及监理工作情况调配监理人员,检查监理人员工作。
(4)组织召开监理例会。
(5)组织审核分包单位资格。
(6)组织审查施工组织设计、施工方案(专项)。
(7)审查开复工报审表,签发工程开工令、暂停令和复工令。
(8)组织检查施工单位现场质量、安全生产管理体系的建立及运行情况。
(9)组织审核施工单位的付款申请,签发工程款支付证书,组织审核竣工结算。
(10)组织审查和处理工程变更。
(11)调解建设单位与施工单位的合同争议,处理工程索赔。
(12)组织验收分部工程,组织审查单位工程质量检验资料。
(13)审查施工单位的竣工申请,组织工程竣工预验收,组织编写工程质量评估报告,参与工程竣工验收。
(14)参与或配合工程质量安全事故的调查和处理。
(15)组织编写监理月报、监理工作总结,组织整理监理文件资料。

3.2.2 总监理工程师不得将下列工作委托给总监理工程师代表：
(1)组织编制监理规划,审批监理实施细则。
(2)根据工程进展及监理工作情况调配监理人员。
(3)组织审查施工组织设计、施工方案(专项)。
(4)签发工程开工令、暂停令和复工令。
(5)签发工程款支付证书,组织审核竣工结算。
(6)调解建设单位与施工单位的合同争议,处理工程索赔。
(7)审查施工单位的竣工申请,组织工程竣工预验收,组织编写工程质量评估报告,参与工程竣工验收。
(8)参与或配合工程质量安全事故的调查和处理。

3.2.3 专业监理工程师应履行下列职责：
(1)参与编制监理规划,负责编制监理实施细则。
(2)审查施工单位提交的涉及本专业的报审文件,并向总监理工程师报告。
(3)参与审核分包单位资格。
(4)指导、检查监理员工作,定期向总监理工程师报告本专业监理工作实施情况。
(5)检查进场的工程材料、构配件、设备的质量。
(6)验收检验批、隐蔽工程、分项工程,参与验收分部工程。
(7)处置发现的质量问题和安全事故隐患。

(8)进行工程计量。
(9)参与工程变更的审查和处理。
(10)组织编写监理日志,参与编写监理月报。
(11)收集、汇总、参与整理监理文件资料。
(12)参与工程竣工预验收和竣工验收。

3.2.4 监理员应履行下列职责:
(1)检查施工单位投入工程的人力、主要设备的使用及运行状况。
(2)进行见证取样。
(3)复核工程计量有关数据。
(4)检查工序施工结果。
(5)发现施工作业中的问题,及时指出并向专业监理工程师报告。

3.3 监理设施

3.3.1 建设单位应按建设工程监理合同约定,提供监理工作需要的办公、交通、通信、生活等设施。

项目监理机构宜妥善使用和保管建设单位提供的设施,并应按建设工程监理合同约定的时间移交建设单位。

3.3.2 工程监理单位宜按建设工程监理合同约定,配备满足监理工作需要的检测设备和工器具。

4 监理规划及监理实施细则

4.1 一般规定

4.1.1 监理规划应结合工程实际情况,明确项目监理机构的工作目标,确定具体的监理工作制度、内容、程序、方法和措施。

4.1.2 监理实施细则应符合监理规划的要求,并应具有可操作性。

4.2 监理规划

4.2.1 监理规划可在签订建设工程监理合同及收到工程设计文件后由总监理工程师组织编制,并应在召开第一次工地会议前报送建设单位。

4.2.2 监理规划编审应遵循下列程序:
(1)总监理工程师组织专业监理工程师编制。
(2)总监理工程师签字后由工程监理单位技术负责人审批。

4.2.3 监理规划应包括下列主要内容:
(1)工程概况。
(2)监理工作的范围、内容与目标。
(3)监理工作依据。
(4)监理组织形式、人员配备及进退场计划、监理人员岗位职责。
(5)监理工作制度。
(6)工程质量控制。

(7)工程造价控制。
(8)工程进度控制。
(9)安全生产管理的监理工作。
(10)合同与信息管理。
(11)组织协调。
(12)监理工作设施。

4.2.4 在实施建设工程监理过程中,实际情况或条件发生变化而需要调整监理规划时,应由总监理工程师组织专业监理工程师修改,并应经工程监理单位技术负责人批准后报建设单位。

4.3 监理实施细则

4.3.1 对专业性较强、危险性较大的分部分项工程,项目监理机构应编制监理实施细则。

4.3.2 监理实施细则应在相应工程施工开始前由专业监理工程师编制,并应报总监理工程师审批。

4.3.3 监理实施细则的编制应依据下列资料:
(1)监理规划。
(2)工程建设标准、工程设计文件。
(3)施工组织设计、施工方案(专项)。

4.3.4 监理实施细则应包括下列主要内容:
(1)专业工程特点。
(2)监理工作流程。
(3)监理工作要点。
(4)监理工作方法及措施。

4.3.5 在实施建设工程监理过程中,监理实施细则可根据实际情况进行补充、修改,并应经总监理工程师批准后实施。

5 工程质量、造价、进度控制及安全生产管理的监理工作

5.1 一般规定

5.1.1 项目监理机构应根据建设工程监理合同约定,遵循动态控制原理,坚持预防为主的原则,制定和实施相应的监理措施,采用旁站、巡视和平行检验等方式对建设工程实施监理。

5.1.2 监理人员应熟悉工程设计文件,并应参加建设单位主持的图纸会审和设计交底会议,会议纪要应由总监理工程师签认。

5.1.3 工程开工前,监理人员应参加由建设单位主持召开的第一次工地会议,会议纪要应由项目监理机构负责整理,与会各方代表应会签。

5.1.4 项目监理机构应定期召开监理例会,并组织有关单位研究解决与监理相关的问题。项目监理机构可根据工程需要,主持或参加专题会议,解决监理工作范围内工程专项问题。监理例会以及由项目监理机构主持召开的专题会议的会议纪要,应由项目监理机构负责整理,与会各方代表应会签。

5.1.5 项目监理机构应协调工程建设相关方的关系。项目监理机构与工程建设相关方

之间的工作联系,除另有规定外宜采用工作联系单形式进行。

工作联系单应按本规范表 C.0.1 的要求填写。

5.1.6 项目监理机构应审查施工单位报审的施工组织设计,符合要求时,应由总监理工程师签认后报建设单位。项目监理机构应要求施工单位按已批准的施工组织设计组织施工。施工组织设计需要调整时,项目监理机构应按程序重新审查。

施工组织设计审查应包括下列基本内容:

(1)编审程序应符合相关规定。

(2)施工进度、施工方案及工程质量保证措施应符合施工合同要求。

(3)资金、劳动力、材料、设备等资源供应计划应满足工程施工需要。

(4)安全技术措施应符合工程建设强制性标准。

(5)施工总平面布置应科学合理。

5.1.7 施工组织设计或(专项)施工方案报审表,应按本规范表 B.0.1 的要求填写。

5.1.8 总监理工程师应组织专业监理工程师审查施工单位报送的开工报审表及相关资料;同时具备下列条件时,应由总监理工程师签署审查意见,并应报建设单位批准后,总监理工程师签发工程开工令:

(1)设计交底和图纸会审已完成。

(2)施工组织设计已由总监理工程师签认。

(3)施工单位现场质量、安全生产管理体系已建立,管理及施工人员已到位,施工机械具备使用条件,主要工程材料已落实。

(4)进场道路及水、电、通信等已满足开工要求。

5.1.9 开工报审表应按本规范表 B.0.2 的要求填写。工程开工令应按本规范表 A.0.2 的要求填写。

5.1.10 分包工程开工前,项目监理机构应审核施工单位报送的分包单位资格报审表,专业监理工程师提出审查意见后,应由总监理工程师审核签认。

分包单位资格审核应包括下列基本内容:

(1)营业执照、企业资质等级证书。

(2)安全生产许可文件。

(3)类似工程业绩。

(4)专职管理人员和特种作业人员的资格。

5.1.11 分包单位资格报审表应按本规范表 B.0.4 的要求填写。

5.1.12 项目监理机构宜根据工程特点、施工合同、工程设计文件及经过批准的施工组织设计对工程进行风险分析,并应制定工程质量、造价、进度目标控制及安全生产管理的方案,同时应提出防范性对策。

5.2 工程质量控制

5.2.1 工程开工前,项目监理机构应审查施工单位现场的质量管理组织机构、管理制度及专职管理人员和特种作业人员的资格。

5.2.2 总监理工程师应组织专业监理工程师审查施工单位报审的施工方案,并应符合要求后予以签认。

施工方案审查应包括下列基本内容：
(1)编审程序应符合相关规定。
(2)工程质量保证措施应符合有关标准。

5.2.3 施工方案报审表应按本规范表 B.0.1 的要求填写。

5.2.4 专业监理工程师应审查施工单位报送的新材料、新工艺、新技术、新设备的质量认证材料和相关验收标准的适用性,必要时,应要求施工单位组织专题论证,审查合格后报总监理工程师签认。

5.2.5 专业监理工程师应检查、复核施工单位报送的施工控制测量成果及保护措施,签署意见。专业监理工程师应对施工单位在施工过程中报送的施工测量放线成果进行查验。

施工控制测量成果及保护措施的检查、复核,应包括下列内容：
(1)施工单位测量人员的资格证书及测量设备检定证书。
(2)施工平面控制网、高程控制网和临时水准点的测量成果及控制桩的保护措施。

5.2.6 施工控制测量成果报验表应按本规范表 B.0.5 的要求填写。

5.2.7 专业监理工程师应检查施工单位为本工程提供服务的试验室。

试验室的检查应包括下列内容：
(1)试验室的资质等级及试验范围。
(2)法定计量部门对试验设备出具的计量检定证明。
(3)试验室管理制度。
(4)试验人员资格证书。

5.2.8 施工单位的试验室报审表应按本规范表 B.0.7 的要求填写。

5.2.9 项目监理机构应审查施工单位报送的用于工程的材料、构配件、设备的质量证明文件,并应按有关规定、建设工程监理合同约定,对用于工程的材料进行见证取样、平行检验。

项目监理机构对已进场经检验不合格的工程材料、构配件、设备,应要求施工单位限期将其撤出施工现场。

工程材料、构配件或设备报审表应按本规范表 B.0.6 的要求填写。

5.2.10 专业监理工程师应审查施工单位定期提交影响工程质量的计量设备的检查和检定报告。

5.2.11 项目监理机构应根据工程特点和施工单位报送的施工组织设计,确定旁站的关键部位、关键工序,安排监理人员进行旁站,并应及时记录旁站情况。

旁站记录应按本规范表 A.0.6 的要求填写。

5.2.12 项目监理机构应安排监理人员对工程施工质量进行巡视。巡视应包括下列主要内容：
(1)施工单位是否按工程设计文件、工程建设标准和批准的施工组织设计、(专项)施工方案施工。
(2)使用的工程材料、构配件和设备是否合格。
(3)施工现场管理人员,特别是施工质量管理人员是否到位。
(4)特种作业人员是否持证上岗。

5.2.13 项目监理机构应根据工程特点、专业要求,以及建设工程监理合同约定,对工程材料、施工质量进行平行检验。

5.2.14 项目监理机构应对施工单位报验的隐蔽工程、检验批、分项工程和分部工程进行验收，对验收合格的应给予签认；对验收不合格的应拒绝签认，同时应要求施工单位在指定的时间内整改并重新报验。

对已同意覆盖的工程隐蔽部位质量有疑问的，或发现施工单位私自覆盖工程隐蔽部位的，项目监理机构应要求施工单位对该隐蔽部位进行钻孔探测或揭开或其他方法进行重新检验。

隐蔽工程、检验批、分项工程报验表应按本规范表 B.0.7 的要求填写。分部工程报验表应按本规范表 B.0.8 的要求填写。

5.2.15 项目监理机构发现施工存在质量问题的，或施工单位采用不适当的施工工艺，或施工不当，造成工程质量不合格的，应及时签发监理通知单，要求施工单位整改。整改完毕后，项目监理机构应根据施工单位报送的监理通知回复对整改情况进行复查，提出复查意见。

监理通知单应按本规范表 A.0.3 的要求填写，监理通知回复单应按本规范表 B.0.9 的要求填写。

5.2.16 对需要返工处理或加固补强的质量缺陷，项目监理机构应要求施工单位报送经设计等相关单位认可的处理方案，并应对质量缺陷的处理过程进行跟踪检查，同时应对处理结果进行验收。

5.2.17 对需要返工处理或加固补强的质量事故，项目监理机构应要求施工单位报送质量事故调查报告和经设计等相关单位认可的处理方案，并应对质量事故的处理过程进行跟踪检查，同时应对处理结果进行验收。

项目监理机构应及时向建设单位提交质量事故书面报告，并应将完整的质量事故处理记录整理归档。

5.2.18 项目监理机构应审查施工单位提交的单位工程竣工验收报审表及竣工资料，组织工程竣工预验收。存在问题的，应要求施工单位及时整改；合格的，总监理工程师应签认单位工程竣工验收报审表。

单位工程竣工验收报审表应按本规范表 B.0.10 的要求填写。

5.2.19 工程竣工预验收合格后，项目监理机构应编写工程质量评估报告，并应经总监理工程师和工程监理单位技术负责人审核签字后报建设单位。

5.2.20 项目监理机构应参加由建设单位组织的竣工验收，对验收中提出的整改问题，应督促施工单位及时整改。工程质量符合要求的，总监理工程师应在工程竣工验收报告中签署意见。

5.3 工程造价控制

5.3.1 项目监理机构应按下列程序进行工程计量和付款签证：

（1）专业监理工程师对施工单位在工程款支付报审表中提交的工程量和支付金额进行复核，确定实际完成的工程量，提出到期应支付给施工单位的金额，并提出相应的支持性材料。

（2）总监理工程师对专业监理工程师的审查意见进行审核，签认后报建设单位审批。

（3）总监理工程师根据建设单位的审批意见，向施工单位签发工程款支付证书。

5.3.2 工程款支付报审表应按本规范表 B.0.11 的要求填写，工程款支付证书应按本规范表 A.0.8 的要求填写。

5.3.3 项目监理机构应建立月完成工程量统计表,对实际完成量与计划完成量进行比较分析,发现偏差的,应提出调整建议,并应在监理月报中向建设单位报告。

5.3.4 项目监理机构应按下列程序进行竣工结算款审核:

(1)专业监理工程师审查施工单位提交的竣工结算款支付申请,提出审查意见。

(2)总监理工程师对专业监理工程师的审查意见进行审核,签认后报建设单位审批,同时抄送施工单位,并就工程竣工结算事宜与建设单位、施工单位协商;达成一致意见的,根据建设单位审批意见向施工单位签发竣工结算款支付证书;不能达成一致意见的,应按施工合同约定处理。

5.3.5 工程竣工结算款支付报审表应按本规范表B.0.11的要求填写,竣工结算款支付证书应按本规范表A.0.8的要求填写。

5.4 工程进度控制

5.4.1 项目监理机构应审查施工单位报审的施工总进度计划和阶段性施工进度计划,提出审查意见,并应由总监理工程师审核后报建设单位。

施工进度计划审查应包括下列基本内容:

(1)施工进度计划应符合施工合同中工期的约定。

(2)施工进度计划中主要工程项目无遗漏,应满足分批投入试运、分批动用的需要,阶段性施工进度计划应满足总进度控制目标的要求。

(3)施工顺序的安排应符合施工工艺要求。

(4)施工人员、工程材料、施工机械等资源供应计划应满足施工进度计划的需要。

(5)施工进度计划应符合建设单位提供的资金、施工图纸、施工场地、物资等施工条件。

5.4.2 施工进度计划报审表应按本规范表B.0.12的要求填写。

5.4.3 项目监理机构应检查施工进度计划的实施情况,发现实际进度严重滞后于计划进度且影响合同工期时,应签发监理通知单,要求施工单位采取调整措施加快施工进度。总监理工程师应向建设单位报告工期延误风险。

5.4.4 项目监理机构应比较分析工程施工实际进度与计划进度,预测实际进度对工程总工期的影响,并应在监理月报中向建设单位报告工程实际进展情况。

5.5 安全生产管理的监理工作

5.5.1 项目监理机构应根据法律法规、工程建设强制性标准,履行建设工程安全生产管理的监理职责,并应将安全生产管理的监理工作内容、方法和措施纳入监理规划及监理实施细则。

5.5.2 项目监理机构应审查施工单位现场安全生产规章制度的建立和实施情况,并应审查施工单位安全生产许可证及施工单位项目经理、专职安全生产管理人员和特种作业人员的资格,同时应核查施工机械和设施的安全许可验收手续。

5.5.3 项目监理机构应审查施工单位报审的专项施工方案,符合要求的,应由总监理工程师签认后报建设单位。超过一定规模的危险性较大的分部分项工程的专项施工方案,应检查施工单位组织专家进行论证、审查的情况,以及是否附具安全验算结果。项目监理机构应要求施工单位按已批准的专项施工方案组织施工。专项施工方案需要调整时,施工单位应按程序重新提交项目监理机构审查。

专项施工方案审查应包括下列基本内容：

(1)编审程序应符合相关规定。

(2)安全技术措施应符合工程建设强制性标准。

5.5.4 专项施工方案报审表应按本规范表 B.0.1 的要求填写。

5.5.5 项目监理机构应巡视检查危险性较大的分部分项工程专项施工方案实施情况。发现未按专项施工方案实施时，应签发监理通知单，要求施工单位按专项施工方案实施。

5.5.6 项目监理机构在实施监理过程中，发现工程存在安全事故隐患时，应签发监理通知单，要求施工单位整改；情况严重时，应签发工程暂停令，并应及时报告建设单位。施工单位拒不整改或不停止施工时，项目监理机构应及时向有关主管部门报送监理报告。

监理报告应按本规范表 A.0.4 的要求填写。

6 工程变更、索赔及施工合同争议

6.1 一般规定

6.1.1 项目监理机构应依据建设工程监理合同约定进行施工合同管理，处理工程暂停及复工、工程变更、索赔及施工合同争议、解除等事宜。

6.1.2 施工合同终止时，项目监理机构应协助建设单位按施工合同约定处理施工合同终止的有关事宜。

6.2 工程暂停及复工

6.2.1 总监理工程师在签发工程暂停令时，可根据停工原因的影响范围和影响程度，确定停工范围，并应按施工合同和建设工程监理合同的约定签发工程暂停令。

6.2.2 项目监理机构发现下列情况之一时，总监理工程师应及时签发工程暂停令：

(1)建设单位要求暂停施工且工程需要暂停施工的。

(2)施工单位未经批准擅自施工或拒绝项目监理机构管理的。

(3)施工单位未按审查通过的工程设计文件施工的。

(4)施工单位未按批准的施工组织设计、施工方案(专项)施工或违反工程建设强制性标准的。

(5)施工存在重大质量、安全事故隐患或发生质量、安全事故的。

6.2.3 总监理工程师签发工程暂停令应事先征得建设单位同意，在紧急情况下未能事先报告时，应在事后及时向建设单位作出书面报告。

工程暂停令应按本规范表 A.0.5 的要求填写。

6.2.4 暂停施工事件发生时，项目监理机构应如实记录所发生的情况。

6.2.5 总监理工程师应会同有关各方按施工合同约定，处理因工程暂停引起的与工期、费用有关的问题。

6.2.6 因施工单位原因暂停施工时，项目监理机构应检查、验收施工单位的停工整改过程、结果。

6.2.7 当暂停施工原因消失、具备复工条件时，施工单位提出复工申请的，项目监理机构应审查施工单位报送的复工报审表及有关材料,符合要求后,总监理工程师应及时签署审查意见,并应报建设单位批准后签发工程复工令;施工单位未提出复工申请的,总监理工程师应根据工程实际情况指令施工单位恢复施工。

复工报审表应按本规范表B.0.3的要求填写,工程复工令应按本规范表A.0.7的要求填写。

6.3 工程变更

6.3.1 项目监理机构可按下列程序处理施工单位提出的工程变更:

(1)总监理工程师组织专业监理工程师审查施工单位提出的工程变更申请,提出审查意见。对涉及工程设计文件修改的工程变更,应由建设单位转交原设计单位修改工程设计文件。必要时,项目监理机构应建议建设单位组织设计、施工等单位召开论证工程设计文件的修改方案的专题会议。

(2)总监理工程师组织专业监理工程师对工程变更费用及工期影响作出评估。

(3)总监理工程师组织建设单位、施工单位等共同协商确定工程变更费用及工期变化,会签工程变更单。

(4)项目监理机构根据批准的工程变更文件监督施工单位实施工程变更。

6.3.2 工程变更单应按本规范表C.0.2的要求填写。

6.3.3 项目监理机构可在工程变更实施前与建设单位、施工单位等协商确定工程变更的计价原则、计价方法或价款。

6.3.4 建设单位与施工单位未能就工程变更费用达成协议时,项目监理机构可提出一个暂定价格并经建设单位同意,作为临时支付工程款的依据。工程变更款项最终结算时,应以建设单位与施工单位达成的协议为依据。

6.3.5 项目监理机构可对建设单位要求的工程变更提出评估意见,并应督促施工单位按会签后的工程变更单组织施工。

6.4 费用索赔

6.4.1 项目监理机构应及时收集、整理有关工程费用的原始资料,为处理费用索赔提供证据。

6.4.2 项目监理机构处理费用索赔的主要依据应包括下列内容:

(1)法律法规。
(2)勘察设计文件、施工合同文件。
(3)工程建设标准。
(4)索赔事件的证据。

6.4.3 项目监理机构可按下列程序处理施工单位提出的费用索赔:

(1)受理施工单位在施工合同约定的期限内提交的费用索赔意向通知书。
(2)收集与索赔有关的资料。
(3)受理施工单位在施工合同约定的期限内提交的费用索赔报审表。
(4)审查费用索赔报审表。需要施工单位进一步提交详细资料时,应在施工合同约定的期限内发出通知。
(5)与建设单位和施工单位协商一致后,在施工合同约定的期限内签发费用索赔报审表,并报建设单位。

6.4.4 费用索赔意向通知书应按本规范表 C.0.3 的要求填写；费用索赔报审表应按本规范表 B.0.13 的要求填写。

6.4.5 项目监理机构批准施工单位费用索赔应同时满足下列条件：

(1) 施工单位在施工合同约定的期限内提出费用索赔。

(2) 索赔事件是因非施工单位原因造成，且符合施工合同约定。

(3) 索赔事件造成施工单位直接经济损失。

6.4.6 当施工单位的费用索赔要求与工程延期要求相关联时，项目监理机构可提出费用索赔和工程延期的综合处理意见，并应与建设单位和施工单位协商。

6.4.7 因施工单位原因造成建设单位损失，建设单位提出索赔时，项目监理机构应与建设单位和施工单位协商处理。

6.5 工程延期及工期延误

6.5.1 施工单位提出工程延期要求符合施工合同约定时，项目监理机构应予以受理。

6.5.2 当影响工期事件具有持续性时，项目监理机构应对施工单位提交的阶段性工程临时延期报审表进行审查，并应签署工程临时延期审核意见后报建设单位。

当影响工期事件结束后，项目监理机构应对施工单位提交的工程最终延期报审表进行审查，并应签署工程最终延期审核意见后报建设单位。

工程临时延期报审表和工程最终延期报审表应按本规范表 B.0.14 的要求填写。

6.5.3 项目监理机构在作出工程临时延期批准和工程最终延期批准前，均应与建设单位和施工单位协商。

6.5.4 项目监理机构批准工程延期应同时满足下列条件：

(1) 施工单位在施工合同约定的期限内提出工程延期。

(2) 因非施工单位原因造成施工进度滞后。

(3) 施工进度滞后影响到施工合同约定的工期。

6.5.5 施工单位因工程延期提出费用索赔时，项目监理机构可按施工合同约定进行处理。

6.5.6 发生工期延误时，项目监理机构应按施工合同约定进行处理。

6.6 施工合同争议

6.6.1 项目监理机构处理施工合同争议时应进行下列工作：

(1) 了解合同争议情况。

(2) 及时与合同争议双方进行磋商。

(3) 提出处理方案后，由总监理工程师进行协调。

(4) 当双方未能达成一致时，总监理工程师应提出处理合同争议的意见。

6.6.2 项目监理机构在施工合同争议处理过程中，对未达到施工合同约定的暂停履行合同条件的，应要求施工合同双方继续履行合同。

6.6.3 在施工合同争议的仲裁或诉讼过程中，项目监理机构应按仲裁机关或法院要求提供与争议有关的证据。

6.7 施工合同解除

6.7.1 因建设单位原因导致施工合同解除时,项目监理机构应按施工合同约定与建设单位和施工单位按下列款项中协商确定施工单位应得款项,并应签认工程款支付证书:

(1)施工单位按施工合同约定已完成的工作应得款项。
(2)施工单位按批准的采购计划订购工程材料、构配件、设备的款项。
(3)施工单位撤离施工设备至原基地或其他目的地的合理费用。
(4)施工单位人员的合理遣返费用。
(5)施工单位合理的利润补偿。
(6)施工合同约定的建设单位应支付的违约金。

6.7.2 因施工单位原因导致施工合同解除时,项目监理机构应按施工合同约定,从下列款项中确定施工单位应得款项或偿还建设单位的款项,并应与建设单位和施工单位协商后,书面提交施工单位应得款项或偿还建设单位款项的证明:

(1)施工单位已按施工合同约定实际完成的工作应得款项和已给付的款项。
(2)施工单位已提供的材料、构配件、设备和临时工程等的价值。
(3)对已完工程进行检查和验收、移交工程资料、修复已完工程质量缺陷等所需的费用。
(4)施工合同约定的施工单位应支付的违约金。

6.7.3 因非建设单位、施工单位原因导致施工合同解除时,项目监理机构应按施工合同约定处理合同解除后的有关事宜。

7 监理文件资料管理

7.1 一般规定

7.1.1 项目监理机构应建立完善监理文件资料管理制度,宜设专人管理监理文件资料。
7.1.2 项目监理机构应及时、准确、完整地收集、整理、编制、传递监理文件资料。
7.1.3 项目监理机构宜采用信息技术进行监理文件资料管理。

7.2 监理文件资料内容

7.2.1 监理文件资料应包括下列主要内容:

(1)勘察设计文件、建设工程监理合同及其他合同文件。
(2)监理规划、监理实施细则。
(3)设计交底和图纸会审会议纪要。
(4)施工组织设计、(专项)施工方案、施工进度计划报审文件资料。
(5)分包单位资格报审文件资料。
(6)施工控制测量成果报验文件资料。
(7)总监理工程师任命书,工程开工令、暂停令、复工令,开工或复工报审文件资料。
(8)工程材料、构配件、设备报验文件资料。
(9)见证取样和平行检验文件资料。
(10)工程质量检查报验资料及工程有关验收资料。
(11)工程变更、费用索赔及工程延期文件资料。

(12)工程计量、工程款支付文件资料。
(13)监理通知单、工作联系单与监理报告。
(14)第一次工地会议、监理例会、专题会议等会议纪要。
(15)监理月报、监理日志、旁站记录。
(16)工程质量或生产安全事故处理文件资料。
(17)工程质量评估报告及竣工验收监理文件资料。
(18)监理工作总结。

7.2.2 监理日志应包括下列主要内容：
(1)天气和施工环境情况。
(2)当日施工进展情况。
(3)当日监理工作情况，包括旁站、巡视、见证取样、平行检验等情况。
(4)当日存在的问题及协调解决情况。
(5)其他有关事项。

7.2.3 监理月报应包括下列主要内容：
(1)本月工程实施情况。
(2)本月监理工作情况。
(3)本月施工中存在的问题及处理情况。
(4)下月监理工作重点。

7.2.4 监理工作总结应包括下列主要内容：
(1)工程概况。
(2)项目监理机构。
(3)建设工程监理合同履行情况。
(4)监理工作成效。
(5)监理工作中发现的问题及其处理情况。
(6)说明和建议。

7.3 监理文件资料归档

7.3.1 项目监理机构应及时整理、分类汇总监理文件资料，并应按规定组卷，形成监理档案。

7.3.2 工程监理单位应根据工程特点和有关规定，保存监理档案，并应向有关单位、部门移交需要存档的监理文件资料。

8 设备采购与设备监造

8.1 一般规定

8.1.1 项目监理机构应根据建设工程监理合同约定的设备采购与设备监造工作内容、配备监理人员，以及明确岗位职责。

8.1.2 项目监理机构应编制设备采购与设备监造工作计划，并应协助建设单位编制设备采购与设备监造方案。

8.2 设备采购

8.2.1 采用招标方式进行设备采购时,项目监理机构应协助建设单位按有关规定组织设备采购招标。采用其他方式进行设备采购时,项目监理机构应协助建设单位进行询价。

8.2.2 项目监理机构应协助建设单位进行设备采购合同谈判,并应协助签订设备采购合同。

8.2.3 设备采购文件资料应包括下列主要内容:
(1)建设工程监理合同及设备采购合同。
(2)设备采购招投标文件。
(3)工程设计文件和图纸。
(4)市场调查、考察报告。
(5)设备采购方案。
(6)设备采购工作总结。

8.3 设备监造

8.3.1 项目监理机构应检查设备制造单位的质量管理体系,并应审查设备制造单位报送的设备制造生产计划和工艺方案。

8.3.2 项目监理机构应审查设备制造的检验计划和检验要求,并应确认各阶段的检验时间、内容、方法、标准,以及检测手段、检测设备和仪器。

8.3.3 专业监理工程师应审查设备制造的原材料、外购配套件、元器件、标准件,以及坯料的质量证明文件及检验报告,并应审查设备制造单位提交的报验资料,符合规定时应予以签认。

8.3.4 项目监理机构应对设备制造过程进行监督和检查,对主要及关键零部件的制造工序应进行抽检。

8.3.5 项目监理机构应要求设备制造单位按批准的检验计划和检验要求进行设备制造过程的检验工作,并应做好检验记录。项目监理机构应对检验结果进行审核,认为不符合质量要求时,应要求设备制造单位进行整改、返修或返工。当发生质量失控或重大质量事故时,应由总监理工程师签发暂停令,提出处理意见,并应及时报告建设单位。

8.3.6 项目监理机构应检查和监督设备的装配过程。

8.3.7 在设备制造过程中如需要对设备的原设计进行变更时,项目监理机构应审查设计变更,并应协调处理因变更引起的费用和工期调整,同时应报建设单位批准。

8.3.8 项目监理机构应参加设备整机性能检测、调试和出厂验收,符合要求后应予以签认。

8.3.9 在设备运往现场前,项目监理机构应检查设备制造单位对待运设备采取的防护和包装措施,并应检查是否符合运输、装卸、储存、安装的要求,以及随机文件、装箱单和附件是否齐全。

8.3.10 设备运到现场后,项目监理机构应参加由设备制造单位按合同约定与接收单位的交接工作。

8.3.11 专业监理工程师应按设备制造合同的约定审查设备制造单位提交的付款申请,提出审查意见,并应由总监理工程师审核后签发支付证书。

8.3.12 专业监理工程师应审查设备制造单位提出的索赔文件,提出意见后报总监理工程师,并应由总监理工程师与建设单位、设备制造单位协商一致后签署意见。

8.3.13 专业监理工程师应审查设备制造单位报送的设备制造结算文件,提出审查意见,并应由总监理工程师签署意见后报建设单位。

8.3.14 设备监造文件资料应包括下列主要内容:

(1)建设工程监理合同及设备采购合同。

(2)设备监造工作计划。

(3)设备制造工艺方案报审资料。

(4)设备制造的检验计划和检验要求。

(5)分包单位资格报审资料。

(6)原材料、零配件的检验报告。

(7)工程暂停令、开工或复工报审资料。

(8)检验记录及试验报告。

(9)变更资料。

(10)会议纪要。

(11)来往函件。

(12)监理通知单与工作联系单。

(13)监理日志。

(14)监理月报。

(15)质量事故处理文件。

(16)索赔文件。

(17)设备验收文件。

(18)设备交接文件。

(19)支付证书和设备制造结算审核文件。

(20)设备监造工作总结。

9 相关服务

9.1 一般规定

9.1.1 工程监理单位应根据建设工程监理合同约定的相关服务范围,开展相关服务工作,以及编制相关服务工作计划。

9.1.2 工程监理单位应按规定汇总整理、分类归档相关服务工作的文件资料。

9.2 工程勘察设计阶段服务

9.2.1 工程监理单位应协助建设单位编制工程勘察设计任务书和选择工程勘察设计单位,并应协助签订工程勘察设计合同。

9.2.2 工程监理单位应审查勘察单位提交的勘察方案,提出审查意见,并应报建设单位。变更勘察方案时,应按原程序重新审查。

勘察方案报审表可按本规范表 B.0.1 的要求填写。

9.2.3 工程监理单位应检查勘察现场及室内试验主要岗位操作人员的资格、所使用设备、仪器计量的检定情况。

9.2.4 工程监理单位应检查勘察进度计划执行情况、督促勘察单位完成勘察合同约定的工作内容、审核勘察单位提交的勘察费用支付申请表，以及签发勘察费用支付证书，并应报建设单位。

工程勘察阶段的监理通知单可按本规范表 A.0.3 的要求填写；监理通知回复单可应按本规范表 B.0.9 的要求填写；勘察费用支付申请表可按本规范表 B.0.11 的要求填写；勘察费用支付证书可按本规范表 A.0.8 的要求填写。

9.2.5 工程监理单位应检查勘察单位执行勘察方案的情况，对重要点位的勘探与测试应进行现场检查。

9.2.6 工程监理单位应审查勘察单位提交的勘察成果报告，并应向建设单位提交勘察成果评估报告，同时应参与勘察成果验收。

勘察成果评估报告应包括下列内容：
（1）勘察工作概况。
（2）勘察报告编制深度、与勘察标准的符合情况。
（3）勘察任务书的完成情况。
（4）存在问题及建议。
（5）评估结论。

9.2.7 勘察成果报审表可按本规范表 B.0.7 的要求填写。

9.2.8 工程监理单位应依据设计合同及项目总体计划要求审查各专业、各阶段设计进度计划。

9.2.9 工程监理单位应检查设计进度计划执行情况、督促设计单位完成设计合同约定的工作内容、审核设计单位提交的设计费用支付申请表，以及签认设计费用支付证书，并应报建设单位。

工程设计阶段的监理通知单可按本规范表 A.0.3 的要求填写；监理通知回复单可按本规范表 B.0.9 的要求填写；设计费用支付申请表可按本规范表 B.0.11 的要求填写；设计费用支付证书可按本规范表 A.0.8 的要求填写。

9.2.10 工程监理单位应审查设计单位提交的设计成果，并应提出评估报告。评估报告应包括下列主要内容：
（1）设计工作概况。
（2）设计深度、与设计标准的符合情况。
（3）设计任务书的完成情况。
（4）有关部门审查意见的落实情况。
（5）存在的问题及建议。

9.2.11 设计阶段成果报审表可按本规范表 B.0.7 的要求填写。

9.2.12 工程监理单位应审查设计单位提出的新材料、新工艺、新技术、新设备在相关部门的备案情况。必要时应协助建设单位组织专家评审。

9.2.13 工程监理单位应审查设计单位提出的设计概算、施工图预算，提出审查意见，并应报建设单位。

9.2.14 工程监理单位应分析可能发生索赔的原因,并应制定防范对策。

9.2.15 工程监理单位应协助建设单位组织专家对设计成果进行评审。

9.2.16 工程监理单位可协助建设单位向政府有关部门报审有关工程设计文件,并应根据审批意见,督促设计单位予以完善。

9.2.17 工程监理单位应根据勘察设计合同,协调处理勘察设计延期、费用索赔等事宜。

勘察设计延期报审表可按本规范表 B.0.14 的要求填写;勘察设计费用索赔报审表可按本规范表 B.0.13 的要求填写。

9.3 工程保修阶段服务

9.3.1 承担工程保修阶段的服务工作时,工程监理单位应定期回访。

9.3.2 对建设单位或使用单位提出的工程质量缺陷,工程监理单位应安排监理人员进行检查和记录,并应要求施工单位予以修复,同时应监督实施,合格后应予以签认。

9.3.3 工程监理单位应对工程质量缺陷原因进行调查,并应与建设单位、施工单位协商确定责任归属。对非施工单位原因造成的工程质量缺陷,应核实施工单位申报的修复工程费用,并应签认工程款支付证书,同时应报建设单位。

附件 A 工程监理单位用表

A.0.1 总监理工程师任命书应按本规范表 **A.0.1** 的要求填写。

表 A.0.1 总监理工程师任命书

工程名称： 　　　　　　　　　　　　　　　　编号：

致：_____（建设单位）

兹任命_____（注册监理工程师注册号：　　）为我单位_____项目总监理工程师。负责履行建设工程监理合同、主持项目监理机构工作。

　　　　　　　　　　　　　　　　　　　　　　　　　工程监理单位(盖章)
　　　　　　　　　　　　　　　　　　　　　　　　　法定代表人(签字)
　　　　　　　　　　　　　　　　　　　　　　　　　　年　月　日

注：本表一式三份，项目监理机构、建设单位、施工单位各一份。

A.0.2 工程开工令应按本规范表 A.0.2 的要求填写。

表 A.0.2　工 程 开 工 令

工程名称：　　　　　　　　　　编号：

致：_____（施工单位）_____

经审查,本工程已具备施工合同约定的开工条件,现同意你方开始施工,开工日期为:___年___月___日。

附件:工程开工报审表

项目监理机构(盖章)
总监理工程师(签字、加盖执业印章)
年　　月　　日

注：本表一式三份,项目监理机构、建设单位、施工单位各一份。

A.0.3 监理通知单应按本规范表 A.0.3 的要求填写。

表 A.0.3 监理通知单

工程名称：　　　　　　　　编号：

致：_____（施工项目经理部）_____

事由：_____
_____
_____

内容：_____
_____
_____

项目监理机构（盖章）
总/专业监理工程师（签字）
　　年　月　日

注：本表一式三份，项目监理机构、建设单位、施工单位各一份。

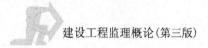

A.0.4 监理报告应按本规范表 A.0.4 的要求填写。

表 A.0.4 监 理 报 告

工程名称： 编号：

致：____（主管部门）____

  由____（施工单位）____施工的_____（工程部位），存在安全事故隐患。我方已于_____年___月___日发出编号为_____的《监理通知单》/《工程暂停令》，但施工单位未（整改或停工）。

特此报告。

附件：□监理通知单
   □工程暂停令
   □其他

项目监理机构（盖章）
总监理工程师（签字）
年 月 日

注：本表一式四份，主管部门、建设单位、工程监理单位、项目监理机构各一份。

A.0.5 工程暂停令应按本规范表 A.0.5 的要求填写。

表 A.0.5 工程暂停令

工程名称： 编号：

致：_____（施工项目经理部）_____

由于_____

_____原因,现通知你方于___年___月___日___时起,暂停_____部位(工序)施工,并按下述要求做好后续工作。

要求：

项目监理机构(盖章)

总监理工程师(签字、加盖执业印章)

年 月 日

注：本表一式三份,项目监理机构、建设单位、施工单位各一份。

A.0.6 旁站记录应按本规范表 A.0.6 的要求填写。

表 A.0.6 旁 站 记 录

工程名称：　　　　　　　　　　编号：

旁站的关键部位、关键工序		施工单位	
旁站开始时间	年 月 日 时 分	旁站结束时间	年 月 日 时 分
旁站的关键部位、关键工序施工情况：			
发现的问题及处理情况：			

　　　　　　　　　　　　　　　　　　　　　　　　旁站监理人员(签字)：
　　　　　　　　　　　　　　　　　　　　　　　　　　　年　月　日

注：本表一式一份，项目监理机构留存。

A.0.7 工程复工令应按本规范表 A.0.7 的要求填写。

表 A.0.7 工 程 复 工 令

工程名称： 编号：

致：_____（施工项目经理部）_____

　　我方发出的编号为_____《工程暂停令》，要求暂停施工的_____部位(工序)，经查已具备复工条件。经建设单位同意，现通知你方于_____年_____月_____日_____时起恢复施工。

附件：工程复工报审表

项目监理机构(盖章)
总监理工程师(签字、加盖执业印章)
年　月　日

注：本表一式三份，项目监理机构、建设单位、施工单位各一份。

A.0.8 工程款支付证书应按本规范表 A.0.8 的要求填写。

表 A.0.8 工程款支付证书

工程名称： 　　　　　　　　　　编号：

致：_____（施工单位）_____

　　根据施工合同约定，经审核编号为_____工程款支付报审表，扣除有关款项后，同意支付该款项共计(大写)_____
_____
_____(小写：_____)。

其中：
　1.施工单位申报款为：
　2.经审核施工单位应得款为：
　3.本期应扣款为：
　4.本期应付款为：

附件：工程款支付报审表及附件

项目监理机构(盖章)
总监理工程师(签字、加盖执业印章)
年　　月　　日

注：本表一式三份，项目监理机构、建设单位、施工单位各一份。

附件 B　施工单位报审、报验用表

B.0.1 施工组织设计或(专项)施工方案报审表应按本规范表 B.0.1 的要求填写。

表 B.0.1　施工组织设计或(专项)施工方案报审表

工程名称：　　　　　　　　　　　　　编号：

致：_____(项目监理机构)_____ 　　我方已完成_____工程施工组织设计或(专项)施工方案的编制，并按规定已完成相关审批手续，请予以审查。 　　附件：□施工组织设计 　　　　　□专项施工方案 　　　　　□施工方案 　　　　　　　　　　　　　　　　　　　　　　　　　施工项目经理部(盖章) 　　　　　　　　　　　　　　　　　　　　　　　　　项目经理(签字) 　　　　　　　　　　　　　　　　　　　　　　　　　　　年　月　日
审查意见：   　　　　　　　　　　　　　　　　　　　　　　　　　专业监理工程师(签字) 　　　　　　　　　　　　　　　　　　　　　　　　　　　年　月　日
审核意见：   　　　　　　　　　　　　　　　　　　　　　　　　　项目监理机构(盖章) 　　　　　　　　　　　　　　　　　　　　　　　　　总监理工程师(签字、加盖执业印章) 　　　　　　　　　　　　　　　　　　　　　　　　　　　年　月　日
审批意见(仅对超过一定规模的危险性较大的分部分项工程专项施工方案)：   　　　　　　　　　　　　　　　　　　　　　　　　　建设单位(盖章) 　　　　　　　　　　　　　　　　　　　　　　　　　建设单位代表(签字) 　　　　　　　　　　　　　　　　　　　　　　　　　　　年　月　日

注：本表一式三份，项目监理机构、建设单位、施工单位各一份。

B.0.2 工程开工报审表应按本规范表 B.0.2 的要求填写。

表 B.0.2　工程开工报审表

工程名称：　　　　　　　　　　　编号：

致：_____（建设单位） 　　_____（项目监理机构）_____ 　　我方承担的_____工程，已完成相关准备工作，具备开工条件，申请于___年___月___日开工，请予以审批。 　　附件：证明文件资料   　　　　　　　　　　　　　　　　　　　　施工单位（盖章） 　　　　　　　　　　　　　　　　　　　　项目经理（签字） 　　　　　　　　　　　　　　　　　　　　　　年　月　日
审核意见：   　　　　　　　　　　　　　　　　　　　　项目监理机构（盖章） 　　　　　　　　　　　　　　　　　　　　总监理工程师（签字、加盖执业印章） 　　　　　　　　　　　　　　　　　　　　　　年　月　日
审批意见：   　　　　　　　　　　　　　　　　　　　　建设单位（盖章） 　　　　　　　　　　　　　　　　　　　　建设单位代表（签字） 　　　　　　　　　　　　　　　　　　　　　　年　月　日

注：本表一式三份，项目监理机构、建设单位、施工单位各一份。

B.0.3 工程复工报审表应按本规范表 **B.0.3** 的要求填写。

表 B.0.3 工程复工报审表

工程名称： 编号：

致：_____（项目监理机构）_____ 　　编号为_____《工程暂停令》所停工的_____部位(工序)，现已满足复工条件，我方申请于___年___月___日复工，请予以审批。 附：证明文件资料   　　　　　　　　　　　　　　　　　　　　　　　施工项目经理部（盖章） 　　　　　　　　　　　　　　　　　　　　　　　　项目经理（签字） 　　　　　　　　　　　　　　　　　　　　　　　　　年　月　日
审核意见：   　　　　　　　　　　　　　　　　　　　　　　　项目监理机构（盖章） 　　　　　　　　　　　　　　　　　　　　　　　总监理工程师（签字） 　　　　　　　　　　　　　　　　　　　　　　　　　年　月　日
审批意见：   　　　　　　　　　　　　　　　　　　　　　　　　建设单位（盖章） 　　　　　　　　　　　　　　　　　　　　　　　建设单位代表（签字） 　　　　　　　　　　　　　　　　　　　　　　　　　年　月　日

注：本表一式三份，项目监理机构、建设单位、施工单位各一份。

B.0.4 分包单位资格报审表应按本规范表 B.0.4 的要求填写。

表 B.0.4 分包单位资格报审表

工程名称： 　　　　　　　　　　编号：

致：_____（项目监理机构）_____ 经考察，我方认为拟选择的_____（分包单位）具有承担下列工程的施工或安装资质和能力，可以保证本工程按施工合同第_____条款的约定进行施工或安装。分包后，我方仍承担本工程施工合同的全部责任。请予以审查。		
分包工程名称(部位)	分包工程量	分包工程合同额
合　　计		
附件：1. 分包单位资质材料 　　　2. 分包单位业绩材料 　　　3. 分包单位专职管理人员和特种作业人员的资格证书 　　　4. 施工单位对分包单位的管理制度 　　　　　　　　　　　　　　　施工项目经理部(盖章) 　　　　　　　　　　　　　　　　项目经理(签字) 　　　　　　　　　　　　　　　　　年　月　日		
审查意见： 　　　　　　　　　　　　　　　专业监理工程师(签字) 　　　　　　　　　　　　　　　　　年　月　日		
审核意见： 　　　　　　　　　　　　　　　项目监理机构(盖章) 　　　　　　　　　　　　　　　总监理工程师(签字) 　　　　　　　　　　　　　　　　　年　月　日		

注：本表一式三份，项目监理机构、建设单位、施工单位各一份。

B.0.5 施工控制测量成果报验表应按本规范表 B.0.5 的要求填写。

表 B.0.5 施工控制测量成果报验表

工程名称：　　　　　　　　　　　　编号：

致：_____（项目监理机构）

　　我方已完成_____的施工控制测量，经自检合格，请予以查验。

附件：1. 施工控制测量依据资料
　　　2. 施工控制测量成果表

施工项目经理部（盖章）
项目技术负责人（签字）
　　　年　月　日

审查意见：

项目监理机构（盖章）
专业监理工程师（签字）
　　　年　月　日

注：本表一式三份，项目监理机构、建设单位、施工单位各一份。

B.0.6 工程材料、构配件或设备报审表应按本规范表 B.0.6 的要求填写。

表 B.0.6 工程材料、构配件或设备报审表

工程名称： 编号：

致：_____(项目监理机构)_____ 　　于_____年_____月_____日进场的拟用于工程_____部位的_____，经我方检验合格，现将相关资料报上，请予以审查。 　　附件：1. 工程材料、构配件或设备清单 　　　　　2. 质量证明文件 　　　　　3. 自检结果   　　　　　　　　　　　　　　　　　　　　　　　　　　　施工项目经理部(盖章) 　　　　　　　　　　　　　　　　　　　　　　　　　　　项目经理(签字) 　　　　　　　　　　　　　　　　　　　　　　　　　　　　　　年　　月　　日
审查意见：   　　　　　　　　　　　　　　　　　　　　　　　　　　　项目监理机构(盖章) 　　　　　　　　　　　　　　　　　　　　　　　　　　　专业监理工程师(签字) 　　　　　　　　　　　　　　　　　　　　　　　　　　　　　　年　　月　　日

注：本表一式二份，项目监理机构、施工单位各一份。

B.0.7 隐蔽工程、检验批、分项工程质量报验表及施工试验室报审、报验表应按本规范表 B.0.7 的要求填写。

表 B.0.7 _____ 报审、报验表

工程名称：　　　　　　　　　　　　编号：

致：_____（项目监理机构）

我方已完成_____工作，经自检合格，现将有关资料报上，请予以审查或验收。

附件：□隐蔽工程质量检验资料
　　　□检验批质量检验资料
　　　□分项工程质量检验资料
　　　□施工试验室证明资料
　　　□其他

施工项目经理部（盖章）
项目经理或项目技术负责人（签字）
年　月　日

审查或验收意见：

项目监理机构（盖章）
专业监理工程师（签字）
年　月　日

注：本表一式二份，项目监理机构、施工单位各一份。

B.0.8 分部工程报验表应按本规范表 B.0.8 的要求填写。

表 B.0.8 分部工程报验表

工程名称： 编号：

致：_____（项目监理机构） 　　我方已完成_____（分部工程），经自检合格，请予以验收。 　　附件：分部工程质量控制资料   　　　　　　　　　　　　　　　　　　　　　　　施工项目经理部（盖章） 　　　　　　　　　　　　　　　　　　　　　　　项目技术负责人（签字） 　　　　　　　　　　　　　　　　　　　　　　　　　年　月　日
验收意见：   　　　　　　　　　　　　　　　　　　　　　　　专业监理工程师（签字） 　　　　　　　　　　　　　　　　　　　　　　　　　年　月　日
验收意见：   　　　　　　　　　　　　　　　　　　　　　　　项目监理机构（盖章） 　　　　　　　　　　　　　　　　　　　　　　　总监理工程师（签字） 　　　　　　　　　　　　　　　　　　　　　　　　　年　月　日

注：本表一式三份，项目监理机构、建设单位、施工单位各一份。

B.0.9 监理通知回复应按本规范表 B.0.9 的要求填写。

表 B.0.9 监理通知回复

工程名称： 　　　　　　　　编号：

致：_____（项目监理机构）_____

我方接到编号为_____的监理通知单后,已按要求完成相关工作,请予以复查。

附件:需要说明的情况

施工项目经理部(盖章)

项目经理(签字)

年　月　日

复查意见：

项目监理机构(盖章)

总监理工程师/专业监理工程师(签字)

年　月　日

注:本表一式三份,项目监理机构、建设单位、施工单位各一份。

B.0.10 单位工程竣工验收报审表应按本规范表 B.0.10 的要求填写。

表 B.0.10 单位工程竣工验收报审表

工程名称： 编号：

致：_____（项目监理机构）
　　我方已按施工合同要求完成_____工程，经自检合格，现将有关资料报上，请予以验收。

附件：1. 工程质量验收报告
　　　2. 工程功能检验资料

施工单位（盖章）
项目经理（签字）
　年　月　日

预验收意见：
　　经预验收，该工程合格/不合格，可以/不可以组织正式验收。

项目监理机构（盖章）
总监理工程师（签字、加盖执业印章）
　年　月　日

注：本表一式三份，项目监理机构、建设单位、施工单位各一份。

B.0.11 工程进度款及竣工结算款支付报审表应按本规范表 **B.0.11** 的要求填写。

表 B.0.11 工程款支付报审表

工程名称： 　　　　　　　　　　　编号：

致：＿＿＿＿＿＿（项目监理机构）＿＿＿＿＿＿ 　　根据施工合同约定，我方已完成＿＿＿＿＿＿＿＿＿＿工作，按施工合同约定，建设单位应在＿＿年＿＿月＿＿日前支付该项工程款共计（大写）＿＿＿＿＿＿＿＿＿＿＿（小写：＿＿＿＿＿＿＿＿＿＿＿），请予以审核。 　　附件： 　　　　□已完成工程量报表 　　　　□工程竣工结算证明材料 　　　　□相应的支持性证明文件   　　　　　　　　　　　　　　　　　　　　　　　　施工项目经理部（盖章） 　　　　　　　　　　　　　　　　　　　　　　　　　项目经理（签字） 　　　　　　　　　　　　　　　　　　　　　　　　　　年　月　日
审查意见： 　1. 施工单位应得款为： 　2. 本期应扣款为： 　3. 本期应付款为： 　　附件：相应支持性材料 　　　　　　　　　　　　　　　　　　　　　　　　专业监理工程师（签字） 　　　　　　　　　　　　　　　　　　　　　　　　　　年　月　日
审核意见：   　　　　　　　　　　　　　　　　　　　　　　　　项目监理机构（盖章） 　　　　　　　　　　　　　　　　　　　　　　　总监理工程师（签字、加盖执业印章） 　　　　　　　　　　　　　　　　　　　　　　　　　　年　月　日
审批意见：   　　　　　　　　　　　　　　　　　　　　　　　　　建设单位（盖章） 　　　　　　　　　　　　　　　　　　　　　　　　建设单位代表（签字） 　　　　　　　　　　　　　　　　　　　　　　　　　　年　月　日

注：本表一式三份，项目监理机构、建设单位、施工单位各一份；工程竣工结算报审时本表一式四份，项目监理机构、建设单位各一份、施工单位二份。

B.0.12 施工进度计划报审表应按本规范表 B.0.12 的要求填写。

表 B.0.12 施工进度计划报审表

工程名称： 编号：

致：_____（项目监理机构）_____ 　　根据施工合同的有关规定，我方已完成_____工程施工进度计划的编制和批准，请予以审查。 　　附件：□施工总进度计划 　　　　　□阶段性进度计划   　　　　　　　　　　　　　　　　　　　　　　　施工项目经理部(盖章) 　　　　　　　　　　　　　　　　　　　　　　　　项目经理(签字) 　　　　　　　　　　　　　　　　　　　　　　　　年　月　日
审查意见：   　　　　　　　　　　　　　　　　　　　　　　　专业监理工程师(签字) 　　　　　　　　　　　　　　　　　　　　　　　　年　月　日
审核意见：   　　　　　　　　　　　　　　　　　　　　　　　项目监理机构(盖章) 　　　　　　　　　　　　　　　　　　　　　　　总监理工程师(签字) 　　　　　　　　　　　　　　　　　　　　　　　　年　月　日

注：本表一式三份，项目监理机构、建设单位、施工单位各一份。

B.0.13 费用索赔报审表应按本规范表 B.0.13 的要求填写。

表 B.0.13 费用索赔报审表

工程名称： 编号：

致：_____（项目监理机构）
　　根据施工合同_____条款，由于_____的原因，我方申请索赔金额(大写)_____，请予批准。
　　索赔理由：_____
　　_____
　　_____

　　附件：□索赔金额的计算
　　　　　□证明材料

　　　　　　　　　　　　　　　　　　　　　施工项目经理部(盖章)
　　　　　　　　　　　　　　　　　　　　　项目经理(签字)
　　　　　　　　　　　　　　　　　　　　　　　年 月 日

审核意见：
　　□不同意此项索赔。
　　□同意此项索赔,索赔金额为(大写)_____。
　　同意或不同意索赔的理由：_____
　　_____
　　_____

　　附件：索赔审查报告

　　　　　　　　　　　　　　　　　　　　　项目监理机构(盖章)
　　　　　　　　　　　　　　　　　　　　　总监理工程师(签字、加盖执业印章)
　　　　　　　　　　　　　　　　　　　　　　　年 月 日

审批意见：

　　　　　　　　　　　　　　　　　　　　　建设单位(盖章)
　　　　　　　　　　　　　　　　　　　　　建设单位代表(签字)
　　　　　　　　　　　　　　　　　　　　　　　年 月 日

注：本表一式三份,项目监理机构、建设单位、施工单位各一份。

B.0.14 工程临时或最终延期报审表应按本规范表 **B.0.14** 的要求填写。

表 B.0.14 工程临时/最终延期报审表

工程名称：　　　　　　　　　　　编号：

致：＿＿＿＿＿＿（项目监理机构）＿＿＿＿＿＿ 　　根据施工合同＿＿＿＿＿＿（条款），由于＿＿＿＿＿＿＿＿＿＿＿＿＿＿＿ 原因，我方申请工程临时/最终延期＿＿＿＿＿＿（日历天），请予批准。 　　附件：1. 工程延期依据及工期计算 　　　　　2. 证明材料   　　　　　　　　　　　　　　　　　　　施工项目经理部（盖章） 　　　　　　　　　　　　　　　　　　　　项目经理（签字） 　　　　　　　　　　　　　　　　　　　　　年　　月　　日
审核意见： 　　□同意临时/最终延长工期＿＿＿＿＿（日历天）。工程竣工日期从施工合同约定的＿＿＿年＿＿＿月＿＿＿日延迟到＿＿＿年＿＿＿月＿＿＿日。 　　□不同意延长工期，请按约定竣工日期组织施工。   　　　　　　　　　　　　　　　　　　　项目监理机构（盖章） 　　　　　　　　　　　　　　　　　总监理工程师（签字、加盖执业印章） 　　　　　　　　　　　　　　　　　　　　　年　　月　　日
审批意见：   　　　　　　　　　　　　　　　　　　　　建设单位（盖章） 　　　　　　　　　　　　　　　　　　　建设单位代表（签字） 　　　　　　　　　　　　　　　　　　　　　年　　月　　日

注：本表一式三份，项目监理机构、建设单位、施工单位各一份。

附件 C 通用表

C.0.1 工作联系单应按本规范表 C.0.1 的要求填写。

表 C.0.1 工 作 联 系 单

工程名称：	编号：

致：_____

发文单位
负责人(签字)
年　月　日

附录二　建设工程监理规范(GB/T 50319—2013)

C.0.2 工程变更单应按本规范表 C.0.2 的要求填写。

表 C.0.2 工 程 变 更 单

工程名称： 编号：

| 致：_____ |
| 由于_____原因，兹提出_____工程变更，请予以审批。 |
| 附件： |
| □变更内容 |
| □变更设计图 |
| □相关会议纪要 |
| □其他 |
| 变更提出单位：
负责人：
年 月 日 |

工程数量增/减	
费用增/减	
工期变化	

施工项目经理部(盖章) 项目经理(签字)	设计单位(盖章) 设计负责人(签字)
项目监理机构(盖章) 总监理工程师(签字)	建设单位(盖章) 负责人(签字)

注：本表一式四份，建设单位、项目监理机构、设计单位、施工单位各一份。

C.0.3 索赔意向通知书应按本规范表 C.0.3 的要求填写。

表 C.0.3 索赔意向通知书

| 工程名称： | 编号： |

致：_____
　　根据《建设工程施工合同》_____（条款）的约定，由于发生了_____
_____事件，且该事件的发生非我方原因所致。为此，我方向_____（单位）提
出索赔要求。
　　附件：索赔事件资料

　　　　　　　　　　　　　　　　　　　　　　　　　　　　　　提出单位（盖章）
　　　　　　　　　　　　　　　　　　　　　　　　　　　　　　负责人（签字）
　　　　　　　　　　　　　　　　　　　　　　　　　　　　　　　年　月　日

附录三
工程监理企业资质管理规定

第一章 总　则

第一条 为了加强工程监理企业资质管理,规范建设工程监理活动,维护建筑市场秩序,根据《中华人民共和国建筑法》《中华人民共和国行政许可法》《建设工程质量管理条例》等法律、行政法规,制订本规定。

第二条 在中华人民共和国境内从事建设工程监理活动,申请工程监理企业资质,实施对工程监理企业资质监督管理,适用本规定。

第三条 从事建设工程监理活动的企业,应当按照本规定取得工程监理企业资质,并在工程监理企业资质证书(以下简称资质证书)许可的范围内从事工程监理活动。

第四条 国务院建设主管部门负责全国工程监理企业资质的统一监督管理工作。国务院铁路、交通、水利、信息产业、民航等有关部门配合国务院建设主管部门实施相关资质类别工程监理企业资质的监督管理工作。

省、自治区、直辖市人民政府建设主管部门负责本行政区域内工程监理企业资质的统一监督管理工作。省、自治区、直辖市人民政府交通、水利、信息产业等有关部门配合同级建设主管部门实施相关资质类别工程监理企业资质的监督管理工作。

第五条 工程监理行业组织应当加强工程监理行业自律管理。

鼓励工程监理企业加入工程监理行业组织。

第二章　资质等级和业务范围

第六条 工程监理企业资质分为综合资质、专业资质和事务所资质。其中,专业资质按照工程性质和技术特点划分为若干工程类别。

综合资质、事务所资质不分级别。专业资质分为甲级、乙级;其中,房屋建筑、水利水电、公路和市政公用专业资质可设立丙级。

第七条 工程监理企业的资质等级标准如下:

1. 综合资质标准

(1)具有独立法人资格且注册资本不少于 600 万元。

(2)企业技术负责人应为注册监理工程师,并具有 15 年以上从事工程建设工作的经历或者具有工程类高级职称。

(3)具有5个以上工程类别的专业甲级工程监理资质。

(4)注册监理工程师不少于60人,注册造价工程师不少于5人,一级注册建造师、一级注册建筑师、一级注册结构工程师或者其他勘察设计注册工程师合计不少于15人次。

(5)企业具有完善的组织结构和质量管理体系,有健全的技术、档案等管理制度。

(6)企业具有必要的工程试验检测设备。

(7)申请工程监理资质之日前一年内没有本规定第十六条禁止的行为。

(8)申请工程监理资质之日前一年内没有因本企业监理责任造成重大质量事故。

(9)申请工程监理资质之日前一年内没有因本企业监理责任发生三级以上工程建设重大安全事故或者发生两起以上四级工程建设安全事故。

2. 专业资质标准

(1)甲级

①具有独立法人资格且注册资本不少于300万元。

②企业技术负责人应为注册监理工程师,并具有15年以上从事工程建设工作的经历或者具有工程类高级职称。

③注册监理工程师、注册造价工程师、一级注册建造师、一级注册建筑师、一级注册结构工程师或者其他勘察设计注册工程师合计不少于25人次;其中,相应专业注册监理工程师不少于《专业资质注册监理工程师人数配备表》(附表1)中要求配备的人数,注册造价工程师不少于2人。

④企业近2年内独立监理过3个以上相应专业的二级工程项目,但是,具有甲级设计资质或一级及以上施工总承包资质的企业申请本专业工程类别甲级资质的除外。

⑤企业具有完善的组织结构和质量管理体系,有健全的技术、档案等管理制度。

⑥企业具有必要的工程试验检测设备。

⑦申请工程监理资质之日前一年内没有本规定第十六条禁止的行为。

⑧申请工程监理资质之日前一年内没有因本企业监理责任造成重大质量事故。

⑨申请工程监理资质之日前一年内没有因本企业监理责任发生三级以上工程建设重大安全事故或者发生两起以上四级工程建设安全事故。

(2)乙级

①具有独立法人资格且注册资本不少于100万元。

②企业技术负责人应为注册监理工程师,并具有10年以上从事工程建设工作的经历。

③注册监理工程师、注册造价工程师、一级注册建造师、一级注册建筑师、一级注册结构工程师或者其他勘察设计注册工程师合计不少于15人次。其中,相应专业注册监理工程师不少于《专业资质注册监理工程师人数配备表》(附表1)中要求配备的人数,注册造价工程师不少于1人。

④有较完善的组织结构和质量管理体系,有技术、档案等管理制度。

⑤有必要的工程试验检测设备。

⑥申请工程监理资质之日前一年内没有本规定第十六条禁止的行为。

⑦申请工程监理资质之日前一年内没有因本企业监理责任造成重大质量事故。

⑧申请工程监理资质之日前一年内没有因本企业监理责任发生三级以上工程建设重大安

全事故或者发生两起以上四级工程建设安全事故。

（3）丙级

①具有独立法人资格且注册资本不少于50万元。

②企业技术负责人应为注册监理工程师,并具有8年以上从事工程建设工作的经历。

③相应专业的注册监理工程师不少于《专业资质注册监理工程师人数配备表》（附表1）中要求配备的人数。

④有必要的质量管理体系和规章制度。

⑤有必要的工程试验检测设备。

3. 事务所资质标准

（1）取得合伙企业营业执照,具有书面合作协议书。

（2）合伙人中有3名以上注册监理工程师,合伙人均有5年以上从事建设工程监理的工作经历。

（3）有固定的工作场所。

（4）有必要的质量管理体系和规章制度。

（5）有必要的工程试验检测设备。

第八条 工程监理企业资质相应许可的业务范围如下：

1. 综合资质

可以承担所有专业工程类别建设工程项目的工程监理业务。

2. 专业资质

（1）专业甲级资质

可承担相应专业工程类别建设工程项目的工程监理业务（附表2）。

（2）专业乙级资质

可承担相应专业工程类别二级以下（含二级）建设工程项目的工程监理业务（附表2）。

（3）专业丙级资质

可承担相应专业工程类别三级建设工程项目的工程监理业务（附表2）。

3. 事务所资质

可承担三级建设工程项目的工程监理业务（附表2）,但是,国家规定必须实行强制监理的工程除外。

工程监理企业可以开展相应类别建设工程的项目管理、技术咨询等业务。

第三章 资质申请和审批

第九条 申请综合资质、专业甲级资质的,应当向企业工商注册所在地的省、自治区、直辖市人民政府建设主管部门提出申请。

省、自治区、直辖市人民政府建设主管部门应当自受理申请之日起20日内初审完毕,并将初审意见和申请材料报国务院建设主管部门。

国务院建设主管部门应当自省、自治区、直辖市人民政府建设主管部门受理申请材料之日起60日内完成审查,公示审查意见,公示时间为10日。其中,涉及铁路、交通、水利、通信、民航等专业工程监理资质的,由国务院建设主管部门送国务院有关部门审核。国务院有关部门应当在20日内审核完毕,并将审核意见报国务院建设主管部门。国务院建设主管部门根据初审意见审批。

第十条 专业乙级、丙级资质和事务所资质由企业所在地省、自治区、直辖市人民政府建设主管部门审批。

专业乙级、丙级资质和事务所资质许可、延续的实施程序由省、自治区、直辖市人民政府建设主管部门依法确定。

省、自治区、直辖市人民政府建设主管部门应当自作出决定之日起10日内,将准予资质许可的决定报国务院建设主管部门备案。

第十一条 工程监理企业资质证书分为正本和副本,每套资质证书包括一本正本,四本副本。正、副本具有同等法律效力。

工程监理企业资质证书的有效期为5年。

工程监理企业资质证书由国务院建设主管部门统一印制并发放。

第十二条 申请工程监理企业资质,应当提交以下材料:

(1)工程监理企业资质申请表(一式三份)及相应电子文档。

(2)企业法人、合伙企业营业执照。

(3)企业章程或合伙人协议。

(4)企业法定代表人、企业负责人和技术负责人的身份证明、工作简历及任命(聘用)文件。

(5)工程监理企业资质申请表中所列注册监理工程师及其他注册执业人员的注册执业证书。

(6)有关企业质量管理体系、技术和档案等管理制度的证明材料。

(7)有关工程试验检测设备的证明材料。

取得专业资质的企业申请晋升专业资质等级或者取得专业甲级资质的企业申请综合资质的,除前款规定的材料外,还应当提交企业原工程监理企业资质证书正、副本复印件,企业《监理业务手册》及近两年已完成代表工程的监理合同、监理规划、工程竣工验收报告及监理工作总结。

第十三条 资质有效期届满,工程监理企业需要继续从事工程监理活动的,应当在资质证书有效期届满60日前,向原资质许可机关申请办理延续手续。

对在资质有效期内遵守有关法律、法规、规章、技术标准,信用档案中无不良记录,且专业技术人员满足资质标准要求的企业,经资质许可机关同意,有效期延续5年。

第十四条 工程监理企业在资质证书有效期内名称、地址、注册资本、法定代表人等发生变更的,应当在工商行政管理部门办理变更手续后30日内办理资质证书变更手续。

涉及综合资质、专业甲级资质证书中企业名称变更的,由国务院建设主管部门负责办理,并自受理申请之日起3日内办理变更手续。

前款规定以外的资质证书变更手续,由省、自治区、直辖市人民政府建设主管部门负责办理。省、自治区、直辖市人民政府建设主管部门应当自受理申请之日起3日内办理变更手续,并在办理资质证书变更手续后15日内将变更结果报国务院建设主管部门备案。

第十五条 申请资质证书变更,应当提交以下材料:

(1)资质证书变更的申请报告。

(2)企业法人营业执照副本原件。

(3)工程监理企业资质证书正、副本原件。

工程监理企业改制的,除前款规定材料外,还应当提交企业职工代表大会或股东大会关于企业改制或股权变更的决议、企业上级主管部门关于企业申请改制的批复文件。

第十六条 工程监理企业不得有下列行为:

(1)与建设单位串通投标或者与其他工程监理企业串通投标,以行贿手段谋取中标。

(2)与建设单位或者施工单位串通弄虚作假、降低工程质量。

(3)将不合格的建设工程、建筑材料、建筑构配件和设备按照合格签字。

(4)超越本企业资质等级或以其他企业名义承揽监理业务。

(5)允许其他单位或个人以本企业的名义承揽工程。

(6)将承揽的监理业务转包。

(7)在监理过程中实施商业贿赂。

(8)涂改、伪造、出借、转让工程监理企业资质证书。

(9)其他违反法律法规的行为。

第十七条 工程监理企业合并的,合并后存续或者新设立的工程监理企业可以承继合并前各方中较高的资质等级,但应当符合相应的资质等级条件。

工程监理企业分立的,分立后企业的资质等级,根据实际达到的资质条件,按照本规定的审批程序核定。

第十八条 企业需增补工程监理企业资质证书的(含增加、更换、遗失补办),应当持资质证书增补申请及电子文档等材料向资质许可机关申请办理。遗失资质证书的,在申请补办前应当在公众媒体刊登遗失声明。资质许可机关应当自受理申请之日起3日内予以办理。

第四章 监 督 管 理

第十九条 县级以上人民政府建设主管部门和其他有关部门应当依照有关法律、法规和本规定,加强对工程监理企业资质的监督管理。

第二十条 建设主管部门履行监督检查职责时,有权采取下列措施:

(1)要求被检查单位提供工程监理企业资质证书、注册监理工程师注册执业证书,有关工程监理业务的文档,有关质量管理、安全生产管理、档案管理等企业内部管理制度的文件。

(2)进入被检查单位进行检查,查阅相关资料。

(3)纠正违反有关法律、法规和本规定及有关规范和标准的行为。

第二十一条 建设主管部门进行监督检查时,应当有两名以上监督检查人员参加,并出示执法证件,不得妨碍被检查单位的正常经营活动,不得索取或者收受财物、谋取其他利益。

有关单位和个人对依法进行的监督检查应当协助与配合,不得拒绝或者阻挠。

监督检查机关应当将监督检查的处理结果向社会公布。

第二十二条 工程监理企业违法从事工程监理活动的,违法行为发生地的县级以上地方人民政府建设主管部门应当依法查处,并将违法事实、处理结果或处理建议及时报告该工程监理企业资质的许可机关。

第二十三条 工程监理企业取得工程监理企业资质后不再符合相应资质条件的,资质许可机关根据利害关系人的请求或者依据职权,可以责令其限期改正;逾期不改的,可以撤回其资质。

第二十四条 有下列情形之一的,资质许可机关或者其上级机关,根据利害关系人的请求或者依据职权,可以撤销工程监理企业资质:

(1)资质许可机关工作人员滥用职权、玩忽职守作出准予工程监理企业资质许可的。

(2)超越法定职权作出准予工程监理企业资质许可的。

(3)违反资质审批程序作出准予工程监理企业资质许可的。

(4)对不符合许可条件的申请人作出准予工程监理企业资质许可的。

(5)依法可以撤销资质证书的其他情形。

以欺骗、贿赂等不正当手段取得工程监理企业资质证书的,应当予以撤销。

第二十五条 有下列情形之一的,工程监理企业应当及时向资质许可机关提出注销资质的申请,交回资质证书,国务院建设主管部门应当办理注销手续,公告其资质证书作废:

(1)资质证书有效期届满,未依法申请延续的。

(2)工程监理企业依法终止的。

(3)工程监理企业资质依法被撤销、撤回或吊销的。

(4)法律、法规规定的应当注销资质的其他情形。

第二十六条 工程监理企业应当按照有关规定,向资质许可机关提供真实、准确、完整的工程监理企业的信用档案信息。

工程监理企业的信用档案应当包括基本情况、业绩、工程质量和安全、合同违约等情况。被投诉举报和处理、行政处罚等情况应当作为不良行为记入其信用档案。

工程监理企业的信用档案信息按照有关规定向社会公示,公众有权查阅。

第五章 法 律 责 任

第二十七条 申请人隐瞒有关情况或者提供虚假材料申请工程监理企业资质的,资质许可机关不予受理或者不予行政许可,并给予警告,申请人在1年内不得再次申请工程监理企业资质。

第二十八条 以欺骗、贿赂等不正当手段取得工程监理企业资质证书的,由县级以上地方人民政府建设主管部门或者有关部门给予警告,并处1万元以上2万元以下的罚款,申请人3年内不得再次申请工程监理企业资质。

第二十九条 工程监理企业有本规定第十六条第7项、第8项行为之一的,由县级以上地方人民政府建设主管部门或者有关部门予以警告,责令其改正,并处1万元以上3万元以下的罚款;造成损失的,依法承担赔偿责任;构成犯罪的,依法追究刑事责任。

第三十条 违反本规定,工程监理企业不及时办理资质证书变更手续的,由资质许可机关责令限期办理;逾期不办理的,可处1千元以上1万元以下的罚款。

第三十一条 工程监理企业未按照本规定要求提供工程监理企业信用档案信息的,由县级以上地方人民政府建设主管部门予以警告,责令限期改正;逾期未改正的,可处以1千元以上1万元以下的罚款。

第三十二条 县级以上地方人民政府建设主管部门依法给予工程监理企业行政处罚的,应当将行政处罚决定以及给予行政处罚的事实、理由和依据,报国务院建设主管部门备案。

第三十三条 县级以上人民政府建设主管部门及有关部门有下列情形之一的,由其上级

行政主管部门或者监察机关责令改正,对直接负责的主管人员和其他直接责任人员依法给予处分;构成犯罪的,依法追究刑事责任:

(1)对不符合本规定条件的申请人准予工程监理企业资质许可的。

(2)对符合本规定条件的申请人不予工程监理企业资质许可或者不在法定期限内作出准予许可决定的。

(3)对符合法定条件的申请不予受理或者未在法定期限内初审完毕的。

(4)利用职务上的便利,收受他人财物或者其他好处的。

(5)不依法履行监督管理职责或者监督不力,造成严重后果的。

第六章 附　　则

第三十四条　本规定自2007年8月1日起施行。2001年8月29日建设部颁布的《工程监理企业资质管理规定》(建设部令第102号)同时废止。

附表:1. 专业资质注册监理工程师人数配备表

　　　2. 专业工程类别和等级表

附表1

专业资质注册监理工程师人数配备表(单位:人)

序号	工程类别	甲级	乙级	丙级
1	房屋建筑工程	15	10	5
2	冶炼工程	15	10	
3	矿山工程	20	12	
4	化工石油工程	15	10	
5	水利水电工程	20	12	5
6	电力工程	15	10	
7	农林工程	15	10	
8	铁路工程	23	14	
9	公路工程	20	12	5
10	港口与航道工程	20	12	
11	航天航空工程	20	12	
12	通信工程	20	12	
13	市政公用工程	15	10	5
14	机电安装工程	15	10	

注:表中各专业资质注册监理工程师人数配备是指企业取得本专业工程类别注册的注册监理工程师人数。

附表2

专业工程类别和等级表

序号	工程类别		一级	二级	三级
一	房屋建筑工程	一般公共建筑	28层以上;36米跨度以上(轻钢结构除外);单项工程建筑面积3万平方米以上	14～28层;24～36米跨度(轻钢结构除外);单项工程建筑面积1万～3万平方米	14层以下;24米跨度以下(轻钢结构除外);单项工程建筑面积1万平方米以下
		高耸构筑工程	高度120米以上	高度70～120米	高度70米以下
		住宅工程	小区建筑面积12万平方米以上;单项工程28层以上	建筑面积6万～12万平方米;单项工程14～28层	建筑面积6万平方米以下;单项工程14层以下
二	冶炼工程	钢铁冶炼、连铸工程	年产100万吨以上;单座高炉炉容1 250立方米以上;单座公称容量转炉100吨以上;电炉50吨以上;连铸年产100万吨以上或板坯连铸单机1 450毫米以上	年产100万吨以下;单座高炉炉容1 250立方米以下;单座公称容量转炉100吨以下;电炉50吨以下;连铸年产100万吨以下或板坯连铸单机1 450毫米以下	

续上表

序号	工程类别	一级	二级	三级
二 冶炼工程	轧钢工程	热轧年产100万吨以上,装备连续、半连续轧机;冷轧带板年产100万吨以上,冷轧线材年产30万吨以上或装备连续、半连续轧机	热轧年产100万吨以下,装备连续、半连续轧机;冷轧带板年产100万吨以下,冷轧线材年产30万吨以下或装备连续、半连续轧机	
	冶炼辅助工程	炼焦工程年产50万吨以上或炭化室高度4.3米以上;单台烧结机100平方米以上;每小时制氧300立方米以上	炼焦工程年产50万吨以下或炭化室高度4.3米以下;单台烧结机100平方米以下;每小时制氧300立方米以下	
	有色冶炼工程	有色冶炼年产10万吨以上;有色金属加工年产5万吨以上;氧化铝工程40万吨以上	有色冶炼年产10万吨以下;有色金属加工年产5万吨以下;氧化铝工程40万吨以下	
	建材工程	水泥日产2 000吨以上;浮化玻璃日熔量400吨以上;池窑拉丝玻璃纤维、特种纤维、特种陶瓷生产线工程	水泥日产2 000吨以下;浮化玻璃日熔量400吨以下;普通玻璃生产线;组合炉拉丝玻璃纤维;非金属材料、玻璃钢、耐火材料、建筑及卫生陶瓷厂工程	
三 矿山工程	煤矿工程	年产120万吨以上的井工矿工程;年产120万吨以上的洗选煤工程;深度800米以上的立井井筒工程;年产400万吨以上的露天矿山工程	年产120万吨以下的井工矿工程;年产120万吨以下的洗选煤工程;深度800米以下的立井井筒工程;年产400万吨以下的露天矿山工程	
	冶金矿山工程	年产100万吨以上的黑色矿山采选工程;年产100万吨以上的有色砂矿采、选工程;年产60万吨以上的有色脉矿采、选工程	年产100万吨以下的黑色矿山采选工程;年产100万吨以下的有色砂矿采、选工程;年产60万吨以下的有色脉矿采、选工程	
	化工矿山工程	年产60万吨以上的磷矿、硫铁矿工程	年产60万吨以下的磷矿、硫铁矿工程	
	铀矿工程	年产10万吨以上的铀矿;年产200吨以上的铀选冶	年产10万吨以下的铀矿;年产200吨以下的铀选冶	
	建材类非金属矿工程	年产70万吨以上的石灰石矿;年产30万吨以上的石膏矿、石英砂岩矿	年产70万吨以下的石灰石矿;年产30万吨以下的石膏矿、石英砂岩矿	
四 化工石油工程	油田工程	原油处理能力150万吨/年以上、天然气处理能力150万方/天以上、产能50万吨以上及配套设施	原油处理能力150万吨/年以下、天然气处理能力150万方/天以下、产能50万吨以下及配套设施	

续上表

序号		工程类别	一 级	二 级	三 级
四	化工石油工程	油气储运工程	压力容器8MPa以上;油气储罐10万立方米/台以上;长输管道120千米以上	压力容器8MPa以下;油气储罐10万立方米/台以下;长输管道120千米以下	
		炼油化工工程	原油处理能力在500万吨/年以上的一次加工及相应二次加工装置和后加工装置	原油处理能力在500万吨/年以下的一次加工及相应二次加工装置和后加工装置	
		基本原材料工程	年产30万吨以上的乙烯工程;年产4万吨以上的合成橡胶、合成树脂及塑料和化纤工程	年产30万吨以下的乙烯工程;年产4万吨以下的合成橡胶、合成树脂及塑料和化纤工程	
		化肥工程	年产20万吨以上合成氨及相应后加工装置;年产24万吨以上磷氨工程	年产20万吨以下合成氨及相应后加工装置;年产24万吨以下磷氨工程	
		酸碱工程	年产硫酸16万吨以上;年产烧碱8万吨以上;年产纯碱40万吨以上	年产硫酸16万吨以下;年产烧碱8万吨以下;年产纯碱40万吨以下	
		轮胎工程	年产30万套以上	年产30万套以下	
		核化工及加工工程	年产1 000吨以上的铀转换化工工程;年产100吨以上的铀浓缩工程;总投资10亿元以上的乏燃料后处理工程;年产200吨以上的燃料元件加工工程;总投资5 000万元以上的核技术及同位素应用工程	年产1 000吨以下的铀转换化工工程;年产100吨以下的铀浓缩工程;总投资10亿元以下的乏燃料后处理工程;年产200吨以下的燃料元件加工工程;总投资5 000万元以下的核技术及同位素应用工程	
		医药及其他化工工程	总投资1亿元以上	总投资1亿元以下	
五	水利水电工程	水库工程	总库容1亿立方米以上	总库容1千万~1亿立方米	总库容1千万立方米以下
		水力发电站工程	总装机容量300MW以上	总装机容量50~300MW	总装机容量50MW以下
		其他水利工程	引调水堤防等级1级;灌溉排涝流量5立方米/秒以上;河道整治面积30万亩以上;城市防洪城市人口50万人以上;围垦面积5万亩以上;水土保持综合治理面积1 000平方公里以上	引调水堤防等级2、3级;灌溉排涝流量0.5~5立方米/秒;河道整治面积3万~30万亩;城市防洪城市人口20万~50万人;围垦面积0.5万~5万亩;水土保持综合治理面积100~1 000平方公里	引调水堤防等级4、5级;灌溉排涝流量0.5立方米/秒以下;河道整治面积3万亩以下;城市防洪城市人口20万人以下;围垦面积0.5万亩以下;水土保持综合治理面积100平方公里以下
六	电力工程	火力发电站工程	单机容量30万千瓦以上	单机容量30万千瓦以下	
		输变电工程	330千伏以上	330千伏以下	
		核电工程	核电站;核反应堆工程		

续上表

序号	工程类别	一级	二级	三级
七 农林工程	林业局(场)总体工程	面积35万公顷以上	面积35万公顷以下	
	林产工业工程	总投资5 000万元以上	总投资5 000万元以下	
	农业综合开发工程	总投资3 000万元以上	总投资3 000万元以下	
	种植业工程	2万亩以上或总投资1 500万元以上	2万亩以下或总投资1 500万元以下	
	兽医/畜牧工程	总投资1 500万元以上	总投资1 500万元以下	
	渔业工程	渔港工程总投资3 000万元以上;水产养殖等其他工程总投资1 500万元以上	渔港工程总投资3 000万元以下;水产养殖等其他工程总投资1 500万元以下	
	设施农业工程	设施园艺工程1公顷以上;农产品加工等其他工程总投资1 500万元以上	设施园艺工程1公顷以下;农产品加工等其他工程总投资1 500万元以下	
	核设施退役及放射性三废处理处置工程	总投资5 000万元以上	总投资5 000万元以下	
八 铁路工程	铁路综合工程	新建、改建一级干线;单线铁路40千米以上;双线30千米以上及枢纽	单线铁路40千米以下;双线30千米以下;二级干线及站线;专用线、专用铁路	
	铁路桥梁工程	桥长500米以上	桥长500米以下	
	铁路隧道工程	单线3 000米以上;双线1 500米以上	单线3 000米以下;双线1 500米以下	
	铁路通信、信号、电力电气化工程	新建、改建铁路(含枢纽、配、变电所、分区亭)单双线200千米及以上	新建、改建铁路(不含枢纽、配、变电所、分区亭)单双线200千米及以下	
九 公路工程	公路工程	高速公路	高速公路路基工程及一级公路	一级公路路基工程及二级以下各级公路
	公路桥梁工程	独立大桥工程;特大桥总长1 000米以上或单跨跨径150米以上	大桥、中桥桥梁总长30～1 000米或单跨跨径20～150米	小桥总长30米以下或单跨跨径20米以下;涵洞工程
	公路隧道工程	隧道长度1 000米以上	隧道长度500～1 000米	隧道长度500米以下
	其他工程	通讯、监控、收费等机电工程,高速公路交通安全设施、环保工程和沿线附属设施	一级公路交通安全设施、环保工程和沿线附属设施	二级及以下公路交通安全设施、环保工程和沿线附属设施

续上表

序号	工程类别	一级	二级	三级
十	港口与航道工程			
	港口工程	集装箱、件杂、多用途等沿海港口工程20 000吨级以上；散货、原油沿海港口工程30 000吨级以上；1 000吨级以上内河港口工程	集装箱、件杂、多用途等沿海港口工程20 000吨级以下；散货、原油沿海港口工程30 000吨级以下；1 000吨级以下内河港口工程	
	通航建筑与整治工程	1 000吨级以上	1 000吨级以下	
	航道工程	通航30 000吨级以上船舶沿海复杂航道；通航1 000吨级以上船舶的内河航运工程项目	通航30 000吨级以下船舶沿海航道；通航1 000吨级以下船舶的内河航运工程项目	
	修造船水工工程	10 000吨位以上的船坞工程；船体重量5 000吨位以上的船台、滑道工程	10 000吨位以下的船坞工程；船体重量5 000吨位以下的船台、滑道工程	
	防波堤、导流堤等水工工程	最大水深6米以上	最大水深6米以下	
	其他水运工程项目	建安工程费6 000万元以上的沿海水运工程项目；建安工程费4 000万元以上的内河水运工程项目	建安工程费6 000万元以下的沿海水运工程项目；建安工程费4 000万元以下的内河水运工程项目	
十一	航天航空工程			
	民用机场工程	飞行区指标为4E及以上及其配套工程	飞行区指标为4D及以下及其配套工程	
	航空飞行器	航空飞行器（综合）工程总投资1亿元以上；航空飞行器（单项）工程总投资3 000万元以上	航空飞行器（综合）工程总投资1亿元以下；航空飞行器（单项）工程总投资3 000万元以下	
	航天空间飞行器	工程总投资3 000万元以上；面积3 000平方米以上；跨度18米以上	工程总投资3 000万元以下；面积3 000平方米以下；跨度18米以下	
十二	通信工程			
	有线、无线传输通信工程，卫星、综合布线	省际通信、信息网络工程	省内通信、信息网络工程	
	邮政、电信、广播枢纽及交换工程	省会城市邮政、电信枢纽	地市级城市邮政、电信枢纽	
	发射台工程	总发射功率500千瓦以上短波或600千瓦以上中波发射台；高度200米以上广播电视发射塔	总发射功率500千瓦以下短波或600千瓦以下中波发射台；高度200米以下广播电视发射塔	

续上表

序号	工程类别		一级	二级	三级
十三	市政公用工程	城市道路工程	城市快速路、主干路,城市互通式立交桥及单孔跨径100米以上桥梁;长度1 000米以上的隧道工程	城市次干路工程,城市分离式立交桥及单孔跨径100米以下的桥梁;长度1 000米以下的隧道工程	城市支路工程、过街天桥及地下通道工程
		给水排水工程	10万吨/日以上的给水厂;5万吨/日以上污水处理工程;3立方米/秒以上的给水、污水泵站;15立方米/秒以上的雨泵站;直径2.5米以上的给排水管道	2万～10万吨/日的给水厂;1万～5万吨/日污水处理工程;1～3立方米/秒的给水、污水泵站;5～15立方米/秒的雨泵站;直径1～2.5米的给水管道;直径1.5～2.5米的排水管道	2万吨/日以下的给水厂;1万吨/日以下污水处理工程;1立方米/秒以下的给水、污水泵站;5立方米/秒以下的雨泵站;直径1米以下的给水管道;直径1.5米以下的排水管道
		燃气热力工程	总储存容积1 000立方米以上液化气贮罐场(站);供气规模15万立方米/日以上的燃气工程;中压以上的燃气管道、调压站;供热面积150万平方米以上的热力工程	总储存容积1 000立方米以下的液化气储罐场(站);供气规模15万立方米/日以下的燃气工程;中压以下的燃气管道、调压站;供热面积50万～150万平方米的热力工程	供热面积50万平方米以下的热力工程
		垃圾处理工程	1 200吨/日以上的垃圾焚烧和填埋工程	500～1 200吨/日的垃圾焚烧及填埋工程	500吨/日以下的垃圾焚烧及填埋工程
		地铁轻轨工程	各类地铁轻轨工程		
		风景园林工程	总投资3 000万元以上	总投资1 000万～3 000万元	总投资1 000万元以下
十四	机电安装工程	机械工程	总投资5 000万元以上	总投资5 000万元以下	
		电子工程	总投资1亿元以上;含有净化级别6级以上的工程	总投资1亿元以下;含有净化级别6级以下的工程	
		轻纺工程	总投资5 000万元以上	总投资5 000万元以下	
		兵器工程	建安工程费3 000万元以上的坦克装甲车辆、炸药、弹箭工程;建安工程费2 000万元以上的枪炮、光电工程;建安工程费1 000万元以上的防化民爆工程	建安工程费3 000万元以下的坦克装甲车辆、炸药、弹箭工程;建安工程费2 000万元以下的枪炮、光电工程;建安工程费1 000万元以下的防化民爆工程	
		船舶工程	船舶制造工程总投资1亿元以上;船舶科研、机械、修理工程总投资5 000万元以上	船舶制造工程总投资1亿元以下;船舶科研、机械、修理工程总投资5 000万元以下	
		其他工程	总投资5 000万元以上	总投资5 000万元以下	

说明:
1. 表中的"以上"含本数,"以下"不含本数。
2. 未列入本表中的其他专业工程,由国务院有关部门按照有关规定在相应的工程类别中划分等级。
3. 房屋建筑工程包括结合城市建设与民用建筑修建的附建人防工程。

附录四
注册监理工程师管理规定

第一章 总 则

第一条 为了加强对注册监理工程师的管理,维护公共利益和建筑市场秩序,提高工程监理质量与水平,根据《中华人民共和国建筑法》《建设工程质量管理条例》等法律法规,制订本规定。

第二条 中华人民共和国境内注册监理工程师的注册、执业、继续教育和监督管理,适用本规定。

第三条 本规定所称注册监理工程师,是指经考试取得中华人民共和国监理工程师资格证书(以下简称资格证书),并按照本规定注册,取得中华人民共和国注册监理工程师注册执业证书(以下简称注册证书)和执业印章,从事工程监理及相关业务活动的专业技术人员。

未取得注册证书和执业印章的人员,不得以注册监理工程师的名义从事工程监理及相关业务活动。

第四条 国务院建设主管部门对全国注册监理工程师的注册、执业活动实施统一监督管理。

县级以上地方人民政府建设主管部门对本行政区域内的注册监理工程师的注册、执业活动实施监督管理。

第二章 注 册

第五条 注册监理工程师实行注册执业管理制度。

取得资格证书的人员,经过注册方能以注册监理工程师的名义执业。

第六条 注册监理工程师依据其所学专业、工作经历、工程业绩,按照《工程监理企业资质管理规定》划分的工程类别,按专业注册。每人最多可以申请两个专业注册。

第七条 取得资格证书的人员申请注册,由省、自治区、直辖市人民政府建设主管部门初审,国务院建设主管部门审批。

取得资格证书并受聘于一个建设工程勘察、设计、施工、监理、招标代理、造价咨询等单位的人员,应当通过聘用单位向单位工商注册所在地的省、自治区、直辖市人民政府建设主管部门提出注册申请;省、自治区、直辖市人民政府建设主管部门受理后提出初审意见,并将初审意见和全部申报材料报国务院建设主管部门审批;符合条件的,由国务院建设主管部门核发注册证书和执业印章。

第八条 省、自治区、直辖市人民政府建设主管部门在收到申请人的申请材料后,应当即时作出是否受理的决定,并向申请人出具书面凭证;申请材料不齐全或者不符合法定形式的,应当在5日内一次性告知申请人需要补正的全部内容。逾期不告知的,自收到申请材料之日起即为受理。

对申请初始注册的,省、自治区、直辖市人民政府建设主管部门应当自受理申请之日起20日内审查完毕,并将申请材料和初审意见报国务院建设主管部门。国务院建设主管部门自收到省、自治区、直辖市人民政府建设主管部门上报材料之日起,应当在20日内审批完毕并作出书面决定,并自作出决定之日起10日内,在公众媒体上公告审批结果。

对申请变更注册、延续注册的,省、自治区、直辖市人民政府建设主管部门应当自受理申请之日起5日内审查完毕,并将申请材料和初审意见报国务院建设主管部门。国务院建设主管部门自收到省、自治区、直辖市人民政府建设主管部门上报材料之日起,应当在10日内审批完毕并作出书面决定。

对不予批准的,应当说明理由,并告知申请人享有依法申请行政复议或者提起行政诉讼的权利。

第九条 注册证书和执业印章是注册监理工程师的执业凭证,由注册监理工程师本人保管、使用。

注册证书和执业印章的有效期为3年。

第十条 初始注册者,可自资格证书签发之日起3年内提出申请。逾期未申请者,须符合继续教育的要求后方可申请初始注册。

申请初始注册,应当具备以下条件:

(1)经全国注册监理工程师执业资格统一考试合格,取得资格证书。

(2)受聘于一个相关单位。

(3)达到继续教育要求。

(4)没有本规定第十三条所列情形。

初始注册需要提交下列材料:

(1)申请人的注册申请表。

(2)申请人的资格证书和身份证复印件。

(3)申请人与聘用单位签订的聘用劳动合同复印件。

(4)所学专业、工作经历、工程业绩、工程类中级及中级以上职称证书等有关证明材料。

(5)逾期初始注册的,应当提供达到继续教育要求的证明材料。

第十一条 注册监理工程师每一注册有效期为3年,注册有效期满需继续执业的,应当在注册有效期满30日前,按照本规定第七条规定的程序申请延续注册。延续注册有效期3年。

延续注册需要提交下列材料:

(1)申请人延续注册申请表。

(2)申请人与聘用单位签订的聘用劳动合同复印件。

(3)申请人注册有效期内达到继续教育要求的证明材料。

第十二条 在注册有效期内,注册监理工程师变更执业单位,应当与原聘用单位解除劳动关系,并按本规定第七条规定的程序办理变更注册手续,变更注册后仍延续原注册有效期。

变更注册需要提交下列材料:

(1)申请人变更注册申请表。

(2)申请人与新聘用单位签订的聘用劳动合同复印件。

(3)申请人的工作调动证明(与原聘用单位解除聘用劳动合同或者聘用劳动合同到期的证明文件、退休人员的退休证明)。

第十三条　申请人有下列情形之一的,不予初始注册、延续注册或者变更注册:

(1)不具有完全民事行为能力的。

(2)刑事处罚尚未执行完毕或者因从事工程监理或者相关业务受到刑事处罚,自刑事处罚执行完毕之日起至申请注册之日止不满2年的。

(3)未达到监理工程师继续教育要求的。

(4)在两个或者两个以上单位申请注册的。

(5)以虚假的职称证书参加考试并取得资格证书的。

(6)年龄超过65周岁的。

(7)法律、法规规定不予注册的其他情形。

第十四条　注册监理工程师有下列情形之一的,其注册证书和执业印章失效:

(1)聘用单位破产的。

(2)聘用单位被吊销营业执照的。

(3)聘用单位被吊销相应资质证书的。

(4)已与聘用单位解除劳动关系的。

(5)注册有效期满且未延续注册的。

(6)年龄超过65周岁的。

(7)死亡或者丧失行为能力的。

(8)其他导致注册失效的情形。

第十五条　注册监理工程师有下列情形之一的,负责审批的部门应当办理注销手续,收回注册证书和执业印章或者公告其注册证书和执业印章作废:

(1)不具有完全民事行为能力的。

(2)申请注销注册的。

(3)有本规定第十四条所列情形发生的。

(4)依法被撤销注册的。

(5)依法被吊销注册证书的。

(6)受到刑事处罚的。

(7)法律、法规规定应当注销注册的其他情形。

注册监理工程师有前款情形之一的,注册监理工程师本人和聘用单位应当及时向国务院建设主管部门提出注销注册的申请;有关单位和个人有权向国务院建设主管部门举报;县级以上地方人民政府建设主管部门或者有关部门应当及时报告或者告知国务院建设主管部门。

第十六条　被注销注册者或者不予注册者,在重新具备初始注册条件,并符合继续教育要求后,可以按照本规定第七条规定的程序重新申请注册。

第三章 执 业

第十七条 取得资格证书的人员,应当受聘于一个具有建设工程勘察、设计、施工、监理、招标代理、造价咨询等一项或者多项资质的单位,经注册后方可从事相应的执业活动。从事工程监理执业活动的,应当受聘并注册于一个具有工程监理资质的单位。

第十八条 注册监理工程师可以从事工程监理、工程经济与技术咨询、工程招标与采购咨询、工程项目管理服务以及国务院有关部门规定的其他业务。

第十九条 工程监理活动中形成的监理文件由注册监理工程师按照规定签字盖章后方可生效。

第二十条 修改经注册监理工程师签字盖章的工程监理文件,应当由该注册监理工程师进行;因特殊情况,该注册监理工程师不能进行修改的,应当由其他注册监理工程师修改,并签字、加盖执业印章,对修改部分承担责任。

第二十一条 注册监理工程师从事执业活动,由所在单位接受委托并统一收费。

第二十二条 因工程监理事故及相关业务造成的经济损失,聘用单位应当承担赔偿责任;聘用单位承担赔偿责任后,可依法向负有过错的注册监理工程师追偿。

第四章 继 续 教 育

第二十三条 注册监理工程师在每一注册有效期内应当达到国务院建设主管部门规定的继续教育要求。继续教育作为注册监理工程师逾期初始注册、延续注册和重新申请注册的条件之一。

第二十四条 继续教育分为必修课和选修课,在每一注册有效期内各为48学时。

第五章 权利和义务

第二十五条 注册监理工程师享有下列权利:
(1)使用注册监理工程师称谓。
(2)在规定范围内从事执业活动。
(3)依据本人能力从事相应的执业活动。
(4)保管和使用本人的注册证书和执业印章。
(5)对本人执业活动进行解释和辩护。
(6)接受继续教育。
(7)获得相应的劳动报酬。
(8)对侵犯本人权利的行为进行申诉。

第二十六条 注册监理工程师应当履行下列义务:
(1)遵守法律、法规和有关管理规定。
(2)履行管理职责,执行技术标准、规范和规程。
(3)保证执业活动成果的质量,并承担相应责任。
(4)接受继续教育,努力提高执业水准。
(5)在本人执业活动所形成的工程监理文件上签字、加盖执业印章。

(6)保守在执业中知悉的国家秘密和他人的商业、技术秘密。

(7)不得涂改、倒卖、出租、出借或者以其他形式非法转让注册证书或者执业印章。

(8)不得同时在两个或者两个以上单位受聘或者执业。

(9)在规定的执业范围和聘用单位业务范围内从事执业活动。

(10)协助注册管理机构完成相关工作。

第六章 法律责任

第二十七条 隐瞒有关情况或者提供虚假材料申请注册的,建设主管部门不予受理或者不予注册,并给予警告,1年之内不得再次申请注册。

第二十八条 以欺骗、贿赂等不正当手段取得注册证书的,由国务院建设主管部门撤销其注册,3年内不得再次申请注册,并由县级以上地方人民政府建设主管部门处以罚款,其中没有违法所得的,处以1万元以下罚款,有违法所得的,处以违法所得3倍以下且不超过3万元的罚款;构成犯罪的,依法追究刑事责任。

第二十九条 违反本规定,未经注册,擅自以注册监理工程师的名义从事工程监理及相关业务活动的,由县级以上地方人民政府建设主管部门给予警告,责令停止违法行为,处以3万元以下罚款;造成损失的,依法承担赔偿责任。

第三十条 违反本规定,未办理变更注册仍执业的,由县级以上地方人民政府建设主管部门给予警告,责令限期改正;逾期不改的,可处以5000元以下的罚款。

第三十一条 注册监理工程师在执业活动中有下列行为之一的,由县级以上地方人民政府建设主管部门给予警告,责令其改正,没有违法所得的,处以1万元以下罚款,有违法所得的,处以违法所得3倍以下且不超过3万元的罚款;造成损失的,依法承担赔偿责任;构成犯罪的,依法追究刑事责任:

(1)以个人名义承接业务的。

(2)涂改、倒卖、出租、出借或者以其他形式非法转让注册证书或者执业印章的。

(3)泄露执业中应当保守的秘密并造成严重后果的。

(4)超出规定执业范围或者聘用单位业务范围从事执业活动的。

(5)弄虚作假提供执业活动成果的。

(6)同时受聘于两个或者两个以上的单位,从事执业活动的。

(7)其他违反法律、法规、规章的行为。

第三十二条 有下列情形之一的,国务院建设主管部门依据职权或者根据利害关系人的请求,可以撤销监理工程师注册:

(1)工作人员滥用职权、玩忽职守颁发注册证书和执业印章的。

(2)超越法定职权颁发注册证书和执业印章的。

(3)违反法定程序颁发注册证书和执业印章的。

(4)对不符合法定条件的申请人颁发注册证书和执业印章的。

(5)依法可以撤销注册的其他情形。

第三十三条 县级以上人民政府建设主管部门的工作人员,在注册监理工程师管理工作中,有下列情形之一的,依法给予处分;构成犯罪的,依法追究刑事责任:

（1）对不符合法定条件的申请人颁发注册证书和执业印章的。
（2）对符合法定条件的申请人不予颁发注册证书和执业印章的。
（3）对符合法定条件的申请人未在法定期限内颁发注册证书和执业印章的。
（4）对符合法定条件的申请不予受理或者未在法定期限内初审完毕的。
（5）利用职务上的便利，收受他人财物或者其他好处的。
（6）不依法履行监督管理职责，或者发现违法行为不予查处的。

第七章　附　　则

第三十四条　注册监理工程师资格考试工作按照国务院建设主管部门、国务院人事主管部门的有关规定执行。

第三十五条　香港特别行政区、澳门特别行政区、台湾地区及外籍专业技术人员，申请参加注册监理工程师注册和执业的管理办法另行制定。

第三十六条　本规定自 2006 年 4 月 1 日起施行。1992 年 6 月 4 日建设部颁布的《监理工程师资格考试和注册试行办法》(建设部令第 18 号)同时废止。

参考文献

[1] 中华人民共和国国家标准.GB/T 50319—2013 建设工程监理规范.北京:中国建筑工业出版社,2013.
[2] 中华人民共和国国家标准.GB/T 50328—2014 建设工程文件归档规范.北京:中国建筑工业出版社,2014.
[3] 韩明.土木建设工程监理.天津:天津大学出版社,2004.
[4] 熊广忠.建设工程监理手册.北京:中国建筑工业出版社,1994.
[5] 中国建设监理协会.建设工程进度控制.北京:中国建筑工业出版社,2014.
[6] 中国建设监理协会.建设工程合同管理.北京:知识产权出版社,2003.
[7] 郝永池.建筑工程招投标与合同管理.北京:机械工业出版社,2006.
[8] 中国建设监理协会.建设工程质量控制.北京:中国建筑工业出版社,2014.
[9] 杨效中.建设工程监理基础.北京:中国建筑工业出版社,2005.
[10] 中国建设监理协会.建设工程监理概论.北京:知识产权出版社,2005.
[11] 中国建设监理协会.建设工程合同管理.北京:知识产权出版社,2005.
[12] 中国建设监理协会.2005 建设工程监理相关法规文件汇编.北京:知识产权出版社,2004.
[13] 中国建设监理协会.建设工程投资控制.北京:中国建筑工业出版社,2003.
[14] 张起森.工程质量监理.北京:人民交通出版社,1999.
[15] 刘秋常.建设项目投资控制.北京:中国水利水电出版社,1998.
[16] 邓铁军.土木工程建设监理.武汉:武汉理工大学出版社,2003.
[17] 石元印.土木工程建设监理.重庆:重庆大学出版社,2001.
[18] 全国造价工程师职业资格考试培训教材编审委员会.工程造价计价与控制.北京:中国计划出版社,2003.

高职高专土建类专业系列教材图书目录

序号	书号 978-7-114-	书名	著译者	定价(元)
1	16619-8	钢结构构造与识图(第2版)	马瑞强	48.00
2	13913-0	新平法识图与钢筋计算(第二版)	肖明和	43.00
3	16618-1	建筑工程计量与计价(第4版)	蒋晓燕	58.00
4	08462-1	建筑工程施工图实例图集	蒋晓燕	38.00
5	12631-4	建筑材料与检测(第三版)	宋岩丽	42.00
6	12637-6	建筑法规(第三版)	马文婷、隋灵灵	42.00
7	10018-5	建筑法规学习指导	隋灵灵	28.00
8	14863-7	建筑识图与构造	董罗燕	42.00
9	13098-4	建筑识图与构造技能训练手册(第二版)	金梅珍	38.00
10	12663-5	地基与基础(第三版)	王秀兰	38.00
11	12644-4	建筑工程质量与安全管理	程红艳	36.00
12	12920-9	建设工程监理概论(第三版)	杨峰俊	35.00
13	13880-5	建筑工程技术资料管理(第三版)	李媛	40.00
14	13672-6	建筑装饰装修工程预算(第三版)	吴锐	43.00
15	13558-3	建筑装饰装修工程预算习题集与实训指导(第三版)	吴锐	30.00
16	13648-1	园林绿化工程预算	吴锐	38.00
17	13979-6	建筑构造与识图(第三版)	张艳芳	48.00
18	13687-0	建筑构造与识图习题与实训(第三版)	张艳芳	26.00
19	13311-4	建筑工程预算(第三版)	王晓薇	38.00
20	13157-8	建筑工程预算实训指导书与习题集(第三版)	程颢 罗淑兰	25.00
21	13220-9	建筑结构(第二版)	盛一芳 刘敏	52.00
22	08947-3	建筑工程CAD(第二版)	张小平	36.00
23	09269-5	建筑施工技术(第二版)	危道军	49.00
24	10863-1	工程测量	王晓平	39.00
25	09684-6	建筑工程质量事故分析与处理(第二版)	余斌	39.00
26	09174-2	钢结构制作与安装	盛一芳	33.00
27	06885-0	建筑制图习题集	夏文杰	38.00
28	07379-3	建筑施工图识读与钢筋翻样	张细权	56.00
29	10026-0	建筑工程量电算化鲁班软件教程	温风军	58.00
30	08602-1	广联达工程造价类软件实训教程—案例图集(第二版)	广联达公司	25.00
31	08579-6	广联达工程造价类软件实训教程—图形软件篇(第二版)	广联达公司	20.00
32	08580-2	广联达工程造价类软件实训教程—钢筋软件篇(第二版)	广联达公司	15.00
33	18305-8	Python 土力学与基础工程计算	马瑞强	68.00